普通高等教育"十四五"规划教材

生物学综合实验教程

第2版

江海洋　张宽朝　蔡永萍　主编

中国农业大学出版社
·北京·

内容简介

本教材在第1版的基础上修订编写而成，包括五章，分别为绪论、实验室安全与防护、实验室基础、实验数据处理与评价、生物学综合实验设计与实践。本教材以开放性、创新性实验项目构建实践教学内容，涵盖植物细胞工程、蛋白质与酶工程、基因工程、微生物工程、生物分离工程等相关技术领域，兼顾生物学技术的实验室研究与生产实践应用两个方面。书后附录汇集了常用缓冲溶液的配制、常用酸碱指示剂、常用酸碱试液、常用有机溶剂及其主要性质、常用核酸和蛋白质换算数据、硫酸铵饱和度常用表等实验室参考数据，便于读者查阅。

本教材实用、适用、创新融合，可操作性强，强调让学生在开放的实验室环境下，运用系统的、连贯的科研思路解决复杂问题，培养和塑造学生的科学思维方法，提升实践与创新能力。

本教材适合高等农业院校、综合性大学、师范大学生物科学类、生物工程类以及植物生产类、食品科学与工程类、环境科学与工程类等相关专业的本科和研究生实验教学，也可供从事相关专业的科研人员参考使用。

图书在版编目(CIP)数据

生物学综合实验教程 / 江海洋，张宽朝，蔡永萍主编. -- 2 版. -- 北京 : 中国农业大学出版社，2025. 5. -- ISBN 978-7-5655-3431-7

Ⅰ. Q-33

中国国家版本馆 CIP 数据核字第 2025Y2T248 号

书　　名　生物学综合实验教程　第2版
作　　者　江海洋　张宽朝　蔡永萍　主编

策划编辑　张秀环　　　　**责任编辑**　赵　艳
封面设计　郑　川　李尘工作室
出版发行　中国农业大学出版社
社　　址　北京市海淀区圆明园西路2号　　　　**邮政编码**　100193
电　　话　发行部 010-62733489,1190　　　　读者服务部 010-62732336
　　　　　　编辑部 010-62732617,2618　　　　出　版　部 010-62733440
网　　址　http://www.caupress.cn　　　　**E-mail** cbsszs@cau.edu.cn
经　　销　新华书店
印　　刷　北京溢漾印刷有限公司
版　　次　2025年6月第2版　　2025年6月第1次印刷
规　　格　185 mm×260 mm　　16 开本　　15.5 印张　　376 千字
定　　价　48.00 元

第2版编审人员

主　　编　江海洋　张宽朝　蔡永萍

副 主 编　孙　旭　韩　毅　刘亚军　孙冬冬

参　　编　（按姓氏笔画排序）

王云生　孙　锋　孙乐妮　李　娜
吴英玲　余　梅　汪　曙　张　琛
张文武　张玉琼　金　青　高俊山
郭　宁　黄世霞　曹媛媛　蒋晓岚
韩国民　谢珊珊　魏练平

主　　审　吴　敏

第1版编写人员

主　　编　蔡永萍　江海洋　张宽朝

副 主 编　金　青　高俊山　韩国民　李大辉　王丽萍　赖崇德

参　　编　（按姓氏笔画排序）

马　欢　王云生　田胜尼　朱保建
刘亚军　孙　旭　孙　锋　孙乐妮
余　梅　余江流　汪　曙　张　琛
张玉琼　陈晓琳　赵　阳　钱　岑
倪敬田　郭　宁　黄世霞　曹媛媛
蒋晓岚　薛　挺　魏国清　魏练平

第2版前言

现代科技日新月异，生命科学实验方法和技术已经成为当前生命科学相关领域研究的重要支撑，为农业、食品、医药等科学的发展提供了重要的基础和手段。对于生命科学类等相关专业学生而言，系统了解、全面掌握、熟练运用生物学综合实验技术是培养和提高创新实践能力的重要内容之一，也是生物科学工作者必须掌握的知识与技能，可为从事科学研究、技术开发、管理与服务等工作提供参考和支持。

本教材是在第1版的基础上，对原教材进行修订编写而成，包括五章，分别为绪论、实验室安全与防护、实验室基础、实验数据处理与评价、生物学综合实验设计与实践。以开放性、创新性实验项目构建实践教学内容，涵盖植物细胞工程、蛋白质与酶工程、基因工程、微生物工程、生物分离工程等相关技术领域，兼顾生物学技术的实验室研究与生产实践应用。附录为实验室常用的资料，包括常用缓冲溶液的配制、常用酸碱指示剂、常用酸碱试液、常用有机溶剂及其主要性质、常用核酸和蛋白质换算数据、硫酸铵饱和度常用表等内容，便于读者查阅。

本教材致力凸显课程的“两性一度”，坚持以技术方法为主线，坚持综合性、全面性和系统性，优选增加了与现代生物科学研究密切相关的新实验，反映本领域的新技术和新成就。教材集技能训练与创新能力培养于一体，侧重知识和技术的综合运用，模拟科研过程，训练学生有效地运用多种实验技术方法解决科学实际问题，全面提高人才自主培养质量，培养造就大批德才兼备的高素质人才。

本教材融合了编者们多年从事教学和科研实践的心得，同时也参考了一些报道的其他研究方法，均为成熟的操作。

本教材可用于高等农业院校、综合性大学、师范大学的生物科学类、生物工程类专业的本科和研究生实验教学，也可作为植物生产类、食品科学与工程类、环境科学与工程类等相关专业的教材或参考用书，同时也可供从事相关专业的科研人员参考使用。

本教材修订再版过程中对国内外一些优秀教材与资料进行了借鉴和引用，在此对相关作者表示衷心感谢！

本教材修订再版工作得到安徽农业大学教务处教材科和中国农业大学出版社的大力支持和指导帮助，在此一并致以衷心感谢！

全书由浙江大学吴敏教授担任主审，在此谨致谢意！

由于编者水平所限，书中错误及疏漏之处难免，敬请批评指正，以便修订完善。

编　者

2024年11月

第1版前言

随着生命科学日新月异的发展，生物学实验技术已经成为推动现代生命科学迅猛发展的重要研究工具。如何培养具有实践能力和创新思维的生物专业人才，提升学生在实际工作中对专业知识的综合运用能力，成为生物科学类相关专业教育工作者急需探讨的问题。

安徽农业大学以教学改革为突破口，在验证性、基础性实验的基础上，进行教学内容的整合，突出实验内容的综合化、项目化和科研渗入化改革目标，强化生物学实验技能的综合性、设计性训练，构建了特色鲜明的生物学综合实验技术教学体系。生物学综合实验技术的开设，注重以学生为主体，对全面培养学生观察、分析和解决问题的能力，提升团队合作意识，培养严谨科学的态度等都有十分重要的作用。

本教材共收集37个实验，内容涵盖细胞与形态、生理生化生态、生物工程、发酵工程、生物育种、生物制药、生物组学、动物科学等生物学相关的综合实验研究技术。书后附录包括实验室规则与安全防护知识、试剂的配制与保存、常用缓冲溶液的配制、实验室常用参考数据等内容，便于读者查阅。

全书坚持以技术方法为主线，加入了与现代生物科学研究密切相关的新实验，力争体现课程内容的创新性、实践性与先进性，侧重科学研究问题的解决，突出实验内容与科研的结合，形成科研课题化的实验项目，以模拟科研过程的思路统领教学全程。

本教材融合了编者们多年从事教学实践的心得和对一些实验方法改进所做的有益尝试，同时也参考了一些相关报道的其他研究方法，这些方法均为成熟的操作。

本书可用于高等农业院校、高等师范院校、综合性大学生物科学类、植物生产类、食品科学与工程类、环境科学与工程类、动物生产类等相关专业的本科和研究生实验教学，也可供相关领域的科技工作者参考使用。

本教材在编写中借鉴和引用了国内外一些优秀教材与资料，在此对相关作者表示衷心感谢！

本教材在编写出版过程中得到了安徽农业大学教务处、教材中心和中国农业大学出版社的大力支持、指导和帮助，在此一并致以衷心感谢！

在教材编写出版过程中，编委们精益求精，突出基础，力求简明，注重实用，保持系统，以便于教学，但鉴于编者水平有限，书中错误及疏漏之处难免，敬请批评指正。

编　者

2020年1月

目　录

第一章　绪　论

第一节　课程任务

随着生命科学领域技术的飞速发展，生物学已成为当今最令人感兴趣的学科之一。生物学实验是人类认识和了解自然中生命活动现象的必要手段。在生物学实验中要运用多学科的知识和理论，通过各种先进仪器和设备，以获得更丰富、更精确的感性材料，从而揭示生命现象的基本规律。

当前，创新型人才的培养已成为高等教育的主要目标，实践教学是创新型人才培养的重要有效途径。本课程的教学任务是让学生运用已学的生命科学理论知识进行综合性实验或设计实验，充分挖掘学生的潜能，使学生了解本学科研究的主要方法和手段，巩固和加深对生命科学中基本理论知识的理解，训练学生理论知识的综合运用能力、实验方法创新和设计实验能力、实验实施能力、仪器仪表的使用能力、实验观测与记录能力、实验数据的处理和分析能力，培养学生的自主学习能力、科学思维能力、表达能力，塑造学生的良好实验习惯、创新创造能力、团队合作和敢于探索意识、严谨求实的工作作风、坚韧不拔的科学品质，促进学生个性的充分发展、关键技能的不断提升、综合素质的不断增强，服务创新型人才培养的目标。

第二节　课程要求

一、认真做好课前准备

课前，学生应按任课教师的要求认真对实验内容进行预习，通过预习了解实验目的，掌握实验基本原理，了解实验过程中所需的仪器设备及其规范的操作方法，明确实验内容，掌握实验注意事项。

预习时可通过撰写预习报告强化预习效果。预习报告的内容一般应包括：①目的要求。说明所做实验的目的和学习要求。②实验原理。对实验的基本原理予以概述，可结合具体实验项目以相应的图、表等表示。③实验仪器与器材。列出实验过程中需要的仪器设备和器皿器材，并对其原理性能、操作方法等有相应的了解。④实验操作步骤。对实验操作步骤的描述，可通过流程图等形式表达，特别是分析和指出实验注意事项。⑤数据记录表格。根据实验内容，设计好实验各项数据的记录表格，并列出处理数据所需的计算公式等。

二、严格遵循操作规程

进入实验室后，在前期充分、有效预习的基础上，通过认真聆听任课教师的讲解，进一步学习实验原理、掌握实验方法、明确实验的难点和关键问题。开始实验前，在任课教师的指导下，检查实验所需仪器设备、器皿器材等是否完好、齐备，按照操作规程安装、调试仪器系统，确保无误。根据事先拟定的实验计划和方案，按步骤、分组开展实验操作，对于实验操作中出现的问题及时寻求任课教师的指导和帮助。

实验操作的全流程中均要做好实验现象的观察、实验数据的测量。对于实验现象、数据的观测、记录应如实、准确，并及时对实验现象进行分析、对实验数据进行处理，如发现异常，应根据实验现象和实验数据处理情况适时提出改进措施或重复实验。

经任课教师确认实验现象、实验数据后，整理仪器、器材，保持实验台（柜）等整洁，确保无任何事故隐患后方可离开实验室。

三、高质量完成报告（论文）撰写

实验结束后，按时按质对实验现象和实验数据进行科学、系统的归纳与分析，并通过进一步的文献查阅提出对实验的改进意见，或分析实验得失、总结实验体会等，以形成高质量的实验报告或实验论文，实现对教学内容的巩固，完成对实验过程的系统总结和科学思考，促进直观的感性认识到理性思维的内化。

第二章 实验室安全与防护

第一节 实验室通则

一、基本纪律通则

（1）实验期间，自觉遵守课堂纪律，不迟到、不早退、不无故缺席；自觉维护课堂秩序，保持实验室安静，不得大声谈笑、喧哗。

（2）未经实验室负责教师批准，严禁将实验室内的任何物品带至室外。确需借出的物品，必须办理登记手续。

二、基本操作通则

（1）对于实验室的精密、贵重仪器，必须了解其性能和操作方法后，并在老师指导下严格遵守操作规程。因故损坏仪器、器皿的，应及时报告，并给予适当赔偿。

（2）试剂和各种物品必须注意节约。昂贵的试剂，如 Sephadex、Sepharose 凝胶和 DEAE-纤维素等，使用后不得丢弃，必须及时回收。实验室公用试剂和器材必须按规定使用，用毕应放回原处供他人使用。实验过程中应特别注意保持药品和试剂的纯净，严禁瓶盖及药匙混用。

（3）实验过程中配制的试剂和各类样品，必须贴上标签，注明品名、浓度、配制人姓名、配制日期等相关信息。对于放置在冰箱中的易挥发溶液和酸性溶液，必须密封。不使用无标签（或标志）容器盛放的试剂、试样。

（4）使用乙醚、石油醚、乙醇等低沸点有机溶剂时，严禁明火，并远离火源。确需加热时，不可直接在电炉上加热，应使用水浴。

（5）取用强酸、强碱、氨水、过氧化氢、冰乙酸等腐蚀和刺激性试剂时，尽可能戴上手套和护目镜。倾倒时，切勿直对容器口俯视。移取时，应使用洗耳球。

（6）废纸、火柴头及其他固体废物，以及带有渣滓沉淀的废液，应置于废品缸内，不能倒入水槽或随意丢弃。电泳后的凝胶和各种废弃物不得倒入水池，必须倒入指定废物桶。

三、基本卫生通则

(1)实验过程中,随时注意保持实验台面、称量台、试剂架、水池以及各种实验仪器内外的整洁,器具、药品等摆放整齐,实验过程中产生的各类废弃物必须放入指定的废物桶内。

(2)实验结束后,试剂应排列整齐,玻璃器皿应清洗并倒置,实验台应擦拭干净,并检查和确认水电安全。值日生处理废弃物,清扫地面,待老师检查验收后方可离开实验室。

第二节　实验室安全知识

生物学实验室是进行教学和科研的重要场所,而安全是实验室一切活动的基石。为确保实验室的安全,需要采取一系列预防和应对措施。

一、预防火灾

在生物学实验中,经常使用的有机溶剂包括甲醇、乙醇、丙酮、三氯甲烷等,由于这些溶剂的易燃性质,以及实验室中电炉、酒精灯等火源的使用,极易发生着火事故。预防火灾必须严格遵守以下操作规程:

(1)实验室中必须在方便取用的醒目位置放置一定数量的消防器材,且指定专人管理,定期检查更换。

(2)存放的易燃、易爆物品必须远离火源、电源。不允许在有明火的实验台面上放置开口的有机溶剂或倾倒有机溶剂。

(3)实验室中不能乱接电线,不能超负荷用电,不能有裸露的电线头。电器设备和线路、插头插座应经常检查,保持完好状态,发现可能引起火花、短路、发热和绝缘破损、老化等情况必须及时维护。

(4)不得在烘箱内存放、干燥、烘焙有机物,烘箱周围不应堆放可燃物。

二、防止爆炸

爆炸性事故多发生在具有易燃易爆物质和压力容器的实验室。预防爆炸必须严格遵守以下操作规程:

(1)化学药品不得随意混合,避免化学药品受热、受摩擦和撞击。加热时会发生爆炸的混合物包括:有机化合物-氧化铜、浓硫酸-高锰酸钾、三氯甲烷-丙酮等。

(2)严禁在密闭的体系中进行蒸馏、回流等加热操作。

(3)不得在加压或减压实验中使用不耐压的玻璃仪器,应科学使用防护屏或戴防护面罩。

(4)在使用和制备易燃、易爆气体时必须在通风柜内进行,并不得在其附近点火。严格控制易燃易爆气体大量逸入空气。

(5)严格按照操作规程,安全使用设备、压力容器(如高压气瓶)。不得在地上滚动气体钢瓶,不得撞击钢瓶表头,更不得随意调换表头。

(6)如开展容易引起爆炸的实验,应做好应急预案。

三、严防毒害

生物学实验中的许多试剂都是有毒的。有毒物质往往通过呼吸吸入、皮肤渗入、误食等方式导致中毒。严防中毒必须严格遵守以下操作规程:

(1)使用有毒或有刺激性气体时,必须佩戴防护眼镜,并应在通风柜内进行。

(2)禁止用手直接取用任何化学药品,使用有毒化学品时除用药匙、量器外必须戴橡皮手套,实验后马上清洗仪器用具,立即用肥皂洗手。

(3)禁止口吸移液管移取浓酸、浓碱、有毒液体,严禁在实验室内饮水、进食,禁止赤膊和穿拖鞋。

四、避免外伤

在生物学实验室中,使用玻璃器皿是常见的操作。若操作者在进行胶塞打孔、用玻璃管连接胶管等操作时疏忽大意,则可能造成皮肤与手指创伤、割伤等。避免外伤必须严格遵守以下操作规程:

(1)使用金属器材或动力设备时,注意防止割伤、机械损伤。

(2)使用玻璃设备或拆装可能发生破裂的玻璃仪器时,要用布片包裹,以免玻璃仪器破裂引起割伤、刺伤。

(3)加热的玻璃器皿不可放于过冷的台面上,以防因温度急剧变化而引起玻璃破碎。

(4)为避免清洗抹布时造成划伤或者扎伤手部,不可使用抹布清除碎玻璃。

(5)破碎玻璃应放入专门的垃圾桶。破碎玻璃在放入垃圾桶前,应用水冲洗干净。

(6)不能用手抚摸或用水冲洗因破碎玻璃而引起的伤口。

五、安全用电

生物学实验室要使用大量的仪器、烘箱和电炉等,因此应避免发生一切用电事故。安全用电必须严格遵守以下操作规程:

(1)保险丝、电源线的截面积、插头和插座都要与使用的额定电流相匹配。

(2)实验时,应先连接好电路后再接通电源。实验结束时,先切断电源,再拆线路。修理或安装电器时,应先切断电源。

(3)操作电器时,手必须干燥,不得直接接触绝缘性能不好的电器。

(4)在电器仪表使用过程中,如发现有不正常声响,局部升温,或嗅到绝缘漆过热产生的焦味,应立即切断电源,并报告老师进行检查。

(5)电炉、烘箱等电热设备不可过夜使用,对于长时间不用的仪器要拔下插头,并及时拉闸。

六、预防生物危害

微生物、动物的组织、细胞培养液、血液和分泌物等生物材料可能存在细菌和病毒感染的潜伏性危险。因此，采取正确的处理和防护措施至关重要。

(1)实验室工作人员应穿戴适当的个人防护装备，如实验服、手套、护目镜等。

(2)处理各种生物材料时必须谨慎、小心，完成实验后，必须使用肥皂、洗涤剂或消毒液充分清洗双手，以减少交叉感染的风险。

(3)被污染的物品必须进行消毒或者烧成灰烬。被污染的玻璃用具应在清洗和高压灭菌前立即浸泡在适当的消毒液中，以确保有效地去除潜在的污染。

(4)进行遗传重组的实验室应根据有关规定加强生物伤害的防范措施，规范操作。

第三节　实验室意外事故处理

一、实验室灭火方法

实验室一旦发生了火灾，在立即切断室内一切火源和电源后，积极正确地进行抢救和灭火。

(1)可燃液体燃着时，应立刻拿开着火区域内的一切可燃物质，并关闭通风器，防止扩大燃烧。若着火面积较小，可用石棉布、湿布、铁片或沙土予以覆盖，隔绝空气使之熄灭。但覆盖时要轻，避免碰坏或打翻盛有易燃溶剂的玻璃器皿，导致更多的溶剂流出而再着火。

(2)对于少量乙醇及其他可溶于水的液体着火，可用水灭火。

(3)乙醚、甲苯等有机溶剂着火时，应用石棉布或土扑灭。绝对不能用水，否则可能会扩大燃烧面积。

(4)若遇电气线路着火，不可直接泼水灭火，要先切断电源，再用干粉灭火器或二氧化碳灭火器灭火。

(5)如人员的衣服着火，切忌四处奔走，应立即在地上打滚，或通过灭火毯等包裹身体以灭火。

(6)发生火灾时应注意保护现场。较大的着火事故应立即报警。

(7)选择性使用灭火器材时，应从火的四周开始向中心扑灭，把灭火器的喷出口对准火焰的底部。

二、实验室急救

对于实验过程中意外发生的事故，应立即采取适当的急救措施。

1. 玻璃割伤及其他机械损伤

如果伤口内存在异物，应小心取出。用硼酸水清洗至洁净，然后擦涂碘酒，必要时使用纱布进行适当包扎。若伤口较大或过深而造成大量出血，应迅速扎紧伤口上部和下部的血管以止血，并立即到医院就医。

2. 烫伤

切勿用水冲洗。可用10%的高锰酸钾溶液或苦味酸溶液冲洗灼伤处，再于烫伤处涂抹黄色的苦味酸溶液、烫伤膏或红花油。严重者应立即送医院治疗。

3. 冻伤

应迅速脱离低温环境和冷冻物质。把冻伤部位置于40 ℃(不要超过此温度)的热水中浸泡20～30 min以快速复温，可浸泡到皮肤略微发红，有温热感为止。严禁火烤、雪搓、冷水浸泡或猛力捶打等方式作用于冻伤部位。若冻伤情况严重，在对冻伤部位进行复温的同时，应尽快送医治疗。

4. 化学试剂灼伤

强碱(如氢氧化钠、氢氧化钾)、钠、钾等触及皮肤而引起灼伤时，要先用大量自来水冲洗，再用5%硼酸溶液或2%乙酸溶液涂洗。强酸、溴等触及皮肤而致灼伤时，应立即用大量自来水冲洗，再以5%碳酸氢钠溶液或5%氢氧化铵溶液洗涤。皮肤不小心粘上浓硫酸时，切忌直接用水冲洗，应先用棉布拭去浓硫酸后再用大量水冲洗，接着用3%～5%的碳酸氢钠溶液中和，最后用水清洗。必要时涂上甘油；若有水泡，应涂上龙胆汁；严重时应立即送医院治疗。酚触及皮肤引起灼伤时，应立即脱掉被污染衣物，先用10%乙醇反复擦拭，再用大量的水清洗，直至无酚味，然后用饱和硫酸钠湿敷；若灼伤面积大，且酚在皮肤表面滞留时间较长时，应注意是否存在吸入中毒的问题，及时送医治疗。

5. 汞(水银)中毒

若不慎汞中毒时，立即终止毒物接触，脱离中毒环境，送医院急救。急性中毒时，通常用碳粉或呕吐剂彻底洗胃，或者食入蛋白(如1 000 mL牛奶加3个鸡蛋清)或蓖麻油解毒并使之呕吐。

6. 触电

对于人员触电，应迅速拉下电源开关或拔掉电源插头，或用干燥的木棍、木杆、竹竿等绝缘物将电线从触电者的身上移开，然后再救人。挑开的电线应妥善放置，以免再次导致他人触电。急救时，急救者必须做好防止触电的安全措施，切勿用潮湿的工具或金属物质拨电线，切忌用手、脚等直接接触受害者，切勿用潮湿的物件搬动触电者。

第四节　实验室常用试剂安全使用规范

生物学实验中使用的各种试剂均具有不同的化学性质和安全使用规范。规范使用试剂关系到实验室工作人员的人身安全和实验环境的安全。因此，掌握这些试剂的性质和安全使用规范，是确保实验室安全的基本保障。

一、剧毒化学试剂

剧毒化学试剂是指具有剧烈毒性危害的生物类分子或试剂，包括人工合成的化学品及其混合物、天然毒素，以及具有急性毒性、易造成公共安全危害的化学品。这些化学品往往少量进入人体，即能与机体组织发生作用，破坏正常生理功能，引起病理状态，甚至死亡。

在实验室内使用剧毒化学试剂（如氯化汞、叠氮化钠、三氧化二砷等）时，必须严格按照国家相关规定进行购买、使用、储存和废弃物处理等流程。具体如下：

（1）应当先按照规定由上级主管部门向公安部门提出购买剧毒化学品的申请。

（2）购买剧毒试剂后，应当单独存放在专用仓库内，在库的剧毒化学品必须保证账物相符（包括品种、规格、数量、领用人、领用时间）。

（3）剧毒化学品的管理必须严格遵守"五双"制度（双人保管、双人领取、双人使用、双把锁、双本账），并做到"四无一保"（无被盗、无事故、无丢失、无违章、保安全）。

（4）使用剧毒化学品进行实验时，必须进行备案，并做详细的实验记录。实验记录包括实验日期、实验名称、实验目的、剧毒化学品名称、领取剧毒化学品的数量、实际消耗剧毒化学品的数量、剩余剧毒化学品的数量及去处流向、剧毒化学品实验反应流程、废渣（液）及包装容器的去处流向、领用人和操作人（双人）签字等内容。

（5）剧毒化学品使用结束后，应认真检查实验记录、剩余剧毒化学品的去处流向以及废渣、废液、包装物的处置等是否符合规定。剧毒化学品的包装容器必须按照环保有关规定统一处置，严禁擅自处置或丢弃。

二、有毒有害试剂

有毒有害试剂是指在其使用或处置的任何阶段中，具有会对人、其他生物或环境带来潜在危害特性的试剂。生物学实验室常见的有毒有害试剂较多，如三氯甲烷（氯仿）、β-巯基乙醇、溴化乙锭（EB）、N，N，N′，N′-四甲基乙二胺（TEMED）等。

1. 三氯甲烷

三氯甲烷也称氯仿，$CHCl_3$，无色透明液体，有麻醉性，有致癌可能性，对皮肤、眼睛、黏膜和呼吸道有刺激作用，可损害肝和肾。使用三氯甲烷时，建议操作人员佩戴合适的手套和安全眼镜后在通风柜内操作。三氯甲烷宜储存于阴凉、通风的环境，与碱类、铝、食用化学品分开存放，切忌混储。

在生物学实验室，三氯甲烷可用于使无机相和有机相的迅速分离，常用于核酸分子的提取。

2. β-巯基乙醇

β-巯基乙醇又称2-巯基乙醇、1-硫代乙二醇、2-羟基乙硫醇、β-硫醇代乙醇，C_2H_6OS，为挥发性液体，具有较强烈的刺激性气味，高毒，吸入、摄入或经皮肤吸收后会中毒，因此要避免接触皮肤和眼睛，避免吸入其蒸气或雾滴。β-巯基乙醇宜储存在阴凉、干燥通风处，建议储存温度在2～8 ℃；容器保持密闭，打开的容器必须仔细重新封口并保持竖放位置；切勿靠近火源，采取措施防止静电积聚。

β-巯基乙醇兼具乙二醇和乙二硫醇的官能团，常用于二硫键的还原，可以作为生物学实验中的抗氧化剂。

3. 溴化乙锭(EB)

芳香族深红色荧光化合物，是一种高度灵敏的荧光染色剂，在 302 nm 紫外光激发下能发射出 590 nm 橙色光，具有强诱变性，可致癌或致畸，因此，配制和使用溴化乙锭时应戴口罩和手套，避免手直接接触。实验室所用溴化乙锭必须严格按规定进行购买和管理。实验结束后，应对含 EB 的溶液以及 EB 沾染物集中放置和进行无害化处置，以避免污染环境和危害人体健康。对于 EB 含量大于 0.5 mg/mL 的溶液，可进行如下处理：将 EB 溶液用水稀释至浓度低于 0.5 mg/mL；或加入同等体积的 0.5 mol/L 高锰酸钾，混匀，再加入等量的 25 mol/L 盐酸，混匀，置室温数小时；或加入 1 倍体积的 2.5 mol/L 氢氧化钠，混匀并废弃。对于 EB 含量小于 0.5 mg/mL 的溶液，可进行如下处理：按 1 mg/mL 的量加入活性炭，不间断地轻摇混匀，室温放置 1 h；或用滤纸过滤并将活性炭与滤纸密封后丢弃。

溴化乙锭能嵌入 DNA 或 RNA 碱基之间，与碱基特异性结合，因此，常用来观察被琼脂糖凝胶或聚丙烯酰胺凝胶分离后的核酸样本。

4. N,N,N′,N′-四甲基乙二胺(TEMED)

无色透明液体，略有氨的气味，有神经毒性，易燃且有腐蚀性，宜保存于棕色瓶后置于阴凉、通风处。TEMED 具挥发性且有微腥臭味，操作需在通风柜中快速进行。操作过程中需戴一次性手套及口罩。含 TEMED 的漏液应及时处理。

在生物学实验室里，TEMED 可用于催化过硫酸铵或核黄素形成自由基的叔胺基，自由基将引起丙烯酰胺和 N,N′-亚甲基双丙烯酰胺聚合，形成可用于筛分大分子的凝胶基质，常被用于配制 SDS-PAGE 用胶等生物实验材料。

三、强腐蚀性试剂

强腐蚀性试剂是指对人体皮肤、眼、消化道、呼吸道和物品等有极强腐蚀作用的固体或液体化学试剂。若人体不慎接触，可能导致皮肤烧伤、器官受损。生物学实验室常用的强酸性腐蚀性试剂包括硫酸、盐酸等，强碱性腐蚀性试剂包括氢氧化钠等。

1. 硫酸(H_2SO_4)

无色油状液体，具强腐蚀性、吸水性、脱水性和强氧化性，遇钾、钠等碱金属极易引起燃烧、爆炸。在稀释浓硫酸时，务必戴上橡胶手套和护目镜，将浓硫酸沿着容器壁缓缓倒入水中并不断搅拌，切不可将水倒入浓硫酸中，否则会造成稀释过程中释放大量的热或因酸液飞溅而灼伤操作者。硫酸宜储存于阴凉、通风处，远离易燃、可燃物，与还原剂、易燃物、碱类、碱金属等严格分储。

在生物学实验中，浓硫酸常用作氧化剂、玻璃器皿清洁剂等。

2. 盐酸(HCl)

盐酸别称氢氯酸，无色透明液体，具刺激性气味，有较强的腐蚀性和挥发性。盐酸本身和其形成的酸雾会腐蚀人体组织，不可逆地损伤呼吸器官、眼部、皮肤和胃肠等。取用浓盐酸时，应在通风柜中进行操作，戴上护目镜、手套和口罩等，避免吸入。盐酸应储存于阴凉、通风处，与碱类、胺类、碱金属、易(可)燃物分开存放。

在生物学实验室中常用稀释的浓盐酸调节溶液 pH。

3. 苯酚(C_6H_5OH)

苯酚又名石炭酸、羟基苯，无色或白色晶体，有特殊气味，可燃、高毒、具强腐蚀性，可致人体灼伤，抑制中枢神经或损害肝、肾功能。苯酚的稀水溶液可直接用作防腐剂和消毒剂，也可用作溶剂和试剂。使用苯酚必须在通风柜中操作，必要时须佩戴口罩、手套和护目镜。操作过程中苯酚溶液要轻装轻放，不能直接倒出使用。苯酚应储存于通风、干燥的场所，与氧化剂、酸类、碱类、食用化学品分开存放。

在生物学实验室中提取 DNA 时，加入低浓度苯酚使蛋白质变性，加入高浓度苯酚使蛋白质沉淀。

4. 氢氧化钠(NaOH)

氢氧化钠也称苛性钠、烧碱、固碱、火碱，白色固体，易潮解，水溶液有滑腻感，溶于水或遇酸时产生很高的热量，具极强的腐蚀性，接触皮肤能破坏机体组织导致坏死。使用时应在通风柜中操作，必要时佩戴防毒口罩、护目镜、橡胶手套。稀释或制备氢氧化钠溶液时，用烧杯等玻璃器皿称取药品，把氢氧化钠缓慢倒入水中，避免沸腾和液体飞溅。氢氧化钠应严格密封存放在阴凉、干燥、通风的地方，远离易(可)燃物、酸类化学药品。

在生物学实验室中，氢氧化钠常用作气体的干燥剂、沉淀剂，以及用于调节溶液的 pH、中和废酸等。

四、易燃易爆试剂

易燃易爆试剂是指受到外界环境影响，如撞击、遇热、遇空气、遇水、遇氧化剂或其他物质时易燃烧甚至爆炸，并常放出大量有害气体的化学物品。一般将闪点(闪点是指在规定的试验条件下，使用某种点火源造成液体汽化而着火的最低温度)在 25 ℃以下的化学试剂列入易燃试剂，闪点越低，越易燃烧。常见易燃易爆试剂有醇类、醚类、胺类、苯类等，还有一些固体试剂，如钾、钠、锂、钙等。生物学实验室常见的甲醇、乙醇、乙醚、乙酸乙酯等遇明火即可燃烧。

1. 甲醇(CH_3OH)

甲醇又称羟基甲烷、木醇或木精，无色透明液体，具有刺激性气味，与空气混合能形成爆炸性混合物，遇热源和明火有燃烧爆炸的危险。因此，在使用时，应在通风柜中进行操作，且应佩戴手套和口罩，并注意远离热源和明火。严禁将甲醇储存于冰箱中，禁止与氧化剂、酸类、碱金属等混放。

在生物学实验室中，甲醇常被用作溶剂、甲基化试剂等。

2. 乙醇(C_2H_5OH)

乙醇俗称酒精、火酒，无色液体，易挥发、易燃烧，具有芳香气味，其蒸气能与空气形成爆炸性混合物，遇明火、高热能引起燃烧爆炸，与氧化剂接触发生化学反应或引起燃烧。乙醇使用过程中一定要注意远离火源、热源。乙醇宜储存于阴凉、通风处，与氧化剂、酸类、碱金属、胺类等分开存放。

乙醇是生物学实验室常用的试剂，可用来提取蛋白质（酶）、DNA 等，75%乙醇常用于实验室消毒，高浓度的乙醇常被用作酒精灯燃料。

3. 乙醚（$C_4H_{10}O$）

乙醚又称二乙醚、乙氧基乙烷，无色透明液体，易挥发，遇高热、明火极易爆炸，其蒸气与空气可形成爆炸性混合物，与氧化剂能发生强烈反应，在空气中久置后能生成有爆炸性的过氧化物。由于乙醚具有神经麻醉作用且易挥发，应在通风柜内操作，并穿戴相应的防护用品以避免与皮肤直接接触，操作环境应远离火源。乙醚应储存于阴凉、通风处，与氧化剂等分开存放。

在生物学实验室中，乙醚常用作有机萃取剂和实验动物麻醉剂等。

4. 乙酸乙酯（$C_4H_8O_2$）

乙酸乙酯又称醋酸乙酯，无色澄清液体，易燃，其蒸气与空气易形成爆炸性混合物，遇明火、高热能引起燃烧爆炸，与氧化剂接触后发生猛烈反应。由于乙酸乙酯具刺激性、致敏性和挥发性，高浓度吸入可引起进行性麻醉作用，应于通风柜内操作，注意个人清洁卫生。乙酸乙酯宜储存于低温、通风处，与氧化剂、酸类、碱类分开存放。

在生物学实验室中，乙酸乙酯常用作溶剂、生物大分子萃取剂、纸层析或薄层层析分析试剂、柱层析的洗脱剂等。

五、强氧化性试剂

强氧化性试剂是指具有强氧化性和腐蚀性、对其他物质能起氧化作用而自身被还原的试剂，在适当条件下可放出氧而发生爆炸，包括过氧化物或有强氧化能力的含氧酸及其盐化合物。无机过氧化物、高锰酸盐、氯酸盐、硝酸盐等都是常见的强氧化性试剂。

1. 过氧化氢（H_2O_2）

过氧化氢俗称双氧水，无色透明液体，含量在 60%～100%即为爆炸品，含量在 40%～60%为一级氧化剂，市售工业品含量常为 27.5%或 35%，用作医药用品时含量仅为 3%。过氧化氢为爆炸性强氧化剂，能与可燃物反应放出大量热量和氧气而引起爆炸。过氧化氢具有强腐蚀性，操作时需戴防护手套。过氧化氢宜储存在阴凉、通风处，与强氧化剂、易燃物隔离存放，切忌与高锰酸钾、丙酮、甲酸、羧酸、乙二醇共存。

生物学实验室中，过氧化氢常用作杀菌剂、消毒剂以及某些生物学反应体系中的氧化剂。

2. 高锰酸钾（$KMnO_4$）

高锰酸钾别称灰锰氧、过锰酸钾，深紫色细长斜方柱状结晶，强氧化剂，遇硫酸、铵盐或过氧化氢能发生爆炸，遇甘油、乙醇能引起自燃，与有机物、还原剂、易燃物等接触或混合时有引起燃烧爆炸的危险。使用高锰酸钾时要求密闭操作，加强通风，远离火源，做好个人防护，避免与还原剂、活性金属粉末接触。倒空的容器可能残留有害物质。高锰酸钾应储存于阴凉、通风处，与还原剂、易燃易爆类物质等分开存放。

在生物学实验室中，高锰酸钾常用作氧化剂。

第五节 实验室常用设备安全

生物学实验室常用设备包括分析天平、水浴锅、离心机、分光光度计等。实验室各种仪器的使用应遵守安全操作规范。

一、分析天平

分析天平应水平放置在坚固稳定的桌面上，室内环境应清洁、干燥，且温度相对恒定。使用前，检查天平是否水平。水泡应位于水平仪中心，若不水平，需调整水平地脚螺丝，直到气泡位于水平仪上圆圈的中央。接通电源并预热 30 min。打开开关，使显示屏亮，并显示称量模式。天平显示屏上的数字稳定后，清零，将待称量物放入托盘中央，关闭天平门，待读数稳定后读数，该数据即为所称物体的质量。使用完天平后，关好天平，取下称量物和容器。用毛刷清扫干净天平，罩好防尘布罩，切断电源。

二、水浴锅

水浴锅应平稳放置。注入清水，至水位高于不锈钢隔板，切勿在无水或水位低于隔板时加热，不得在未加水或加水不够时打开电源。放入样品，打开电源，设置温度和时间，并启动运行。实验结束后，关闭电源，取出样品。水浴锅内水质应保持清澈干净。

三、离心机

离心机应放置在坚固平稳的工作台上。离心管的加样量以不超过其容积的 2/3 为宜，配平后的离心管应对称放置于离心机内。关闭离心机顶盖，启动离心机。离心期间，实验者不得离开实验场所。离心结束后，先关闭离心机，待离心机停止转动后，方可打开离心机顶盖，取出样品。

四、分光光度计

分光光度计应放置在坚固平稳的工作台上。打开电源，预热 20 min，调节 100%T 及 0%。将样品加入比色皿，加入量不超过比色皿容积的 3/4 或 4/5。用吸水纸清洁比色皿外壁后放入样品池。测试并记录数据。测试完毕后，关闭电源，取出比色皿，清洗、晾干，样品池清理干净。

五、电泳装置

电泳装置包括电泳仪电源、电泳槽。电泳装置放置在坚固平稳的工作台上。检查电泳仪电源开关处于关闭状态,向电泳槽内加入缓冲溶液及样品。正确连接电泳槽与电泳仪电源。打开电源开关,根据工作需要选择稳压、稳流方式及电压、电流范围。电泳装置通电进入工作状态后,禁止人体接触电极、电泳物及其他可能带电部分,也不能在电泳槽内取、放东西,不要临时增加或拔出输出导线插头。电泳完毕后,关闭电泳仪电源,分析结果,清理器材。

六、核酸蛋白分析装置

核酸蛋白分析装置包括层析柱、恒流泵、核酸蛋白分析仪、自动收集器。将装置置于坚固平稳的工作台上,以软管连接配套仪器。打开核酸蛋白分析仪电源,预热 20 min。将分离介质装入层析柱,加入样品。调整恒流泵转速及方向,调整分析仪"灵敏度",选择测试波长。根据恒流泵转速调整自动收集器收集方式。测试结束,关闭各仪器电源,清洗层析柱并干燥。恒流泵与核酸蛋白分析仪以软管相连,先用蒸馏水清洗分析仪通路,再通过空气干燥分析仪通路,然后关闭电源。

七、干燥箱

干燥箱放置在室内干燥及水平处。操作前,要注意所用电源电压是否与实验室符合。放入样品,关闭箱门,打开电源,设置温度、时间,开始工作。通电操作时,请勿用手触摸箱内电器的任何部件,严禁用湿布擦拭或用水冲洗。不要将箱内物品放置过挤,留出空气天然对流的空间,让湿润空气以较慢的速度从顶部逸出。用完后,关闭电源,取出样品,定期保持箱内外清洁。

八、超净工作台

将超净工作台的玻璃拉门拉至最下方,打开电源,打开紫外灯照射 20 min 杀菌(紫外线照射时要关闭玻璃拉门,严禁在紫外灯开启时进行任何操作)。关闭紫外灯,将玻璃拉门推高(拉门的开启高度不宜过高或过低,以免影响风速和洁净度),启动风机并运行10 min以排尽由于紫外线照射而产生的臭氧。打开照明灯,始终在风机运行状态下进行所有实验操作。操作完成后,继续保持风机运行 10 min,依次关闭风机、照明灯和电源。清理所有无关物品。

九、高压灭菌锅

高压灭菌锅不可安装在有易燃气体或液体的地方,应确认仪器所标注电压与实验室电压相同。确认电源的正确连接,打开电源开关。检查排气阀是否关闭,应处于关闭状态。检查冷凝桶内水位是否高于最高位置或低于最低位置,打开锅盖检查锅内水位是否漫过底盘。将待灭菌材料放入后关上盖。设定所需的灭菌温度和灭菌时间,开始灭菌。灭菌完成后,温度降至 90 ℃以下(锅内压力为 0)的情况下才能打开盖子,拿出灭好的物品,断开电源。

十、旋转蒸发仪

安装好设备各部件,使得仪器稳固,装上接收瓶,用卡口卡牢,打开冷凝水(玻璃零件接装应轻拿轻放)。在烧瓶中加入待蒸馏液体,体积不能超过 2/3。装好烧瓶,用卡口卡牢。打开水泵电源,抽真空,待烧瓶吸住后,用升降控制开关将烧瓶置于水浴内。打开旋转蒸发仪的电源,慢慢往右旋,调整至稳定的转速。加热水浴,根据烧瓶内液体的沸点设定加热温度。在设定温度下旋转蒸发。蒸完后用升降控制开关使烧瓶离开水浴,关闭转速旋钮,停止旋转;打开真空活塞,使体系通空气,取下烧瓶,关闭水泵。

十一、PCR 仪

PCR 仪放置在坚固平稳的工作台上。连接电源,打开开关。机器自检,进入用户主界面。在编辑窗口,设置热盖的参数、输入温度和压力,温度默认值为 96 ℃,一般设置为 99 ℃,如变性温度较低时默认值也可以满足使用要求;压力默认值为 90 N。设置 PCR 循环,输入温度、时间,依次编辑步骤,形成 PCR 循环,输入循环数。进入编辑窗口后开始修改程序,关闭该窗口并返回主界面。确认选择的程序,开始运行程序。程序运行结束后,界面返回主菜单;关闭仪器电源开关。

十二、凝胶成像系统

凝胶成像系统置于坚固平稳的工作台上。开启凝胶成像系统电源,等待设备自检结束。打开电脑上的成像软件,进行成像时间、成像波长等相应设置。将样品放置在凝胶成像系统的放胶板上。运行系统,进行成像。成像结束后,将成像结果保存到指定的文件夹中。对保存的成像结果进行图像处理和分析。实验完成后,关闭软件界面,关闭各种电源开关。

第六节　实验室环保

实验室工作人员应树立环保意识。实验室产生的各种废气、废液和废渣处理不当会污染环境并造成公共危害。因此,实验室废弃物必须得到妥善处理,以确保其无害化处理和资源化利用。

一、实验室废弃物收集的一般原则

1. 分类收集

按废弃物类别、性质和状态的不同,分门别类收集。如将废水与废液分类收集,一般固废与危险废物分类收集，实验室纸盒、纸板、废纸等与实验用植物、动物、土壤等分类收集等。

2. 按量收集

根据实验过程中产生废弃物的量的多少或浓度的高低予以收集。

3. 相似归类

性质或处理方式、方法等相似的废弃物应收集在一起。如硫酸、盐酸等性质相近的酸性废液可收集在一起储存。

4. 单独收集

危险废弃物应单独收集。如汞是常温下唯一呈液态的金属，它不仅易蒸发，而且有毒，同时还可以与多种非金属发生反应，所以应当单独收集。

5. 明确标识

实验室废弃物大多含有易燃易爆、有毒有害组分，为了便于安全储存和后续有效处理处置，必须对收集储存的实验室废弃物进行标识，注明废弃物的种类、状态、毒性等信息。

实验室分类收集的有毒有害废弃物、试剂及试样不得随意处置，应按照相关规定定期提交给有资质的单位进行处理，任何人都不允许随意处置。

二、实验室废弃物的处理

1. 可回收废弃物的再利用

可回收废弃物应进行分类、清洗和再利用。如玻璃器皿可以进行清洗和熔融再生，以生产新的玻璃制品；将回收的金属制品进行冶炼，制成新的金属制品。在进行再利用时，应注意确保废弃物的质量和安全性，避免对环境和人体健康造成潜在的危害。

2. 有害废弃物的专门处理

有害废弃物必须经过专门的处理设施进行处理。有毒废弃物可以通过化学中和、焚烧等方式进行处理；易燃废弃物可以通过高温焚烧进行处理。处理有害废弃物时必须遵循相关的操作规程和安全操作规范，确保废弃物的处理过程不会对环境和人体健康造成任何危害。

3. 其他废弃物的合理处理

对于其他废弃物（如纸张、食品残渣等），可进行垃圾分类或焚烧处理。在进行垃圾分类处理时，应遵循相关规定，并将可回收的部分予以回收利用。在进行焚烧处理时，应确保焚烧设施的正常运行，以防止废气和废渣对环境造成污染。

第三章 实验室基础

第一节 实验器皿的洗涤及各种洗液的配制

玻璃仪器的清洗是实验前的重要步骤，确保实验的准确性和安全性，直接关系到实验的成败。实验者应养成及时正确清洗、干燥玻璃器皿的良好实验习惯。

一、实验器皿的洗涤

1. 初用玻璃仪器的清洗

新购置的玻璃仪器含有较多的游离碱，必须先用 0.5%的去污剂洗刷，再用自来水冲洗干净，然后浸泡在 1%～2%盐酸溶液中 2～6 h，再用大量自来水冲洗，最后用蒸馏水冲洗 2～3 次，80～100 ℃烘箱内烘干或倒置晾干备用。

2. 使用过的玻璃仪器的清洗

(1)一般玻璃仪器　如试管、烧杯、锥形瓶等(包括量筒)，先用自来水冲掉灰尘和易溶于水的极性物质，再选用大小合适的毛刷蘸取洗涤剂稀释液或浸入洗涤剂稀释液内，将器皿内外(特别是内壁)细心刷洗，用自来水冲洗干净至无泡沫后，再用蒸馏水冲洗 2～3 次。若发现内壁有难以去掉的污迹，应分别使用洗涤剂予以清除，再重新冲洗。

(2)容量分析器皿　主要包括有精密刻度的仪器，如移液管、酸碱滴定管、容量瓶等，由于它们形状特殊而且容量准确，不宜用毛刷刷洗。为防止物质干涸，使用后应立即浸泡于水中。工作完毕后用流水冲洗，以除去附着的试剂、蛋白质等物质。晾干后浸泡在重铬酸钾溶液中 4～6 h(或过夜)，再用自来水充分冲洗，最后用蒸馏水冲洗 2～4 次，风干备用。

(3)其他玻璃仪器　盛装对人、畜有传染性或者是属于植物检疫范围内的微生物的试管、培养皿及其他容器，应先浸在 5%苯酚溶液内或蒸煮灭菌后，再进行洗涤。剧毒药品和放射性同位素等物质沾染的容器，必须经过专门处理，确知没有残余毒物存在后方可进行清洗。装有固体培养基的器皿应先将培养基刮去，然后洗涤。

3. 比较脏的器皿或不便刷洗的器械的清洗

对于比较脏的器皿或不便刷洗的仪器，若仪器上有凡士林或石蜡油以及其他油污，应先用软纸擦除，再用有机溶剂(如苯、煤油等)擦净，再用自来水冲洗后晾干，然后放入重铬酸钾洗液中浸泡 4～6 h(或过夜)。取出后用自来水充分冲洗直至除去洗液，最后用蒸馏水洗涤

2～3次。

4. 石英和玻璃比色皿的清洗

比色皿使用后应立即用蒸馏水充分冲洗，倒置在清洁处晾干备用。所有比色皿均可用1%～2%的去污剂浸泡，然后用自来水冲洗。为获得更好的清洗效果，可选择使用绸布包裹的小棒或棉花球棒刷洗比色皿。若比色皿被有色物质污染，可用 3 mol/L 的盐酸-乙醇等体积混合溶液洗涤。清洗干净的比色皿内外壁应不挂水珠。清洗比色皿时不可使用强碱，因为强碱会侵蚀比色皿的表面，影响其光学性能。

5. 塑料器皿的清洗

对于第一次使用的聚乙烯、聚丙烯等制成的塑料器皿，可先用 8 mol/L 尿素(用浓盐酸调 pH=1)清洗，再依次用蒸馏水、1 mol/L 氢氧化钾和蒸馏水清洗，然后用 3～10 mol/L 乙二胺四乙酸(EDTA)除去金属离子的污染，最后用蒸馏水彻底清洗。以后每次使用时，可只用0.5%的去污剂清洗，然后用自来水和蒸馏水洗净、晾干即可。

经过上述洗涤步骤处理的器皿，每次使用后可以用 0.5%的去污剂溶液洗涤，再分别用自来水充分冲洗和蒸馏水漂洗，晾干后即可使用。如果必要也可按碱→尿素→EDTA 洗涤顺序处理，以除去器皿污染物。

6. 用超声波清洗仪清洗

对于进样器、移液管、各类电极等形状复杂、洗涤要求高的玻璃仪器或仪表配件，可以使用超声波清洗仪洗涤。利用声波的振动和能量清洗仪器，既省时又方便，还能有效地清洗焦油状物。特别是对一些手工无法清洗的物品，以及沾有污垢的物品，其清洗效果尤其明显。

7. 洗涤工作注意事项

(1)洗涤时应注意个人安全，做好个人防护。

(2)不能用具有腐蚀作用的化学试剂或硬度大于玻璃的物品对玻璃器皿进行擦拭，以免对玻璃器皿造成损伤。

(3)使用过的器皿应立即洗涤，以防放置太久增加洗涤困难。

(4)难洗涤的器皿和易洗涤的器皿应分开清洗，有油污的器皿应与无油污的器皿分开洗涤。

(5)清洗或使用强酸、强碱等具有腐蚀性物质时，溶液不能直接倾倒在洗涤槽内，必须倾倒在废液缸中，集中处理。

(6)器皿清洁的标志为：加水倒置，水顺着器壁流下，内壁被水均匀润湿，明洁光亮，有一层既薄又均匀的水膜，无水珠附着。

二、干燥

对于实验室经常要用到的玻璃仪器，一般需要在每次实验完毕后及时洗净、干燥，备用。仪器的性质不同、实验要求不同，干燥方法不同。

1. 晾干

已洗净不急用或使用时对水分没有严格要求的玻璃仪器，可在蒸馏水冲洗后，倒置在干净的台柜内或仪器架上控去水分，自然晾干。

2. 烘干

烘干适用于可加热的玻璃仪器。洗净的仪器控去水分后，置于105～110 ℃干燥箱内烘干。也可以放在红外线干燥箱中烘干。此方法适用于一般的玻璃仪器。当带实心玻璃塞的仪器和厚壁仪器烘干时，应慢慢升温并且温度不可过高，以免破裂。待烘干仪器的口朝下放置。一般带有刻度的计量仪器，如移液管、容量瓶、滴定管等不能用加热的方法干燥，以免热胀冷缩影响仪器的精密度。

3. 热(冷)风吹干

用压缩空气(或吹风机)把仪器吹干。目前可使用气流干燥器快速烘干。使用时，将洗净、沥水后的仪器套在烘干器的多孔金属管上即可实现。注意随时调节热空气的温度。

4. 用有机溶剂干燥

对于不能用加热方法干燥的带有刻度的计量仪器，以及急于干燥的仪器或不适于放入干燥箱的较大的仪器，可以将乙醇或丙酮等易挥发的有机溶剂加到洗净的仪器内，转动仪器使仪器内壁湿润后，然后倾出，少量残留在仪器壁的有机溶剂很快挥发而使仪器干燥。

需要注意的是，对于玻璃磨口仪器和带有活塞的仪器(如酸式滴定管、分液漏斗等)，在洗净后进行放置时，应该在栓口处和活塞处垫上小纸片，以防后续因放置导致粘上而不易打开。

三、洗涤液的种类和配制方法

为了能够实现清洁仪器的目标，应根据玻璃仪器沾污物及使用的需要采用不同洗涤液以有效地洗净仪器。

1. 肥皂水或洗衣粉溶液

肥皂水或洗衣粉溶液是最常用的洗涤剂，广泛用于玻璃仪器的洗涤，主要是利用其乳化作用以除去污垢。

2. 重铬酸钾-硫酸洗液

重铬酸钾-硫酸洗液广泛用于玻璃仪器的洗涤。其清洁效力来源于其强氧化性(6价铬)和强酸性。

重铬酸钾-硫酸洗液的主要成分是重铬酸钾、水和硫酸，配制比例可参见表3-1。

表3-1 重铬酸钾-硫酸洗液配制比例

重铬酸钾质量/g	水体积/mL	浓硫酸体积/mL
5	5	100
10	100	30
20	40	400
80	1 000	100
200	500	500

配制重铬酸钾-硫酸洗液时，宜用耐高温的玻璃器皿或耐酸搪瓷缸，应特别注意防止产生高热而破裂，切忌用量筒及试剂瓶等配制。重铬酸钾-硫酸洗液去污力强，腐蚀性大，应避免接触皮肤和衣物。液体变成绿色，即不能使用。

3. 浓盐酸(工业用)

浓盐酸(工业用)可洗去附着在器壁上的水垢或某些无机盐沉淀。

4. 5%草酸溶液

取 5.0 g 草酸,溶于 100 mL 水中,加入数滴浓硫酸酸化后,即得 5%草酸溶液,可洗去高锰酸钾的痕迹。

5. 5%～10%磷酸三钠($Na_3PO_4 \cdot 12H_2O$)溶液

5%～10%磷酸三钠($Na_3PO_4 \cdot 12H_2O$)溶液可洗涤油污物,但所洗涤仪器不能用于磷的测定。

6. 30%硝酸溶液

30%硝酸溶液可用于洗涤 CO_2 测定仪器及微量滴管。

7. 5%～10%乙二胺四乙酸二钠(EDTA-2Na)溶液

基于 EDTA 和金属离子的强配位效应,加热煮沸可除去玻璃仪器内壁的钙镁盐类白色沉淀物和不易溶解的重金属盐类。

8. 45%尿素洗涤液

45%尿素洗涤液为蛋白质的良好溶剂,用于洗涤附有蛋白质制剂及血样的容器。

9. 乙醇-浓硝酸混合液

乙醇-浓硝酸混合液最适合洗涤滴定管。使用时,在滴定管中加入 3 mL 乙醇,然后沿管壁慢慢加入 4 mL 浓硝酸(相对密度 1.4),盖住滴定管管口,利用所产生的氧化氮洗净滴定管。

10. 盐酸-乙醇洗液

盐酸-乙醇洗液为还原性强酸洗液,其配制方法是将浓盐酸和乙醇按 1∶1 的体积比混合。该洗液用于洗去多种金属离子。比色皿常用此洗液洗涤。

11. 有机溶剂

有机溶剂如丙酮、乙醇、乙醚等可用于洗涤油脂、脂溶性染料等污痕。二甲苯可洗脱油漆的污垢。使用时注意有机溶剂的毒性和可燃性。

12. 碱性乙醇洗液

碱性乙醇洗液配制方法如下:取 2.5 g 氢氧化钾溶于少量水中,再用乙醇稀释至 100 mL,或将 120 g 氢氧化钠溶于 150 mL 水中,再用 95%乙醇溶液稀释至 1 000 mL。该洗液是强碱性的洗涤液,主要用于去除油污及某些有机物,需控制洗涤时间不宜过长。使用时应小心慎重。

第二节　试剂的配制与保存

一、实验室用的纯水

实验中水是不可缺少的、必须用的物质,最常用于溶解、稀释和配制溶液等实验工作。根据实验任务和要求不同，对水的纯度要求也不同。

蒸馏水是将自来水在蒸馏装置中加热汽化，水蒸气冷凝即得蒸馏水。蒸馏水中所含杂质比自来水少得多，比较纯净但仍有少量杂质。通过重蒸馏可以进一步获得比较纯净的蒸馏水。如果要使用更纯净的蒸馏水，可进行第三次蒸馏或用石英蒸馏器再蒸馏。

通过离子交换树脂分离水中杂质离子的方法制得的水称为去离子水。制备时，一般将水依次通过阳离子交换树脂柱、阴离子交换树脂柱及阴、阳离子树脂混合交换柱，其纯度比蒸馏水高。通过离子交换能除去水中几乎所有的离子物质，但不能去除一些非离子型杂质。

反渗透水的生成原理是水分子在压力的作用下，通过反渗透膜制出纯水，水中的杂质被反渗透膜截留排出。反渗透可以滤除 90%～99%的绝大多数污染物。经反渗透处理的水是高品质的预纯水，适合许多实验室常规使用。

二、化学试剂

1. 化学试剂的分级

在生物学实验中，试剂的纯度直接影响到实验结果的准确性。不同的实验分析方法对试剂纯度的要求也存在不同。为正确使用试剂必须了解试剂的分类标准(表 3-2)。

表 3-2　化学试剂的分级

级别	名称	简写	瓶签颜色	纯度和用途
一级	保证试剂，优先纯	GR	绿色标签	纯度高、杂质含量低，用于重要精密的分析工作和科学研究工作
二级	分析试剂，分析纯	AR	红色标签	纯度较高、杂质含量较低，用于一般科学研究和分析实验，为实验室广泛使用
三级	化学纯	CP	蓝色标签	质量略低于二级，适用于一般分析工作
四级	实验试剂	LR	棕色标签	质量较低，比工业用的高，用于一般的实验和要求不高的科学实验
	生物试剂	BR	黄色等标签	用于生物学研究和检验
	生物染色素	BS		主要用于生物组织学、细胞学和微生物染色

此外，还存在标准试剂、专用试剂等特殊规格试剂。标准试剂是用于衡量其他待测物质化学量的标准物质，习惯称其为基准试剂，其特点是主体含量高而且准确可靠。专用试剂是指具有专门用途的试剂，如仪器分析专用试剂中层析分析标准试剂、气相层析载体及固定液、薄层分析试剂等。专用试剂主体含量较高，杂质含量很低。

在实际实验工作中，试剂的选择要考虑其纯度和级别以适应分析方法的需求。根据分析对象的组成和含量，以及对分析结果准确度、分析方法的灵敏度、选择性的要求，本着厉行节约、就低不就高的原则合理地选用相应级别的试剂。

2. 试剂的取用规则

(1)固体试剂的取用规则　要用干净的药匙取用。用过的药匙必须洗净和擦干后才能再使用，以免沾污试剂。

取用试剂后立即盖紧瓶盖。

称量固体试剂时，必须注意不要取多，取多的药品，不能倒回原瓶。

一般的固体试剂可以放在干净的纸或表面皿上称量。具有腐蚀性、强氧化性或易潮解的固体试剂不能在纸上称量，应放在玻璃容器内称量。

有毒的药品要在教师的指导下处理。

(2)液体试剂的取用规则　从滴瓶中取液体试剂时，要用滴瓶中的滴管，滴管绝不能伸入所用的容器中，以免接触容器壁而沾污药品。从试剂瓶中取少量液体试剂时，则需要专用滴管。装有药品的滴管不得横置或滴管口向上斜放，以免液体滴入滴管的胶皮帽中。

从细口瓶中取出液体试剂时，用倾注法。先将瓶塞取下，反放在桌面上，手握住试剂瓶上贴标签的一面，逐渐倾斜瓶子，让试剂沿着洁净的试管壁流入试管或沿着洁净的玻璃棒注入烧杯中。取出所需量后，将试剂瓶扣在容器上靠一下，再逐渐竖起瓶子，以免遗留在瓶口的液体滴流到瓶的外壁。

三、溶液的配制

1. 固体试剂配制溶液

(1)质量分数溶液的配制　计算出配制一定质量分数溶液所需的固体试剂的质量。准确称取固体试剂，并将其倒入烧杯中。量取一定体积蒸馏水倒入烧杯内，用玻璃棒搅拌，直到固体试剂完全溶解。容量瓶定容，即得所需溶液。将配制好的溶液倒入试剂瓶中，贴上标签，备用。

(2)物质的量浓度溶液的配制　计算出配制一定物质的量浓度溶液所需的固体试剂的质量。准确称量固体试剂，并将其放入干净的烧杯中。加入适量蒸馏水，用玻璃棒搅拌。固体试剂完全溶解后，将溶液转移到与所配制溶液体积相对应的容量瓶中。用少量蒸馏水洗涤烧杯 2～3 次，将洗涤液移入容量瓶中，用蒸馏水定容，混匀即得所配溶液。将溶液转移到试剂瓶中，贴上标签，备用。

2. 液体试剂(或浓溶液)配制溶液

(1)体积分数溶液的配制　根据体积比，分别量取液体(或浓溶液)试剂和溶剂的用量，将其倒入烧杯中混合，用玻璃棒搅拌，充分混匀，即得所需的体积分数溶液。将溶液转移到试剂瓶中，贴上标签，备用。

(2)物质的量浓度(摩尔浓度)溶液的配制　当以较浓的准确浓度的溶液来配制较稀的准确浓度的溶液时，先进行计算，然后使用经过处理的移液管准确吸取所需的溶液，并将其注入给定体积的洁净容量瓶中，加入蒸馏水定容，混匀，倒入试剂瓶中，贴上标签，备用。液体试剂(或浓溶液)的量取体积$=\frac{c_{稀}\times V_{稀}}{c_{原}}$($c_{稀}$，配制试剂物质的量浓度；$V_{稀}$，配制溶液体积；$c_{原}$，液体试剂或浓溶液物质的量浓度)。

四、溶液混匀方法

实验室配制溶液时，必须经过充分搅拌或振荡混匀后，溶液方可使用。

1. 搅拌式混匀

搅拌式混匀适用于烧杯内溶液的混匀，如固体试剂的溶解和混匀。搅拌时必须使用两头都圆滑的玻璃棒。玻璃棒的粗细、长短与容器的大小和所配制溶液的多少必须呈适当的比例关系。在搅拌的时候，应该尽量使玻璃棒沿着容器壁运动，避免空气的搅入或者溶液的飞溅。倾入液体时，必须沿容器壁慢慢倾入，以免产生大量气体。倾倒蛋白质溶液等表面张力低的液体时，更需缓慢仔细。

2. 旋转式混匀

旋转式混匀适用于锥形瓶、大试管内溶液的混匀。振荡溶液时，手握住容器后以手腕、肘或肩做轴旋转容器，不应上下振荡。

3. 弹打式混匀

弹打式混匀适用于离心管、小试管内溶液的混匀。可用一手持管的上端，用另一手的手指弹动离心管。也可以用同一手的大拇指和食指持管的上端，用其余三根手指弹动离心管。手指持管的松紧要随着振动的幅度变化。还可以把双手掌心相对合拢，夹住离心管来回搓动。

4. 倒转混匀法

倒转混匀法适用于容量瓶内或分液漏斗中溶液的混匀。倒持容量瓶摇动，用食指或手心顶住瓶塞，并不时翻转容量瓶；在分液漏斗中振荡液体时，应用一手在适当斜度下倒持漏斗，用食指或手心顶住瓶塞，并用另一手控制漏斗的活塞，一边振荡，一边开动活塞，使气体可以随时由漏斗逸出。

5. 振荡混匀法

振荡混匀法适用于多个试管中内容物的同时混匀。使用振荡器使多个试管同时混匀，或将试管置于试管架上，双手持管架轻轻振荡，实现混匀目的。

第四章 实验数据处理与评价

第一节 实验记录

实验记录是在进行生物学科学研究的过程中，采用观察、调查或仪器分析等方法，根据研究实际情况直接记录或统计而形成的各种数据、文字、图表、图片、照片、声像等原始资料。实验者需要严谨、认真、实事求是地做好实验记录。

一、实验记录规范

1. 实验记录本(纸)规范

(1)实验记录应当在记录本或记录纸上完成，忌使用单片纸，应遵循原始、及时、系统、完整、客观的原则，实验结果、图表和照片均应直接记录或订在实验记录本中。

(2)计算机、自动记录仪器打印的图表和数据资料等应按顺序粘贴在记录本或记录纸相应位置上，并在相应处注明实验日期。不易粘贴的，可另行整理装订成册并加以编号，以便查对。

2. 实验记录书写规范

(1)实验记录注意保持整洁、完整，不得擅自撕页、挖补、涂改，数据不得随意删除、修改或增减。

(2)实验记录最好使用不易褪色的蓝黑墨水或碳素墨水，尽量少使用圆珠笔、铅笔或彩色笔书写。

(3)实验记录应使用中文记录，不用外文或中外文混记，不得使用自造字和非规范简化字。常用的外文缩写(包括试剂名称)必须符合规范并已得到公认，对于首次出现的外文缩写(包括实验试剂的外文缩写)必须注明全称及中文释名。

(4)实验记录应规范使用专用术语，计量单位须采取国际标准计量单位，有效数字的取舍应当根据实验的要求而定，位数必须一致，不得随意取舍。

(5)实验记录过程中确因写错必须修改的，应当注明修改内容，在需要修改处画一斜线，不得完全涂黑，保证修改前的记录能够辨认，并且由修改人签字。

二、实验记录内容

实验记录的内容通常包括实验名称、实验目的、实验人员、实验时间、实验材料、实验方法、实验设计或方案、实验过程、观察或测试分析指标、实验结果及结果分析等内容。

1. 实验名称

首次实验记录必须注明实验项目名称，每个实验开始必须注明实验名称。

2. 实验时间

每次实验必须在记录纸的右上角或左上角按照年-月-日顺序记录实验日期和时间。对于环境条件敏感的实验，要详细记录实验当天的天气情况和实验室微小气候（如温度、湿度、光度等）。

3. 实验材料

要详细记录实验所采用生物材料的来源、形态特征、选用的组织及其重量，仪器设备名称、规格型号及其度量精度，主要试剂的生产厂家、规格和生产批号、相对分子质量以及配制溶液的过程、加样的体积和浓度等。自制试剂要在首次记录中详细说明配制方法和配制时间。实验材料如有变化，必须在相应实验记录中加以说明。

4. 实验方法

采用的常规实验方法应当在首次实验记录时注明方法来源，而对于采用的创新实验方法必须详细记录步骤和细节。

5. 实验结果

要如实、完整地记录实验中观察到的现象，准确记录定量观测指标的实验数据，包括因重复观测等出现的完全相同的数据。记录实验数据时，要根据实验要求注意有效数字的取舍。实验中出现的阴性结果也应进行详细记录，不能只记录符合主观想象的内容和自认为成功的实验。

6. 结果分析

实验记录完成后，应及时对数据进行整理，探究和分析实验中的细节和规律，对实验结果要做明确的文字小结，实验记录中的图片和照片要附必要的文字说明。对于实验结果与预期结果不相符的，要详细记录并分析原因，同时考虑重复实验，以期获得可靠的结果。

第二节　实验误差

生物学综合实验往往是以活的生命体为对象，对生物体内存在的糖、脂肪、蛋白质、核酸、酶等主要大分子物质进行系统的定性或定量分析研究。一般在实验过程中都会有误差产生。实验者要根据实验要求对实验结果进行分析和总结，认真查找可能出现误差的原因，研究减少误差的办法，提高实验结果的准确度。

根据误差的性质和来源，可把误差分为系统误差和偶然误差两类。

一、系统误差

系统误差，又称恒定误差、可测误差，是一种非随机性误差，指在一定的实验条件下的数次测定中，其测定值与真值之间的差别是由测定过程中某种固定的原因或某些恒定因素造成的。系统误差是由某些经常性原因引起的，对分析结果的影响比较稳定，常在重复实验时重复出现，使测定结果系统偏高或偏低。

1. 系统误差的来源

(1)方法误差　由分析方法本身造成。如用滤纸称量易潮解的药品，开展酶学研究时温度、pH 的影响没有消除等。

(2)仪器误差　由仪器结构缺点引起的误差。如比色仪器的波长不准确，杂散光水平过高；使用未经校准的天平、未经标定的移液管等。

(3)试剂误差　由所用蒸馏水含有杂质或使用的试剂纯度不够造成。

(4)操作误差　由实验者掌握分析操作的条件不成熟、个人观察器官不敏锐和固有的习惯造成。如每个人的操作手法不同，在使用移液管量取液体进行数据的读取操作时，目光是否平视、视线与液体弯月面是否相切，都可成为实验中较大误差的主要原因。实验者在进行滴定操作时对于颜色变化的敏感程度也会导致误差的生成。

2. 系统误差的校正

(1)仪器校正　在实验前对使用的分光光度计、天平、玻璃器皿及其他仪器进行校验与标定。

(2)空白试验　为了消除因试剂、用水等引起的误差，在不加待测试样的情况下，按照与待测试样完全相同的分析条件和步骤进行测定，所得结果即为空白值。在最后计算时，应从实验测得的结果中扣除空白值，即可得到比较准确的结果。

(3)对照实验　用已知含量标准试样，按所选的方法，以同样的实验条件进行分析，求得测定结果的校正值。

二、偶然误差

偶然误差，也称随机误差，是由测量过程中不可预测的、随机因素的影响而产生的误差。一般生物类实验的影响因素是多方面的，如环境温度、光照、气流、反应时间、反应体系的微小变化都会引起较大的误差。因为难以确定某个因素产生具体影响的大小，特别是某些因素的作用机理目前仍不十分清楚，所以有些实验结果重现性较差。

偶然误差一般都服从一定的统计规律，呈现正态分布。一是正误差和负误差出现的概率相等；二是小误差出现的频率高，而大误差出现的频率较低；三是误差不会超出一定的范围。

减少偶然误差一般采取的措施是：

(1)平均取样　如将动植物新鲜组织制成匀浆、细菌制成悬液等。

(2)多次测定　通过进行多次平行实验，然后取其平均值来弥补。测试的次数越多，偶然误差的概率就越小。

第三节　误差的表示方法

一、准确度与误差

实验分析结果的准确度是指实验分析结果与真值之间相符合的程度，反映了测量的正确性。实验分析结果与真值之间差别越小，则实验分析结果的准确度越高。

准确度的高低可用误差来表示。误差越小，表示分析结果的准确度越高。误差有绝对误差和相对误差之分。

(1)绝对误差　实验分析结果与真值之差。

$$绝对误差\ E = N - N'$$

式中：N 为实验分析结果测定值；N'为真值。

(2)相对误差　绝对误差占真值的百分比。

$$相对误差\ RE = \frac{E}{N'} \times 100\%$$

相对误差可以反映误差对整个实验分析结果的影响，便于合理地比较各种情况下实验分析结果的准确度。

二、精密度和偏差

精密度是指多次平行实验分析结果相互接近的程度，是衡量在规定条件下实验方法分析结果的稳定性、重复性指标。精密度代表各实验分析结果的离散和密集的程度。精密度高则各次实验分析结果彼此接近，实验分析结果重复性好，方法就稳定；反之，则重复性差，方法不稳定。

精密度用偏差来衡量。偏差是指个别实验分析结果与平均值之间的差值。几个平行实验分析结果的偏差如果都很小，则说明分析结果的精密度较高。

偏差有绝对偏差和相对偏差之分。绝对偏差是指个别分析结果与 n 次重复实验分析结果的算术平均值的差值。相对偏差是指绝对偏差在算术平均值中所占的百分比。

$$绝对偏差 = x_i - \bar{x}$$

式中：x_i为任何一次实验分析结果的数据；$\bar{x}$ 为 n 次重复实验分析结果的算术平均值。

$$相对偏差 = \frac{绝对偏差}{n\ 次重复实验分析结果的算术平均值} \times 100\%$$

在实际工作中，平均偏差(各单个偏差的绝对值的平均值)、相对平均偏差(平均偏差占平均值的百分比)、标准偏差(各单个绝对偏差的平方和与分析次数减一的比值的开方)、相对标准偏差(标准偏差占平均值的百分比)都可用来衡量精密度大小,较常用的是标准偏差和相对标准偏差。

平均偏差 $\bar{d} = \frac{\sum_{i=1}^{n} |x_i - \bar{x}|}{n}$

相对平均偏差 $R\bar{d} = \frac{\bar{d}}{\bar{x}} \times 100\% = \frac{\frac{\sum_{i=1}^{n} |x_i - \bar{x}|}{n}}{\bar{x}} \times 100\%$

标准偏差 $S = \sqrt{\frac{\sum_{i=1}^{n} (x_i - \bar{x})^2}{n-1}}$

相对标准偏差 $RSD = \frac{S}{\bar{x}} \times 100\% = \frac{\sqrt{\frac{\sum_{i=1}^{n} (x_i - \bar{x})^2}{n-1}}}{\bar{x}} \times 100\%$

三、准确度和精密度的关系

在分析工作中评价一项分析结果的可靠性,应该从分析结果的准确度和精密度两个方面入手。

准确度和精密度有一定关系,但二者不是统一的。精密度高,不一定准确度高;而准确度高必须以精密度高为前提。准确度是反映分析方法或测量系统存在系统误差的程度,它决定着分析结果的可靠性。准确度的高低是表示测定结果的好坏、系统误差的大小。精密度用于反映分析方法或测量系统存在的偶然误差的影响程度,表示实验的重现性和再现性。精密度的高低是说明方法稳定性、重复性的好坏,偶然误差的大小。精密度在某种程度上能反映并保证准确度。

因此,实验分析结果的好坏,既要讨论实验结果的准确度,也要讨论实验结果的精密度,二者缺一不可。只有准确度和精密度都高的实验,其分析结果的可信度才高,数据才有实用价值。

第四节　有效数字的确定与运算规则

有效数字是指在分析和测量中所能得到的有实际意义的数字。测量结果的数字,其有效位数反映了测量结果的精确度,直接与测量的精密度有关。

一、有效数字的修约规则

有效数字的修约规则为“四舍六入五成双”，即当多余尾数首位小于或等于 4 时，应舍去；当多余尾数首位大于或等于 6 时，则应进位；当多余尾数首位等于 5 时，当 5 后面还有不是 0 的任何数时，无论 5 前面是偶是奇皆进位，若 5 后数字为 0 时，则按照“奇进偶舍”的方式进行修约，也就是说 5 前面是偶数时则舍，5 前面数字为奇数时则进位。另外，有效数字的修约只能进行一次，不能多次修约。

二、有效数字的运算规则

在分析、测定过程中，往往要经过不同的环节，从而获得多组数据。在计算分析结果时，每个数据的误差都要传递到分析结果中去。因此，在进行计算时应按一定规则、合理地取舍各数字的有效数字位数，确保运算结果的正确。

1. 加减法

进行数字加减时，和或差的误差是各个数据绝对误差的传递结果，计算误差的绝对误差须与各数据中绝对误差最大的数据相当。因此，数据相加或相减时，和或差的有效数字的保留应以参加运算数据中绝对误差最大的数据为准，即最后结果所保留的小数点后的位数应与参与运算的各数中小数点后位数最少者相同。例如：$1.251+10.845\,2+0.33=12.426\,2$，应取 12.43。

2. 乘除法

进行数字乘除时，积或商的误差是各个数据相对误差的传递结果，其积或商的相对误差接近于这几个数中相对误差最大值。最后结果的有效数字应以参与运算的各数中有效数字位数最少者为准，而与小数点的位置无关。例如：$2.43\times1.35=3.280\,5$，应取 3.28。

3. 乘方和开方

进行乘方或开方时，原数值有几位有效数字，计算结果就可以保留几位有效数字。若计算结果还要参与运算，则乘方或开方所得结果可比原数值多保留 1 位有效数字。例如：$4.56^2=20.793\,6$，运算结果保留 3 位有效数字，为 20.8。

4. 对数运算

进行数值对数计算时，对数有效数字的位数，只计小数点以后的数字的位数，而不计对数的整数部分，所取对数的小数点后的位数（不包括首数）应与真数的有效数字位数相同。

5. 平均值

进行几个数值的平均值计算时，首先将计算结果修约至比要求的位数多 1 位，然后再按数值修约规则处理。

6. 方差和标准偏差

方差和标准偏差在运算过程中对中间结果不做修约，只将最后结果修约至要求的位数。

需要注意的是，在所有计算式中，常数等非测定值（π、e、得失电子数、方程式系数、稀释倍数等）的有效数字位数，可视为无限，按计算式中需要而定。当使用计算器（或电脑）进行计算时，仅对最后的结果进行修约，一般不对中间每一步骤的计算结果进行修约。

第五节 数据的表示形式

对实验中所取得的一系列数值，采取适当的处理方法进行整理、分析，才能准确地反映出被研究对象的数量关系。常见的实验数据处理体现方式分为列表法、作图法和数学方程表示法 3 种。

一、列表法

将实验所得的各项数据和计算的中间数据用适当的表格列出，并表示出它们之间的关系。列表法可以简单明确地表示出数据之间的对应关系，便于分析和发现规律性。通常数据的名称与单位写在标题栏中，表内只填写数字。数据应正确反映测定的有效数字，必要时应计算出误差值。

二、作图法

作图法是将实验所得的一系列数据之间的关系及其变化情况用图线直观地表现出来。因为作图法有着简明、形象、直观、便于比较研究实验结果等优点，已经成为一种最为常用的数据处理方法。

作图时通常先在坐标纸上确定坐标轴，标明物理量符号、单位和刻度值。然后将各数值点用如＋、×、○、◇、△等标记标注在图纸上，再用直线或曲线把各点连接起来。图形必须平滑，可不通过所有的点，但要求数据点均匀分布在直线（曲线）的两侧，且尽量贴近直线（曲线）。画线时，对于个别偏离较大的点应当舍去，或重复试验校正。采用作图法时至少要有 5 个点，否则就没有实际意义。作图完成后，应在图纸下方或空白的明显位置处，写上图的名称、作者和作图日期等信息，有时还要附上实验条件等的简单说明。

三、数学方程表示法

以数学方程表示两个或多个变量之间的函数关系的方法称为数学方程表示法，也称为解析法。将实验数据用数学方程式的形式表达出来，可以将方程式进行微分、积分处理，进行相关数值计算。运用数学方程表示法表达生物学概念或规律，可以更加准确简洁地从本质上反映某些变量之间的依存制约关系。

随着信息技术的快速发展，利用计算机来处理生物学实验中的数据，并对数据进行分析，已经成为科学研究中不可缺少的一部分。当前，Excel、Origin 等软件是实验数据处理和作图中常用的专业软件，需要实验者在实际工作中不断探索和尝试。

第六节　实验报告和论文撰写

综合实验报告和实验课程论文既是对实验的详细记叙和系统总结，也是把直接的感性认识提高到理性认识的必要步骤，同时又是与他人开展交流的手段。因此，综合实验报告和实验课程论文的科学、规范撰写作为实验课程的重要阶段，显得尤为重要。

一、综合实验报告

综合实验报告是基于实验记录，通过整理、计算、分析、总结，形成对实验的记叙和总结。一般情况下，综合实验报告应由以下 4 个方面内容组成。

1. 综合实验题名

即所完成实验项目的名称。

2. 前言

介绍实验的目的、意义或简单原理。

3. 正文

(1)材料与方法　一般应交代材料(实验对象)的名称、来源(购买、采集或培养)、取样部位和状况(干样或鲜样)、取样时间及预处理情况等。

方法指测定方法，对公认方法可直接写方法的名称，但必须注明方法的来源。如在实际操作中对公认方法有改进，应将改进内容写清楚。

(2)结果　根据实验结果，以列表或作图表示。表或图一定要有编号和名称。

(3)分析与讨论　主要应用叙述性文字，分析讨论实验现象以及实验结果，并联系所学理论知识探讨实验结果所存在的理论价值或实践意义，得出实验结论。对于存在异常的实验结果，应予以合理解释。

4. 参考文献

对于综合实验报告中引用的前人或他人的观点、方法、数据和材料等，应在文中出现的地方予以标注，并在文末列出参考文献。参考文献采用顺序编码制，著录顺序按论文中所引用文献的先后连续编号。

二、实验课程论文

实验课程论文是研究型综合实验完成后应交的作业，它是训练性质的论文，需按照论文格式行文。实验课程论文一般应包括以下 7 个方面的内容。

1. 论文名称

论文名称是实验课程论文的文题，是论文内容的高度概括。因研究型综合实验在取材、测定方法上有选择性，而个人在文章构思和资料取舍上有不同，论文名称也可能不同。但必须能精练、准确而简要地表达论文的特定内容，能够显示全文的关键信息。

2. 作者及作者单位

作者是完成该项工作并实际撰写论文，要对论文负责的主要参加者。作者姓名排序往往意味着实际贡献大小。

作者单位与地址（包括邮政编码）应署论文研究工作完成期间的学术单位。

3. 摘要

摘要是论文的内容提要，反映了论文的特色，是对论文基本内容的凝练，可以独立成文并能独立应用。摘要要求简明确切、不加注释或评论地介绍论文研究背景、研究目的、主要材料和方法、研究结果、结论、科学意义或应用价值等。摘要应注意简短、精粹、完整，切忌“摘而不要”。

4. 关键词

关键词也称主题词，是能够表达论文主题的最重要的词或短语，是论文分类和建立索引的依据。一般每篇文章在摘要后另起一段，列出 3～5 个关键词。

5. 前言

前言即引言或导言，是正文前一段序幕性及引导性的短文，旨在交代本研究的缘起，厘清相关背景知识，阐释研究的目的及意义，起引出正文的作用。

6. 正文

(1)材料与方法　该部分是论文实验设计的基础部分，一般应清晰、准确交代材料（实验对象）的名称、来源（购买、采集或培养）、取样部位和状况（干样或鲜样）、取样时间及预处理情况等。

方法指测定方法，对公认方法可直接写方法的名称，但必须注明方法的来源。如在实际操作中对公认方法有改进，应将改进内容写清楚。

(2)结果与分析　结果与分析是实验课程论文的主体部分，代表着论文的中心内容。它要把研究型综合实验获得的实验数据、图像资料等结果用简明的文字、图表等准确、具体地表达出来，并对其结果做出正确分析和科学评价。该部分文字应简练、不要赘述，图表应规范，要有编号和名称。

(3)结论或讨论　结论又称结语或小结，是在理论分析和实验验证的基础上，依据相关科学知识，对全文做出的概括。结论主要应用叙述性文字，对结果进行分析并联系所学理论知识得出的总判断、总评价，以客观性反映实验研究的成果价值。结论应严谨恰当并留有余地。

如果论文得不出明确的结论，也可不写结论而进行讨论，说明本研究的创新点或重要发现、比较研究结果间的内在联系、研究的缺点与局限性等，并在讨论中提出建议、设想及尚待解决的问题。

7. 参考文献

参考文献反映了作者对他人和前人知识成果的尊重，反映了论文的真实科学依据。文中借鉴、参考、应用了他人或前人的观点、方法、数据和材料等，都需要在文中出现的地方予以标注，并在文末列出参考文献。参考文献引用应注意公开性和权威性、时效性，在文中的排列顺序采用顺序编码制。其格式为：

(1)连续出版物　作者.题名[J].刊名,出版年份,卷号(期号)出版地:起页码-止页码

(2)专著　作者.题名[M].出版地:出版者,出版年,起页码－止页码

(3)学位论文　作者.文献题名[D].保存地:授予单位,年份,起页码－止页码(可选)

(4)专利　专利申请者或所有者.专利题名:专利号[P].公告日期或公开日期

(5)电子文献　责任者.文献题名[文献类型/载体类型].电子文献网址或出处,发表或更新日期/引用日期(任选)

[文献类型/载体类型]主要有:[J/OL]网上期刊、[EB/OL]网上电子公告、[M/CD]光盘图书、[DB/OL]网上数据库。

第五章　生物学综合实验设计与实践

实验一　烟草愈伤组织诱导及植株再生

一、实验目标导航

[**知识目标**]理解植物细胞全能性概念和意义，了解植物组织培养的概念，掌握植物愈伤组织诱导、分化培养、植株再生等的实验流程和原理。

[**能力目标**]掌握植物培养基母液的类型以及培养基的组成、配制、灭菌方法，熟悉并掌握外植体的消毒、接种，愈伤组织、芽、根的诱导分化等植物组织培养的基本流程和操作技术。

二、实验背景

植物组织培养，即植物无菌培养技术，又称离体培养技术，是将植物器官、组织、细胞或原生质体等外植体材料在无菌条件下培养于人工培养基上，并在适当条件下诱发长成完整植株的一种技术。植物组织培养是建立在植物细胞全能性基础上的，每一个活细胞都包含植物生长发育所必需的全部基因，都具有再生成一个完整有机体所需的遗传信息。同样，植物的某一部分、某个器官或部分器官在脱离母体之后，在一定的条件下，可以通过自身生理结构的调整再次形成完整的植物个体。

利用组织培养方法进行植物离体培养可在短期内获得大量遗传性一致的植物个体。20世纪80年代以后，植物组织培养已经成为农业高新技术中最重要、最活跃的领域之一，也是转基因、花药培养等植物新品种培育的支撑技术。

三、实验技术路线

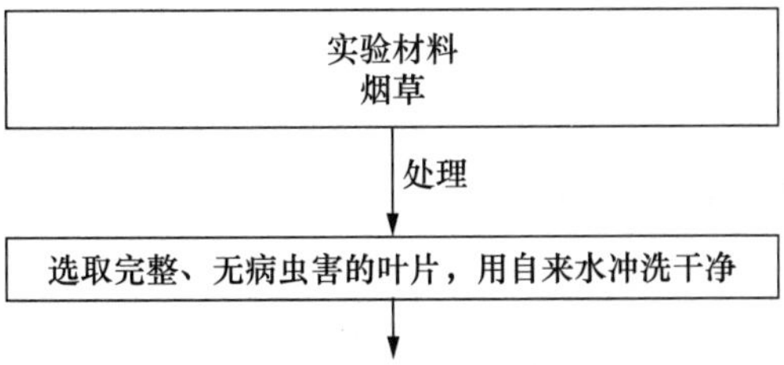

培养基母液配制	培养基的配制和灭菌	愈伤组织诱导	芽诱导、根诱导与移栽
1. MS无机大量元素母液的配制 2. MS无机微量元素母液的配制 3. MS铁盐母液的配制 4. MS有机母液配制 5. 激素母液配制	1. 培养基的配制 2. 培养基的灭菌	1. 接种前准备 2. 外植体灭菌 3. 接种	1. 芽诱导 2. 根诱导 3. 移栽

↓ 记录

数据处理、作图

↓ 撰写论文

通过无菌操作将烟草叶片接种到培养基上，使其细胞脱分化并形成愈伤组织，进而由愈伤组织再分化成芽和根，最终发育成完整的植株，炼苗移栽到大田中，为烟草的培养改良提供基础性支持，服务农业生产

四、实验材料、器材与试剂

1. 材料

烟草(*Nicotiana tabacum* L.)取自于盆栽植株。选择完整且无病虫害的叶片，用自来水冲洗干净后，剪成适宜大小，再消毒处理。

2. 器材

分析天平，电子天平，pH 计，电炉，电磁炉，冰箱，高压灭菌锅，烘箱，超净工作台，烧杯，量筒，容量瓶，试剂瓶，培养瓶，枪式镊子，解剖刀，酒精灯，酒精缸，移液管及移液管架，洗耳球，脱脂棉，火柴，加盖小烧杯，废液杯，培养皿，记号笔，药匙，玻璃棒。

3. 试剂

盐酸，氢氧化钠，95%乙醇，氯化钙，NH_4NO_3，KNO_3，$MgSO_4 \cdot 7H_2O$，KH_2PO_4，KI，H_3BO_3，$MnSO_4 \cdot H_2O$，$ZnSO_4 \cdot 7H_2O$，$Na_2MoO_4 \cdot 2H_2O$，$CuSO_4 \cdot 5H_2O$，$CoCl_2 \cdot 6H_2O$，$FeSO_4 \cdot 7H_2O$，EDTA-2Na · $2H_2O$，肌醇，烟酸，盐酸吡哆醇(维生素 B_6)，盐酸硫胺素(维生素 B_1)，甘氨酸，萘乙酸(NAA)，6-苄基腺嘌呤(6-BA)，蔗糖，琼脂粉，70%乙醇，灯用酒精，氯化汞，过氧乙酸。

五、实验内容

(1)培养基母液配制。

(2)培养基的配制和灭菌。

(3)愈伤组织诱导。

(4)芽诱导、根诱导与移栽。

六、实验结果处理与讨论

1. 实验结果处理

(1)记录培养基配制和灭菌的基本流程及其注意事项，观察所配制的培养基母液颜色、澄

清状况以及配制的培养基经过灭菌后的凝固和软硬情况，对于出现异常的情况分析成因。

(2)记录外植体消毒和无菌操作的流程和注意事项，观察接种材料的污染情况、成活情况并分析出现污染或死亡的原因。

(3)观察记录烟草叶片愈伤组织生长、不定芽和不定根分化的情况，加以分析比较。

2. 讨论

论文撰写参考常见格式要求，撰写论文讨论部分时可考虑以下问题(后同)。

(1)分析生长素和细胞分裂素对烟草叶片离体培养的作用，说明植物组织在离体培养条件下脱分化和再分化的特点。

(2)分析在植物组织培养过程中造成培养材料污染的途径以及降低或避免污染可采取的措施。

Ⅰ 培养基母液配制

一、实验原理

配制培养基是植物组织培养中的常规工作，常用的一种培养基是 MS 培养基。配制培养基时，为了使用方便、简化操作、保证用量准确，以及减少每次称量各种化学药品所花费的时间和可能造成的误差，通常在配制培养基之前往往将配制培养基所需的无机大量元素、微量元素、铁盐、有机物、激素成分分别配制成比需要量大若干倍的浓缩母液，并置于冰箱中保存。后续在配制培养基时，按预先计算好的量分别吸取各种母液即可。

二、实验步骤

1. MS 无机大量元素母液的配制

将各种化合物的量按培养基配方的需要量扩大 20 倍称取(表 5-1)，用蒸馏水溶解，如溶解速度慢，可稍加热。氯化钙单独用 100 mL 蒸馏水溶解。将以上溶液转入容量瓶中定容至 500 mL，移入试剂瓶中并贴好标签，保存于冰箱待用。

表 5-1 MS 无机大量元素母液(×20)配制

母液名称	化合物名称	配方规定量/(g/L)	配制母液称取量/g	母液体积/mL	配培养基时取母液量/(mL/L)
大量元素	NH_4NO_3	1.65	16.5	500	50
	KNO_3	1.9	19		
	$CaCl_2$	0.332	3.32		
	$MgSO_4 \cdot 7H_2O$	0.37	3.7		
	KH_2PO_4	0.17	1.7		

2. MS 无机微量元素母液的配制

将各种化合物的量按培养基配方的需要量扩大 200 倍称取(表 5-2),用蒸馏水溶解,如溶解速度慢,可稍加热。溶解后将以上溶液转入容量瓶中定容至 500 mL,装入试剂瓶中并贴好标签,保存于冰箱待用。

表 5-2 MS 无机微量元素母液(×200)配制

母液名称	化合物名称	配方规定量/(g/L)	配制母液称取量/g	母液体积/mL	配培养基时取母液量/(mL/L)
微量元素	KI	0.000 83	0.083	500	5
	H_3BO_3	0.006 2	0.62		
	$MnSO_4 \cdot H_2O$	0.019 6	1.96		
	$ZnSO_4 \cdot 7H_2O$	0.008 6	0.86		
	$Na_2MoO_4 \cdot 2H_2O$	0.002 5	0.025		
	$CuSO_4 \cdot 5H_2O$	0.000 25	0.002 5		
	$CoCl_2 \cdot 6H_2O$	0.000 25	0.002 5		

3. MS 铁盐母液的配制

将各种化合物的量按培养基配方的需要量扩大 200 倍称取(表 5-3),并分别用蒸馏水溶解,溶解后将以上溶液倒入容量瓶中定容至 100 mL,装入棕色试剂瓶(因铁盐不稳定,易分解)中并贴上标签,置于冰箱中保存。

表 5-3 MS 铁盐母液(×200)配制

母液名称	化合物名称	配方规定量/(g/L)	配制母液称取量/g	母液体积/mL	配培养基时取母液量/(mL/L)
铁盐	$FeSO_4 \cdot 7H_2O$	0.027 8	0.556	100	5
	EDTA-2Na · $2H_2O$	0.037 3	0.746		

4. MS 有机母液配制

将各种化合物的量按培养基配方需要量扩大 200 倍称取(表 5-4),用蒸馏水溶解,溶解后将以上溶液倒入容量瓶中定容至 1 000 mL,装入棕色无菌试剂瓶中并贴上标签,置于冰箱冷藏备用。

表 5-4 MS 有机母液(×200)配制

母液名称	化合物名称	配方规定量/(g/L)	配制母液称取量/g	母液体积/mL	配培养基时取母液量/(mL/L)
有机附加物	肌醇	0.1	2	100	5
	烟酸	0.000 5	0.1	1 000	
	盐酸吡哆醇(维生素 B_6)	0.000 5	0.1		
	盐酸硫胺素(维生素 B_1)	0.000 1	0.02		
	甘氨酸	0.000 2	0.4		

5. 激素母液配制

各类激素母液浓度可根据实验需要灵活确定。但各类激素均不能直接用蒸馏水溶解，而需要先用各种不同溶剂溶解然后再用蒸馏水进行定容。

(1)NAA 母液的配制　称取 20 mg NAA，用少量 95%乙醇或 1 mol/L 氢氧化钠溶解，以温热水定容至 100 mL，得 0.2 mg/mL NAA 母液。

(2)6-BA 母液的配制　称取 200 mg 6-BA，用 1 mol/L 盐酸或 1 mol/L 氢氧化钠溶解，以温热水定容至 100 mL，得 2 mg/mL 6-BA 母液。

(3)其他生长素母液的配制　NAA、吲哚乙酸(IAA)、吲哚丁酸(IBA)等生长素一般都是醇溶性的，均可用少量 95%乙醇溶解后再以蒸馏水定容，而 6-BA、激动素(KT)、玉米素(ZT)等细胞分裂素可先用少量 1 mol/L 盐酸或 1 mol/L 氢氧化钠溶解后再以蒸馏水定容。

三、注意事项

(1)培养基母液配制时各个成分的称量要准确，且必须完全溶解。

(2)配制无机大量元素母液时，倍数不宜过大，一般配制成 10 倍或 20 倍。因为倍数过大容易形成沉淀，无法使用。

(3)有机母液营养丰富，贮藏时极易染菌，造成有效浓度降低而不宜再用，因此，配制母液时用无菌重蒸馏水溶解维生素，并缩短贮藏时间。

(4)若发现母液在贮藏过程中出现沉淀或霉团，应重新配制。

Ⅱ　培养基的配制和灭菌

一、实验原理

培养基是根据植物生长发育的需要进行设计和配制的。配制好的培养基含有丰富的营养物质，如碳水化合物、含氮物质、无机盐(包括微量元素)、维生素等，有利于微生物的生长繁殖，因此，为了防止培养基被微生物污染，配制好的培养基要立即进行灭菌。采用高压灭菌锅对培养基进行灭菌的主要原理是在高温高压下使微生物的蛋白质变性，从而达到杀灭微生物的目的。

二、实验步骤

1. 培养基的配制

(1)培养基配方　以烟草愈伤组织诱导培养基为例：MS + 2.0 mg/L 6-BA + 0.2 mg/L NAA + 8 g/L 琼脂 + 30 g/L 蔗糖。

(2)配制方法　根据所需配制培养基的量及各种母液的扩大倍数，按照公式($\text{吸取量}=\dfrac{\text{需要配制培养基的体积}\times\text{需要配制培养基的浓度}}{\text{母液浓度}}$)分别计算需吸取各母液的体积。

用各母液专用移液管分别吸取各母液，用蒸馏水定容至 1 000 mL(表 5-5)。取 1 000 mL 烧杯一只，将前述中的溶液倒入，在液面处做好标记。将溶液倒入汤锅中，加入 30 g 蔗糖和 8 g 琼脂，煮沸，煮沸过程中用玻璃棒不断搅拌，以免糊底。用 1 mol/L 盐酸或 1 mol/L 氢氧化钠调节培养基的 pH 至 5.8～6.0。用酸、碱调节 pH 时，应用玻璃棒不断搅拌后，再用 pH 计测试培养基的 pH。

表 5-5　配制 1 000 mL MS 培养基各母液的吸取量

母液类型	大量元素	微量元素	铁盐	有机附加物	NAA	6-BA
MS 培养基的吸取量/(mL/L)	50	5	5	5	1	1

将培养基倒入 1 000 mL 做好标记的烧杯中，补足水至 1 000 mL，然后将培养基分装入培养瓶中。培养基分装完后，应随即用专用的耐高温高压的塑料盖盖上，并用记号笔注明培养基的名称、配制日期，待灭菌。

2. 培养基的灭菌

把分装好的培养基及其他需灭菌的各种用具(如用牛皮纸包扎好的不锈钢盘、培养皿和蒸馏水等)，放入高压蒸汽灭菌锅的消毒桶内，按照高压蒸汽灭菌锅操作规程灭菌。

取出已灭菌的培养基，在室温下放置 2～3 d，观察有无菌落生长，以确定培养基是否彻底灭菌。经检查没有杂菌生长污染，方可使用。

三、注意事项

(1)根据不同的材料，应选择合适的培养基，最好通过实验确定。

(2)用量筒或移液管量取培养基母液之前，必须用所量取的母液将量筒或移液管润洗 2～3 次。

(3)在加热琼脂、制备培养基的过程中，实验人员不能离开实验场所，要防止琼脂外溢。

(4)培养基中的部分成分在高温灭菌时易发生化学变化，致使培养基 pH 降低而使琼脂凝固力下降，出现培养基灭菌前凝固、灭菌后不凝固现象，因此，配制培养基时注意调节 pH，一般不低于 5.6。

(5)培养基应趁热分装，分装时切勿将培养基倒在瓶口或瓶外壁上。

(6)培养基由于富含营养物质，易被污染或变质。配好后不宜久置，最好现配现用。

(7)灭菌锅使用过程中应防蒸汽烫伤，有些高温分解的激素等要过滤灭菌。

(8)灭菌达到所需时间后，应先切断高压蒸汽灭菌锅电源，让灭菌锅内温度自然下降，待灭菌锅压力表的压力降低至“0”时，才能打开排气阀。

Ⅲ　愈伤组织诱导

一、实验原理

由高度分化的植物器官、组织或细胞产生愈伤组织的过程，称为植物细胞的脱分化，或者叫作去分化。来自植物各种器官的外植体在离体培养条件下，细胞经脱分化等一系列过程，改变了它们原有的特性而转变形成一种能迅速增殖的无特定结构和功能的细胞团，即愈伤组织。一般情况下，植物各器官和组织均有诱导产生愈伤组织的潜在可能性。本实验以植物体幼嫩的器官组织为外植体，在人工培养基和一定的激素诱导下形成愈伤组织。

二、实验步骤

1. 接种前准备

用过氧乙酸提前 1 d 熏蒸接种室。接种前，打开超净工作台和接种室紫外灯照射 15～20 min 以杀死空气中的微生物。关闭紫外灯 15 min 后人员才能进入。超净工作台内用 70% 乙醇棉球擦拭干净（或喷雾消毒），台面上放置以下用具：酒精灯、70%酒精缸、酒精棉球瓶、加盖小烧杯、废液杯、枪式镊子、解剖刀、无菌水、无菌纸、培养皿、培养基、烟草叶片。

2. 外植体灭菌

灭菌时，将选出的健壮、无病、幼嫩的茎叶材料稍处理后放入加盖小烧杯中，倒入 0.1%氯化汞溶液浸没材料，盖盖灭菌 10 min（具体时间依材料而定），其间稍加摇动以充分灭菌，倒出废液，再倒入无菌水清洗除去残留在叶片上的氯化汞溶液，随后用 70%乙醇浸泡 10～30 s，立刻用无菌水清洗 2～3 次及以上。

3. 接种

（1）打开超净工作台上培养瓶的封口橡皮筋。

（2）点燃酒精灯，将所用镊子、解剖刀在酒精缸内浸蘸 70%乙醇，于酒精灯火焰上烧灼灭菌后放在支架上以防污染。在整个接种过程中，应每隔一段时间便将刀、镊子蘸乙醇烧灼灭菌，冷却后再用。

（3）用无菌镊子取出已灭菌的外植体，置于灭菌培养皿上进行切割，切取 5 mm×5 mm 大小叶片。

（4）在酒精灯上方，一只手握住培养瓶，另一只手轻轻打开瓶盖并拿掉包头纸，将纸盖外面朝上置于台面上。用镊子将叶片平摆放于培养基表面，完毕后将培养瓶瓶口在酒精灯火焰上方烧灼数秒，用瓶盖封口，扎好橡皮筋，在瓶下方注明材料名称、培养基、接种日期及姓名等。

（5）将接种好的培养瓶放入培养室指定培养架上，于 25 ℃、30～36 $\mu mol/(m^2 \cdot s)$光强下培养。

三、注意事项

（1）外植体的选择对愈伤组织的诱导有很大的影响，一般选择含有大量分生组织的植物器官作为理想的外植体材料。

（2）实验时，操作人员必须穿工作服、戴口罩和工作帽，并于接种前用消毒液洗手，用 70%乙醇棉球擦拭手表面消毒。

（3）在超净工作台上接种时，应尽量避免明显影响气流的行为，切勿说笑、打喷嚏。

(4)实验中打开瓶盖和包头纸时,注意不要污染瓶口,并进行瓶口烧灼灭菌。

(5)接种时,接种材料在培养基表面要摆放均匀且保持一定密度。

(6)实验操作时应细心,保证无菌环境,手臂切勿从培养基、无菌材料、切割用的无菌纸、接种器械上方经过,以避免再度污染。

Ⅳ 芽诱导、根诱导与移栽

一、实验原理

脱分化产生的愈伤组织继续进行培养,可以重新分化成根或芽等器官,这个过程叫作再分化。再分化形成的试管苗,移栽到地里,可以发育成完整的植物体。植物激素在调节细胞脱分化和再分化过程中起到主要作用。

二、实验步骤

1. 芽诱导

在超净工作台上取烟草愈伤组织于无菌培养皿中,切割成 5 mm×5 mm 大小,转移至生芽培养基 MS + 6-BA(2.0 mg/L)+ NAA(0.2 mg/L)上分化形成不定芽。

2. 根诱导

将烟草小苗转移至生根培养基 MS + 0.2 mg/L NAA 上诱导生根。

3. 移栽

待烟草小丛根长出后 1~2 周,打开封口膜,并在培养室炼苗 1~2 d。将小苗取出放在自来水中轻轻清洗除去培养基,移栽到大田中,遮阳 1 周后揭去遮阳网。

三、注意事项

(1)选择长势良好的愈伤组织,切块不能太小。

(2)选择生长健壮的芽,尽可能分离单株。

实验二 植物花药培养及单倍体植株鉴定

一、实验目标导航

[**知识目标**]了解花药培养在育种上的意义,掌握植物花药培养及单倍体植株鉴定的

原理。

[能力目标]熟练掌握植物花药培养及单倍体植株鉴定的实验操作，识别关键时期的细胞学特征。

二、实验背景

花药培养是用植物组织培养技术，把发育到一定阶段的花药，通过无菌操作技术，接种在人工培养基上，以改变花药内花粉粒的发育程序，诱导其分化，并连续进行有丝分裂，形成细胞团，进而形成一团无分化的薄壁组织（愈伤组织），或分化成胚状体，随后使愈伤组织分化成完整的植株。利用花药离体培养技术诱导产生单倍体植株，再通过秋水仙碱处理等手段使染色体组加倍，从而使植物恢复正常染色体数。单倍体植株经染色体加倍后，在一个世代中即可出现纯合的二倍体，从中选出的优良纯合系后代不分离，表现整齐一致，可显著缩短育种年限。单倍体植株中由隐性基因控制的性状，在染色体加倍后，由于没有显性基因的掩盖，容易显现，这对于诱变育种和突变遗传研究非常有益。在诱导频率较高的情况下，单倍体能在植株上较充分地显现重组的配子类型，为育种提供新的遗传资源和选择材料。单倍体育种与杂交育种、诱变育种、远缘杂交等相结合，在作物品种改良方面具有重要的应用意义。

三、实验技术路线

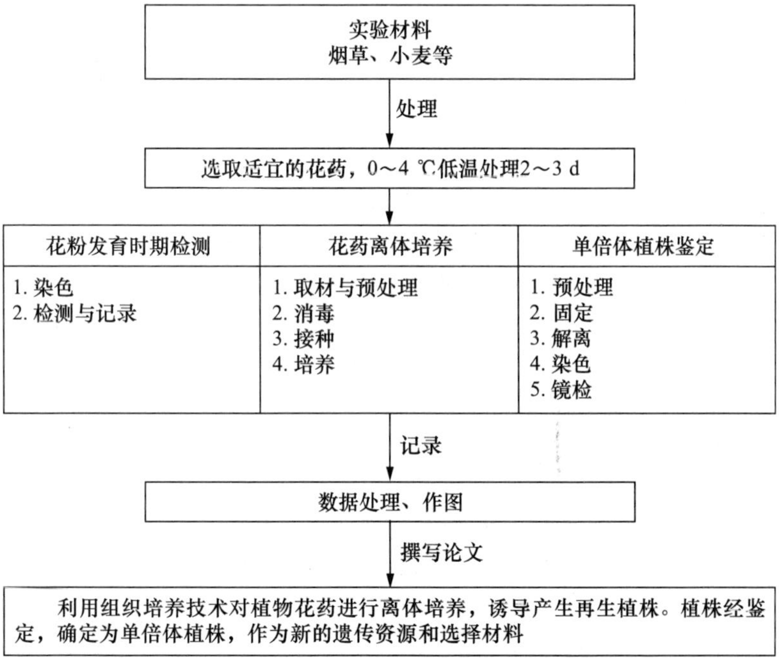

四、实验材料、器材与试剂

1. 材料

烟草(*Nicotiana tabacum* L.)、小麦(*Triticum aestivum* L.)分别种植于温室,正常栽培条件。选取一定发育时期的适宜花药为材料,进行适当的低温处理。

2. 器材

电子天平,磁力加热搅拌器,显微镜,微波炉,pH 计,培养箱,超净工作台,高压灭菌锅,低温冰箱,载玻片,盖玻片,酒精灯,吸水纸,镊子,剪刀,解剖针,烧杯,试剂瓶,三角瓶,封口膜,橡皮筋,表面皿,滴瓶。

3. 试剂

乙酸洋红,铁明矾,MS 培养基,H 培养基,W14 或 C17 培养基,乙醇,2,4-二氯苯氧乙酸(2,4-D),NAA,激动素(KT),6-BA,蔗糖,活性炭,次氯酸钠,氯化汞,冰乙酸,无水乙醇,氯仿,盐酸。

五、实验内容

(1)花粉发育时期检测。

(2)花药离体培养。

(3)单倍体植株鉴定。

六、实验结果处理与讨论

1. 实验结果处理

(1)通过镜检,记录花粉发育的各个时期,找出单核靠边期的花粉与植株外部形态的关系,明确植物花药培养的最佳花粉发育时期。

(2)筛选花药培养的优化条件。

(3)计算单倍体诱导率　$诱导率=\frac{愈伤组织数}{接种花药数}\times 100\%$。

(4)记录单倍体植株鉴定的镜检结果。

2. 讨论

(1)总结花药离体培养的一般过程,并分析花药培养的影响因素。

(2)根据实验,分析单倍体植株鉴定方法的优劣,确定简便有效的单倍体鉴定方法。

(3)分析单倍体育种的意义和不足。

Ⅰ 花粉发育时期检测

一、实验原理

一般来说，花粉从减数分裂后的四分体期到成熟期都可以发育成为植株。然而，在此范围内，并非花粉发育的任何时期都可以获得最佳的诱导效果。花粉发育阶段的差异是影响花药离体培养成败的关键性内在因素，选择合适的发育阶段进行培养是提高成功率的关键步骤。单核靠边期是组织培养中诱导单倍体植株的最佳接种时期。

乙酸洋红染色法检测花粉发育时期最为方便、快捷、可靠。花粉细胞核内有染色体，染色体主要由DNA和蛋白质组成，乙酸洋红为碱性染色剂，染色体易被碱性染料染色。通过染色，可以确定细胞核为单核期还是双核期，还可以确定其花粉的发育是单核居中期还是单核靠边期。

二、实验步骤

1. 染色

取不同发育时期的花药，置于载玻片上，用解剖针将花药轻轻压碎。

加1～2滴1%乙酸洋红溶液，盖上盖玻片，染色20 min后，在酒精灯火焰上迅速来回轻烤几次，破坏染色质，使细胞核着色，同时驱赶气泡。

2. 检测与记录

吸去多余染液，待制片冷却后，将制片置于显微镜下观察。

三、注意事项

染色轻烤时注意不可过热或煮沸，可随时用手背试测温度。

Ⅱ 花药离体培养

一、实验原理

利用组织培养技术对特定发育时期的花药进行离体培养，可诱导产生单倍体植株。单倍体植株经染色体加倍后，在一个世代中即可出现纯合的二倍体，从中选出的优良纯合系作为新的遗传资源和育种材料。花药离体培养是抑制花粉细胞正常发育成配子体而转变入孢子体发育阶段，使雄核生殖的异常发育得以实现，从而形成单倍体植株。通过温度、化学和物理等预处理方法的使用，可以增强雄核的诱导效应。

二、实验步骤

1. 取材与预处理

根据镜检花粉的发育时期，选取大小适宜的烟草花蕾或小麦麦穗，进行适当的低温预处理。

2. 消毒

取适期的烟草花蕾或小麦麦穗，用70%乙醇浸泡15～30 s，然后用1%次氯酸钠溶液或0.1%氯化汞溶液浸泡8～10 min，再用无菌水冲洗3～5次。

3. 接种

在无菌条件下，于显微镜下用镊子剥开花萼或内外颖，露出花药部分，小心取下。

烟草花药接种在MS或H培养基(MS或H基本成分+2 mg/L 6-BA + 0.2 mg/L NAA+30 g/L蔗糖+ 7 g/L琼脂+ 1 g/L活性炭，pH 5.5～5.8)。

小麦花药接种在W14或C17培养基(W14或C17基本成分+2 mg/L 2,4-D + 0.5 mg/L KT+10%蔗糖，pH 5.5～5.8)。

4. 培养

在28～30 ℃培养箱中黑暗条件下培养3 d，然后转至28 ℃、12 h光照、光强为30～36 μmol/(m^2 · s)光照培养至形成胚状体或诱导愈伤组织，再转到分化培养基上分化成苗。

三、注意事项

(1)剥开花药时需要特别小心，以确保花药不被污染。

(2)剥离花药时，尽量不要损伤花药，同时还要彻底去除花药壁、花丝残渣对实验的干扰。

(3)每瓶接种花药量取决于三角瓶的大小，一般50 mL三角瓶接种10个花药。

(4)通过对花粉发育时期、预处理、培养基成分等因素的调控，降低白化苗的发生频率。

Ⅲ 单倍体植株鉴定

一、实验原理

通过花药培养获得的再生植株的染色体数目常发生变异，受多种因素的影响，其后代常是混倍体，所以必须对其后代进行进一步的鉴定和筛选，以确保其稳定性和纯合性。

鉴定方法既可以根据形态特征进行间接鉴定，也可以进行细胞学鉴定，即通过镜检体细胞中的染色体数或花粉母细胞中染色体数以及染色体配对情况和DNA含量检测等进行直接鉴定。此外，根据花粉的育性或利用遗传标记性状进行鉴定也是有效的方法。本实验通过镜检再生植株体细胞中的染色体数进行直接鉴定，取根尖、茎尖等分生组织用乙酸洋红染色进行制片，直接计数染色体数目。

二、实验步骤

1. 预处理

取再生植株根尖或茎尖置于冰水浴中，放到 4 ℃的冰箱中处理 24 h。

2. 固定

将冲洗干净处理的材料，用卡诺氏液（冰乙酸∶无水乙醇＝1∶3 或冰乙酸∶氯仿∶无水乙醇＝1∶3∶6）固定 24 h。

3. 解离

取出经固定材料 4～5 条根置于表面皿中，用蒸馏水冲洗 3～4 次，加入数滴 1 mol/L 盐酸于表面皿中（以浸没材料为准），用镊子夹住表面皿边缘在酒精灯上间歇式加热 2～4 min。

4. 染色

加几滴乙酸洋红于表面皿内，在酒精灯上加热。取一根已染过色的根放在载玻片上，加一滴 1%乙酸洋红溶液，盖上盖玻片轻敲盖玻片，使根尖压成一薄层。

5. 镜检

先使用低倍镜（10 倍物镜）进行观察，待找到分裂相后，再换 40 倍进行更详细的观察，并绘图。

三、注意事项

（1）预处理时需注意勿使材料结冰。

（2）材料固定后立即使用，若不立即使用，置于 95%乙醇中 30 min 后，再置于 80%乙醇中 30 min，于 4 ℃下保存，若保存时间较长则需要重新固定后再用。

（3）实验中解离至根尖已变软，否则继续解离，直至变为透明状。

（4）染色操作中在灯上加热时，注意来回快速往返，不要加热到沸腾状态。

（5）染色操作中压片时注意不要再移动盖片，否则会造成更多细胞层重叠。

实验三　环境胁迫对植物幼苗光合特性及相关生理指标的影响

一、实验目标导航

[知识目标]了解环境胁迫对植物幼苗光合及相关生理特性影响的意义，掌握环境胁迫对植物幼苗光合及相关生理特性影响研究的相关方法原理。

[能力目标]掌握和熟练应用环境胁迫对植物幼苗光合及相关生理特性影响研究的实验方法。

二、实验背景

环境胁迫是对植物生存生长不利的各种环境因素的总称,这些因素影响着植物的生长发育整个过程。环境与植物是相互依存的,多数植物在其生长发育过程中都将经历很多环境变化,环境变化影响植物的生理和生长。环境胁迫对植物光合特性及相关生理过程产生重要影响,从而制约着植物的生长和发育,影响作物的生物量和产量,是植物生理和农业生产的重要研究领域。

三、实验技术路线

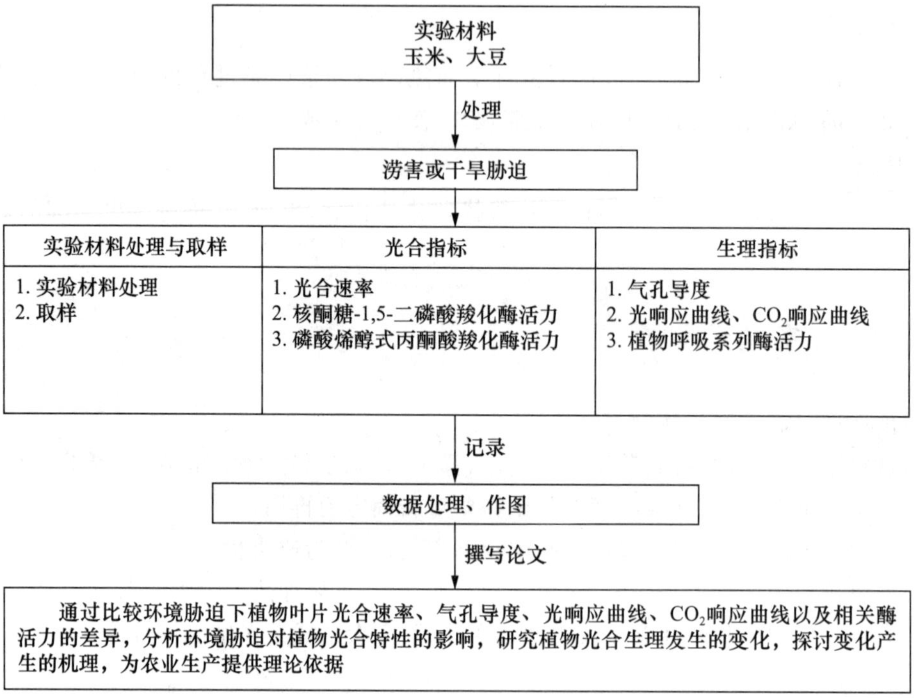

四、实验材料、器材与试剂

1. 材料

玉米或大豆种子。

2. 器材

电子天平,LI-6400XT 光合仪(配置冷光源),紫外-可见分光光度计,冷冻离心机,匀浆器或组织捣碎机,紫外检测仪,部分收集器,蠕动泵,恒温水浴锅,移液器,磁力搅拌器,橡皮管(内径6~7 mm),花盆,剪刀,带盖搪瓷盘,纱布,移液管及移液管架,Sephadex G-25 柱(2 cm×45 cm),DEAE-纤维素柱(1 cm×30 cm),研钵,容量瓶,试剂瓶,洗耳球,秒表。

3. 试剂

无水氯化钙(无水硫酸钙),烧碱石棉(10 目)或碱石灰,CO_2标准气体,NADH(还原型烟酰胺腺嘌呤二核苷酸),RuBP(核酮糖-1,5-二磷酸),碳酸氢钠,磷酸肌酸激酶,甘油醛-3-磷酸脱氢酶,ATP,磷酸肌酸,磷酸甘油酸激酶,氯化镁,EDTA,谷胱甘肽,PEP(磷酸烯醇式丙酮酸),MDH(苹果酸脱氢酶),硫酸铵,Sephadex G-25,DEAE-52,氯化钠,Tris(三羟甲基氨基甲烷),盐酸,硫酸,EDTA-2Na,β-巯基乙醇,甘油,DTT(二硫苏木糖醇),TES(三羟甲基甲胺基乙磺酸),MES(吗啉乙磺酸),草氨酸钠,ADH(乙醇脱氢酶),磷酸,EGTA(乙二醇双 α-氨基乙基醚四乙酸),PMSF(苯甲基磺酰氟)。

五、实验内容

(1)实验材料处理与取样。
(2)光合速率、气孔导度、光响应曲线和 CO_2响应曲线的测定。
(3)核酮糖-1,5-二磷酸羧化酶(RuBPCase)活力测定。
(4)磷酸烯醇丙酮酸羧化酶(PEPC)活力测定。
(5)植物呼吸系列酶活力测定。

六、实验结果处理与讨论

1. 实验结果处理

(1)记录数据,绘制对照组、环境胁迫处理组植物叶片的光合速率、气孔导度、光响应曲线、CO_2响应曲线。

(2)作图比较对照组、环境胁迫处理组植物光合及生理特性的差异。

2. 讨论

(1)比较环境胁迫下植物叶片光合速率、气孔导度、光响应曲线、CO_2响应曲线以及核酮糖-1,5-二磷酸羧化酶、磷酸烯醇丙酮酸羧化酶和呼吸酶活力的差异,分析环境胁迫对植物光合特性的影响。

(2)研究环境胁迫条件下,植物光合生理发生的变化,并分析变化产生的机理。

Ⅰ　实验材料处理与取样

一、实验原理

在植物生长过程中,涝害、干旱等是常见的环境胁迫。通过模拟涝害、干旱等环境胁迫条件,评估植物对涝害、干旱等的耐受性和适应能力,对于农业生产和园艺种植等实践工作具有重要意义。

二、实验步骤

1. 实验材料处理

(1)土壤与肥料拌匀后分装于花盆中。

(2)选取籽粒饱满的玉米或大豆种子，浸泡催芽，种植于花盆中，常规管理。待植物生长到3叶期，剔除长势较差植株，到4叶期左右，进行涝害处理，水层保持2 cm左右。

(3)试验设计：以涝害为例，设对照、涝害2个处理、3次重复。盆栽试验，每天上午、下午各补水一次，保持水位达到设计要求。也可以设计干旱实验，比照进行。

2. 取样

每隔2 d取样。根系取出后，用自来水洗净，吸水纸吸干称重。叶片和根系各取3份，每份0.5 g，冰箱冻存。

三、注意事项

(1)根据工作需要，合理设计实验对照组。

(2)取样时应注意样品的代表性和均匀性。

Ⅱ 光合速率、气孔导度、光响应曲线和CO_2响应曲线的测定

一、实验原理

植物在生命活动过程中，常伴有CO_2的释放与吸收，CO_2量的变化能够标志植物生理生化代谢的强弱。红外线CO_2气体分析仪是利用CO_2气体能强烈吸收红外线特定波段能量的特性而设计、制造的，目前已经在植物生理学及农业科学各个领域获得广泛应用。

红外线是波长在0.75～400 μm的电磁波。CO_2在中段红外光区的吸收带有4处，吸收峰分别在波长2.66 μm、2.77 μm、4.26 μm、14.99 μm处，对应吸收率分别为0.54%、0.31%、23.2%、3.1%。当峰值为4.26 μm时的吸收率最高，在CO_2浓度较低时，在4.26 μm波长下，被CO_2气体吸收的红外线辐射能量与CO_2气体的浓度呈线性关系。红外线经过CO_2气体分子时，其辐射能量减少，被吸收的红外线辐射能量的多少与该气体的吸收系数(K)、气体浓度(C)和气体层的厚度(L)有关，并符合朗伯-比尔定律，可以用下式表示：

$$E = E_0 e^{KCL}$$

式中：E_0为入射红外光的能量；E为透过的红外光的能量。

红外线CO_2气体分析仪常用的气路系统有密闭式和开放式两种。目前，使用较多的是开放式气路系统，该系统采用双气室，以气泵为动力，将流经同化室前的空气(参比气体)泵入参比气室，流经同化室后的空气(样本气体)泵入分析气室，最后将气体排出，由仪器测出参比气体和样本气体的CO_2浓度差，根据气体流量、同化室中叶片的面积，求出叶片的光合速率。

二、实验步骤

1. LI-6400XT 光合仪的基本测量步骤——非控制环境条件的测量步骤

(1)装好化学药品，连接硬件(如果使用 CF 卡，则插入主机后面固定槽内)。

(2)开机，配置界面选择 Factory default，连接状态按“Y”，进入主菜单，预热约 20 min。

(3)进行日常检查。

(4)打开叶室，夹好待测量的植物(玉米、大豆等)叶片。

(5)按 F1(Open LogFile)，选择将数据存入的位置(主机或 CF 卡)，建立一个文件，按 Enter，输入一个 remark，按 Enter。

(6)等待 a 行参数稳定；b 行 ΔCO_2 值波动<0.2 μmol/mol，Photo 参数稳定在小数点之后一位；c 行参数在正常范围内(0<Cond<1、Ci>0、Tr>0)。

(7)按 F1(Log)记录数据。

(8)更换另一叶片，按 F4，添加 remark，重复步骤(4)～(7)，进行测量。至少 0.5 h 进行一次 Match。

(9)按 F3(Close file)，保存数据文件。

(10)机器中的数据有两种方式导出。一种网线方式导出：取出数据卡，插入网络适配器，连接网线到电脑，在电脑上预先安装 LI-6400XTerm 软件，双击打开图标后，选择以太网连接机器，打开 Windows 下的 File，右面窗口选择 User 下的数据，左面窗口选择计算机的存储位置。拖动右面窗口数据到指定位置即可。

(11)断开连接，关机后把化学管旋钮旋至中间松弛状态；旋转叶室固定螺丝，保持叶室处于打开状态。

2. LI-6400XT 光合仪的基本测量步骤——控制环境条件的测量步骤

(1)检查化学药品，硬件连接(如果使用 CF 卡，则插入主机后面固定槽内)，安装 LED 光源和 CO_2 注入系统。

(2)开机，配置界面选择使用 LED 光源，连接状态按“Y”，进入主菜单，预热约 20 min。

(3)按 F4 进入测量菜单。

(4)进行日常检查。

(5)将 CO_2 化学管拧到完全 Scrub 位置，Dessicant 化学管拧到完全 Bypass 位置，按 F2，再按 F3(Mixer)，设定需要 CO_2 浓度。按 F5，选择“Q) Quantum Flux XXX mol/m^2/s”，按 Enter，输入需要光强，按 Enter。

(6)控制叶片温度。按 F4，选择 Block 温度，按 Enter，输入测定温度，按 Enter，回到测量界面。按 F1(area)输入实际测量的叶片面积。

(7)打开叶室，夹好测量的植物(玉米、大豆等)叶片。

(8)按 F1(Open LogFile)，选择将数据存入的位置(主机或 CF 卡)，建立一个文件，按 Enter，输入一个 remark，按 Enter。

(9)等待 a 行参数稳定；b 行 ΔCO_2 值波动<0.2 μmol/mol，Photo 参数稳定在小数点之后一位；c 行参数在正常范围内(0<Cond<1、Ci>0、Tr>0)。

(10)按 F1(Log)记录数据。

(11)更换另一叶片,按 F4,添加 remark,重复步骤(7)~(10),进行测量。至少 0.5 h 进行一次 Match。

(12)按 F3(Close file),保存数据文件。

(13)导出数据、断开连接(参考前述)。

3. 植物叶片光响应曲线的测量

(1)硬件安装与连接。安装红蓝光源;装好化学药品;连接硬件(如果使用 CF 卡,则插入主机后面固定槽内)。

(2)开机,配置界面选择红蓝光源,连接状态按“Y”,进入主菜单,机器进行预热。

(3)预热的同时按 F4 进入测量菜单,进行日常检查。

(4)在测量界面下,按 2,再按 F3(CO_2 Mixer),按上下箭头键选择“R)Ref CO_2 XXX μmol/mol”,按 Enter,设定 CO_2浓度为环境 CO_2浓度(约 400 μmol/mol),按 Enter(可选择用钢瓶或者不用钢瓶,不用钢瓶时接好缓冲瓶)。

(5)打开叶室,夹好植物(玉米、大豆等)叶片,闭合叶室。

(6)按 1,F1(Open LogFile),选择将数据存入的位置(主机或 CF 卡),建立一个文件,按 Enter,输入一个 remark,按 Enter。

(7)按 5,F1(Auto prog),进入自动测量界面,按上下箭头键选择“LightCurve2”,按 F5,Select进入,命名文件,按 Enter,添加 remark,按 Enter,出现 Summary,lamp control 选择控制光 lamp,选择 Setpts,点击 Edit 后将光标移到最左边,输入光强梯度,查看完整的光强梯度,可以自高到低设定光强梯度如 1500 1200 1000 800 600 400 200 150 100 50 20 0(注意数值间一定空格间隔,上面数值仅供参考),按 Enter 后,出现 Stability wait 在 Minimum wait time (secs)下点击 Edit:设定 120,按 Enter,在 Maximum wait time(secs)下点击 Edit:设定 200,按 Enter,在 Match before log 下选择“always”,设定 Post-match recovery min 为 15 s,Post-match recovery max 为 30 s。按 START,进入自动测量,等待测量结束,J 行的 Progprgs 运行结束,而且功能行第 5 行的 * 消失。

(8)按 1,F3(Close file)保存文件。

(9)更换叶片,重复步骤(4)~(8)。

(10)导出数据、断开连接(参考前述)。

4. 植物叶片 CO_2响应曲线的测量

(1)硬件安装与连接。安装红蓝光源,装好化学药品,连接硬件(如果使用 CF 卡,则插入主机后面固定槽内)。

(2)开机,配置界面选择红蓝光源,连接状态按“Y”,进入主菜单,预热约 20 min。

(3)按 F4 进入测量菜单,进行日常检查。

(4)安装 CO_2钢瓶(O 形圈),将苏打管调节旋钮拧到完全 Scrub 位置,干燥剂管调节旋钮拧到完全 Bypass 位置。

(5)CO_2混合器校准。在主菜单下,按 F4 进入测量菜单,按 2,F3,按上下箭头键选择 Reference CO_2,按 OK,设定参比室 CO_2浓度为环境 CO_2浓度(约 400 μmol/mol),按 Enter。将注入系统进行预热 1 min 左右。按 Esc,退回主菜单。按 F3 进入 Calib Menu,选择 CO_2 Mixer,按 Enter,按 F1 拉开内容,选中“calibrate…”,按 Enter, 按 Y,系统开始自动校准,当 CO_2浓度高于2 000 μmol/mol,且达到稳定,系统出现“The Max CO_2 is about…ppm, Is this

OK?”的提示时，按“Y”，系统自动进行 8 点校准，完成后提示“Plot this? (Y/N)”，按“Y”，观察图像，如果是平滑斜线，则按 Esc 退出图像，系统会再自动提示“Implement this calibrate?”按“Y”，保存，完成 CO_2 注入系统的校准。然后按 Esc 退出校准菜单。

(6)按 2，F5(Lamp)，按上下箭头键在 Contrl 项选择 PAR，在 Target 项 Edit，设定为饱和光强(根据光响应曲线确定)，按 Keep。

(7)打开叶室，夹好植物(玉米、大豆等)叶片，闭合叶室。

(8)按 1，F1(Open LogFile)，选择将数据存入的位置(主机或 CF 卡)，建立一个文件，按 Enter，输入一个 remark，按 Enter。

(9)按 5，F1(Auto prog)，进入自动测量界面，按上下箭头键选择 A-Ci Curve2，按 Enter 进入，命名文件，Enter，添加 remark，Enter，出现 Summary 展开设定 Reference CO_2，对 CO_2 梯度进行编辑 Edit，为 400 300 200 100 50 400 400 600 800(当然，也可自高到低设定 CO_2 梯度，如 800 600 400 300 200 100 50，这是另一种测量方法，注意数值间一定要有空格间隔，上述数值仅供参考)，按 Enter 后，出现 Stability wait 在最小等待时间 Minimum wait time(s)下点击 Edit：设定 120，按 Enter，在最大等待时间 Maximum wait time(s)下点击 Edit：设定 300，按 Enter，在 Match before log 下选择“always”，设定 Post-match recovery min 为 15 s，Post-match recovery max 为 30 s。按 START，进入自动测量，等待测量结束，J 行的 Progprgs 运行结束，而且功能行第 5 行的 * 消失。

(10)按 1，F3(Close file)保存文件。

(11)更换叶片，重复步骤(6)～(10)。

(12)导出数据，断开连接(参考前述)。

三、注意事项

(1)选取的叶片生长环境一致，且能代表满足实验目的需要的叶片生长微环境，主要针对光环境。

(2)选取无病虫害、无损伤、水分和营养状况良好叶片，且叶龄一致，避免使用衰老和不成熟叶片，叶片之间无相互遮阴的叶片。

(3)测定过程中尽量保持叶片原来状态，包括位置、角度等。

(4)最适测量时间为上午 9:00—11:00，即双峰植株第一个光合状况最佳时间。对于单峰植株，则可以适当延长测定时间。

(5)进行同一个实验时，为了增加对比性，需要把不同叶片的外部控制环境(如流速、叶温、湿度等)设置相同。

(6)测定光响应和 CO_2 响应曲线之前，进行光诱导。在饱和光强下诱导至稳定的最大净光合速率(P_{max})。此饱和光强不能太大，否则可能产生光抑制。提前确定最适光合诱导光强和诱导时间。

(7)不同植株的净光合速率(P_n)稳定时间可能不同，为了准确测定不同植株之间的光合能力差异，需要提前摸索光下稳定时间。

(8)测定表观量子产量(AQY)时应在高 CO_2 和低 O_2 的条件下测定，以消除光呼吸的影响；测定时植株应无光抑制和光破坏的情况，否则 AQY 大大降低；在用光响应曲线计算时一般取点数为 5～8 最适宜，取点范围在 20 μmol/(m^2·s)＜光量子通量密度(PPFD)＜100 μmol/(m^2·s)为最佳。

(9)用于其他实验的取样叶片应为测定叶片，测定完成后，立即取下，在液氮中冷冻，－70 ℃低温保存。

Ⅲ 核酮糖-1,5-二磷酸羧化酶(RuBPCase)活力的测定

一、实验原理

作为光合作用碳代谢中重要的调节酶，核酮糖-1,5-二磷酸羧化酶(ribulose-1,5-bisphosphate carboxylase,RuBPCase)的活力大小反映了植物光合能力的强弱。RuBPCase主要存在于叶绿体的可溶部分，总量占叶绿体可溶性蛋白的50%～60%。RuBPCase活力也是反映植物叶片生长状态、发育程度以及光合碳同化能力的重要生理指标。在植物叶片发育过程中，此酶活力呈规律性的变化，当植物衰老或遭受环境胁迫时，酶活力呈下降趋势。

RuBPCase催化1分子的核酮糖-1,5-二磷酸(RuBP)与1分子的CO_2结合，产生2分子的3-磷酸甘油酸(PGA)，PGA可通过外加的3-磷酸甘油酸激酶和甘油醛-3-磷酸脱氢酶的作用，产生甘油醛-3-磷酸，并使NADH氧化。反应过程中，1分子CO_2被固定，对应2分子NADH被氧化。因此，由NADH氧化的量可计算RuBPCase的活力，而由波长340 nm吸光度值的变化可计算NADH氧化的量。

为了使NADH的氧化与CO_2的固定同步，需要加入磷酸肌酸(Cr～P)和磷酸肌酸激酶的ATP再生系统。

二、实验步骤

1. 酶粗提液的制备

取10 g新鲜植物叶片，洗净擦干，置于匀浆器中，加入10 mL预冷的40 mmol/L Tris-HCl(pH 7.6)提取缓冲液(内含10 mmol/L氯化镁、0.25 mmol/L EDTA、5 mmol/L谷胱甘肽)，高速匀浆后经4层纱布过滤，滤液于4 ℃条件下15 000r/min离心15 min，上清液即酶粗提液，置于0 ℃保存备用。

2. RuBPCase活力测定

按表5-6配制酶反应体系。

将配制好的反应体系摇匀，倒入比色杯内，以蒸馏水为空白对照，在紫外-可见分光光度计中波长340 nm处测定的反应体系的吸光度值作为零点值。将0.1 mL RuBP加于样品比色杯内，并马上计时，每隔30 s测一次吸光度值，共测3 min。以零点到第1 min内吸光度值下降的绝对值计算酶活力。

对照的反应体系与上述酶反应体系完全相同(注意酶提取液最后加入)，加后马上测定此反应体系在波长340 nm处的吸光度值，并记录前1 min内吸光度值的变化量。

表 5-6　RuBPCase 活力测定反应体系

试剂	样品/mL	对照/mL
5 mmol/L NADH	0.2	0.2
50 mmol/L ATP	0.3	0.3
酶提取液	0.1	
50 mmol/L 磷酸肌酸	0.2	0.2
0.2 mol/L 碳酸氢钠	0.2	0.2
反应介质*	1.4	1.4
160 U/mL 磷酸肌酸激酶	0.1	0.1
160 U/mL 磷酸甘油酸激酶	0.1	0.1
160 U/mL 甘油醛-3-磷酸脱氢酶	0.1	0.1
蒸馏水	0.3	0.3
酶提取液		0.1

* 反应介质为 100 mmol/L Tris-HCl(pH 7.6)缓冲液，内含 12 mmol/L 氯化镁和 0.4 mmol/L EDTA-2Na。

3. 结果计算

$$\text{RuBPCase 活力}[\mu\text{mol}/(\text{mL}\cdot\text{min})]=\frac{\Delta A\times N\times 10}{6.22\times 2\times d\times \Delta t}$$

式中：ΔA 为反应最初 1 min 内波长 340 nm 处吸光度值变化的绝对值(减去对照液最初 1 min 的变化量)；N 为稀释倍数；6.22 为每微摩尔 NADH 在波长 340 nm 处的吸光系数；2 为每固定1 mol CO_2有 2 mol NADH 被氧化；d 为比色皿光程，cm；Δt 为测定时间 1 min。

三、注意事项

(1)RuBPCase 提取的过程应在冰浴条件下进行。

(2)RuBPCase 很不稳定，特别是在碱性环境下，因而应在 pH 5.0～6.5 于－20 ℃保存，最好现配现用。

(3)由于酶提取液中可能存在 PGA，会使酶活力测定产生误差，需以不加 RuBP 作为对照。

Ⅳ　磷酸烯醇丙酮酸羧化酶(PEPC)活力的测定

一、实验原理

磷酸烯醇丙酮酸羧化酶(phosphoenolpyruvate carboxylase，PEPC)是 C_4 植物和 CAM 植物固定 CO_2的关键酶，在植物细胞中参与植物的光合碳同化。

在 Mg^{2+} 存在下，PEPC 可催化磷酸烯醇丙酮酸(PEP)与 HCO_3^- 形成草酰乙酸(OAA)，后者在苹果酸脱氢酶(MDH)催化下，可被 NADH 还原为苹果酸(Mal)。反应过程中，每吸收

1 分子 CO_2 伴随 1 分子 NADH 的氧化。因此，可通过在波长 340 nm 处测定反应体系吸光度值的变化，计算出 NADH 的消耗速率，从而进一步推算 PEPC 活力。

二、实验步骤

1. 试剂准备

(1)提取缓冲液　0.1 mol/L Tris-H_2SO_4缓冲液(pH 7.4)，内含 7 mmol/L 巯基乙醇，1 mmol/L EDTA，5%甘油。

(2)平衡缓冲液　10 mol/L Tris-H_2SO_4缓冲液(pH 8.2)，内含 0.2 mmol/L EDTA，0.2 mol/L DTT(二硫苏木糖醇)，5%甘油。

(3)反应缓冲液　0.1 mol/L Tris-H_2SO_4缓冲液(pH 9.2)，内含 0.1 mol/L 氯化镁。

(4)反应试剂　100 mmol/L 碳酸氢钠，40 mmol/L PEP，1 mg/mL NADH(pH 8.9)，苹果酸脱氢酶(MDH)。

2. 粗酶液提取

称取 20 g 洗净并吸去水分、去掉中脉的玉米等 C_4 植物的叶片，放入冰箱中过夜。次日，将叶片剪碎放入组织捣碎机中，加入 80 mL 已预冷提取缓冲液，20 000 r/min 反复匀浆 2 min，4 层纱布过滤，15 000 r/min 冷冻离心 10 min，上清液即为 PEPC 的粗酶提取液。

3. 酶的纯化

(1)硫酸铵分级沉淀　将上述粗酶液装入烧杯，于搅拌器上搅拌，缓慢加入固体硫酸铵粉末达到 35%饱和度，0～4 ℃静置 1 h，15 000 r/min 离心 10 min。取上清液再缓慢加入固体硫酸铵粉末达到 55%饱和度，0～4 ℃静置 1 h，再于 15 000 r/min 离心 10 min，弃去上清液，沉淀用 8 mL 平衡缓冲液复溶。

(2)Sephadex G-25 柱层析　以平衡缓冲液平衡 Sephadex G-25 柱(2 cm×45 cm)。取上述复溶溶液上柱，用平衡缓冲液洗脱，洗脱速度为 50 mL/h，紫外检测，收集有酶活力部分，15 000 r/min 离心 10 min，上清液即为 PEPC 的部分纯化酶液。

(3)DEAE-纤维素柱层析　DEAE-纤维素常规处理，装柱。平衡缓冲液平衡 2 h，将上述已部分纯化的酶液上柱，以 0～0.6 mol/L 氯化钠溶液连续性梯度洗脱，洗脱速度为 30 mL/h，紫外检测，收集有酶活力的部分即为纯化的 PEPC，用于酶活力的测定。

4. 酶活力测定

取试管 1 支，依次加入 1.0 mL 反应缓冲液，0.1 mL 40 mmol/L PEP，0.1 mL 1 mg/mL NADH(pH 8.9)，0.1 mL 苹果酸脱氢酶(MDH)和 0.1 mL PEPC(已纯化的提取液)，1.5 mL 蒸馏水，在所测温度(如 30 ℃)下恒温水浴保温 10 min，波长 340 nm 下测定吸光度值 $A_{340\ nm}$ (A_0)；然后加入 0.1 mL 100 mmol/L 碳酸氢钠启动反应，立即计时，每隔 30 s 测定一次吸光度值(A_1)，记录其变化，按下式计算酶活力。

$$\text{PEPC 活力}[\mu mol/(mL \cdot min)] = \frac{\Delta A \times m \times V}{L \times a \times 0.1}$$

式中：ΔA 为 $A_0 - A_1$；m 为酶液稀释倍数；V 为测定混合液总体积，3 mL；L 为比色杯光程，cm；a 为 NADH 于波长 340 nm 处的摩尔吸光系数，$6.22 \times 10^3/(mol \cdot cm)$；0.1 为反应混

合液中酶液用量，mL。

三、注意事项

（1）酶提取过程应在 0～4 ℃条件下进行。

（2）测定时的酶液用量需事先实验，苹果酸脱氢酶的用量视 PEPC 活力大小而定，也可事先通过实验确定最佳用量。

（3）为保证实验结果的准确性，酶活力测定时注意严格计时。

V　植物呼吸系列酶活力的测定

一、实验原理

植物的细胞结构和代谢活动受干旱、高温或水涝等环境胁迫的严重影响。渍害和雨量过多等易造成农田植物根系缺氧，而植物对缺氧的最早反应之一是根系呼吸降低。低氧环境下，植物会调整其代谢途径，有氧呼吸受抑制，无氧呼吸增强。植物会对应诱导产生苹果酸脱氢酶（malate dehydrogenase，MDH）、丙酮酸脱羧酶（pyruvate decarboxylase，PDC）、乙醇脱氢酶（alcohol dehydrogenase，ADH）和乳酸脱氢酶（lactate dehydrogenase，LDH）等参与无氧呼吸的酶，而这些酶活力的变化可以表征植物根系对缺氧的敏感和耐受程度。

MDH 是合成苹果酸的关键酶之一，催化苹果酸和草酰乙酸的相互转化，在 C_4 循环、光合作用、TCA 循环等细胞的多种生理活动中发挥重要作用，对植物的生长发育有重要意义。

PDC、ADH 是乙醇发酵途径的关键酶。缺氧条件下，PDC、ADH 活力均升高，其中，PDC 活力通常比 ADH 活力低，是乙醇合成的限速酶。无氧呼吸途径代谢产物的积累对细胞产生的毒性影响线粒体的结构和三羧酸循环的相关酶活力。PDC 是一种作用于 α-酮酸的羧化酶，以硫胺素焦磷酸为辅酶，催化丙酮酸脱羧生成乙醛和二氧化碳。在 NADH 存在的情况下，乙醛可在 ADH 作用下被还原形成乙醇，同时，NADH 因为被氧化形成 NAD^+ 而减少。

在低氧胁迫环境下，植物细胞内的乳酸积累会导致细胞质酸化，这是造成细胞伤害的主要原因之一。LDH 是乳酸发酵途径的关键酶，催化丙酮酸还原生成乳酸，同时将 NADH 氧化为 NAD^+。

$$\text{草酰乙酸} + NADH + H^+ \xrightleftharpoons{\text{苹果酸脱氢酶}} \text{苹果酸} + NAD^+$$

$$\text{丙酮酸} \xrightarrow{\text{丙酮酸脱羧酶}} CO_2 + \text{乙醛}$$

$$\text{乙醛} + NADH + H^+ \xrightarrow{\text{乙醇脱氢酶}} \text{乙醇} + NAD^+$$

$$\text{丙酮酸} + NADH + H^+ \xrightarrow{\text{乳酸脱氢酶}} \text{乳酸} + NAD^+$$

已知 NADH 在波长 340 nm 处具有最大光吸收，MDH、PDC、ADH 和 LDH 酶活力可以通过各自酶反应体系中 NADH 氧化速度程度，在波长 340 nm 处测定反应体系吸光度值的变化，计算相应酶活力。实验规定：在实验条件下，ΔA 变化 0.01 为 1 个酶活力单位（U），酶活力表示为 U/（g 鲜重 · min）。

二、实验步骤

1. 试剂准备

(1)酶提取液　50 mmol/L Tris-HCl(pH 6.8),内含 5 mmol/L 氯化镁、5 mmol/L β-巯基乙醇、15%(体积分数)甘油、1 mmol/L EDTA、1 mmol/L EGTA 和 0.1 mmol/L PMSF。

(2)MDH 活力测定反应混合液　25 mmol/L Tris-HCl 缓冲液(pH 8.0),含 1 mmol/L EDTA,0.2 mmol/L NADH。

(3)ADH 活力测定反应混合液　50 mmol/L TES 缓冲液(pH 7.5),含 0.17 mmol/L NADH。

(4)PDC 活力测定反应混合液　50 mmol/L MES(pH 6.8),含 25 mmol/L 氯化钠、1 mmol/L 氯化镁、0.5 mmol/L TPP、2 mmol/L DTT、0.17 mmol/L NADH、50 mmol/L 草氨酸钠、10 U ADH。

(5)LDH 活力测定反应混合液　0.1 mol/L 磷酸盐缓冲液(pH 7.0),含 4 μmol/L NADH,0.2 mmol/L 丙酮酸。

2. 粗酶液提取

称取 0.5 g 洗净并吸去水分的玉米或大豆根系的生长根和褐色木质根,剪碎放入预冷研钵中,再加入预冷的酶提取液,冰浴研磨后,于 4 ℃条件下 12 000 r/min 离心 20 min,上清液即为粗酶提取液,4 ℃下保存备用。

3. 酶活力测定

(1)MDH 活力测定反应混合液　取 1.8 mL MDH 活力测定反应混合液、40 μL 酶提取液,用 200 μL 0.5 mmol/L 草酰乙酸启动反应,于波长 340 nm 处测定吸光度值变化。

(2)ADH 活力测定　取 1.8 mL ADH 活力测定反应混合液、0.15 mL 酶提取液,用 20 μL 40%乙醛启动反应,于波长 340 nm 处测定吸光度值变化。

(3)PDC 活力测定　取 1.8 mL PDC 活力测定反应混合液、100 μL 酶提取液,用 20 μL 10 mmol/L 丙酮酸启动反应,于波长 340 nm 处测定吸光度值变化。

(4)LDH 活力测定　取 3 mL LDH 活力测定反应混合液,用 0.15 mL 酶提取液启动反应,于波长 340 nm 处测定吸光度值变化。

$$酶活力[U/(g\ 鲜重 \cdot min)] = \frac{\Delta A}{0.01 \times t \times 样品鲜重或干重}$$

式中:ΔA 为 t 时间内波长 340 nm 处吸光度值变化的代数和;0.01 为以每分钟 NADH 氧化吸光度值变化 0.01 为 1 个酶活力单位;t 为反应时间,min。

三、注意事项

(1)实验材料应新鲜,如取材后不立即使用,应贮存在−80 ℃低温冰箱中。

(2)酶提取过程应在 0～4 ℃条件下进行。

(3)通过调整酶液的稀释倍数及加入量,将每分钟 $A_{340\ nm}$ 下降数值控制在 0.1～0.2,加入酶液后立即计时，并准确记录每隔 1 min $A_{340\ nm}$下降值。

(4)NADH 溶液应在临用前配制。若其纯度为 75%，则应折合到 100%，增加试剂的用量，确保实验条件的一致性。在添加酶溶液之前，NADH 的 $A_{340\ nm}$需控制在 0.8 左右。

实验四　低温处理对大蒜氧化酶 SOD、POD 的影响

一、实验目标导航

[**知识目标**]了解低温处理对大蒜氧化酶影响的研究思路，理解 SOD、POD 酶活力测定、同工酶分析比较的一般原理。

[**能力目标**]掌握低温处理对大蒜氧化酶影响的研究方法，熟悉并掌握 SOD、POD 酶活力测定、同工酶分析比较的操作技术。

二、实验背景

超氧化物歧化酶(superoxide dismutase，SOD，EC1.15.1.1)是广泛存在于生物体内各个组织中的重要金属酶，是生物体系中抗氧化酶系的重要组成部分，其主要作用是通过催化超氧化物通过歧化反应转化为氧气和过氧化氢，从而清除逆境胁迫诱导产生的细胞内活性氧自由基。按照 SOD 中金属辅基的不同，可将 SOD 分为 Cu/Zn-SOD、Fe-SOD 和 Mn-SOD 等 3 种类型。过氧化物酶(peroxidase，EC1.11.1.7，POD)是一类在生物体内普遍存在的、由单一肽链和铁卟啉组成的血红蛋白类氧化酶，可催化由过氧化氢参与的各种还原剂的氧化反应。植物在受到逆境胁迫时，会产生过量的活性氧，导致蛋白质、脂质等物质氧化受损，进而导致细胞死亡，影响植物的正常生长。在逆境胁迫条件下，SOD、POD 通过清除植物体细胞代谢中产生的活性氧或有毒活性氧的中间产物而提高植物对逆境的适应性。

本实验以大蒜为材料，测定低温胁迫对大蒜 SOD、POD 活力的影响，研究低温条件下大蒜 SOD、POD 同工酶的特点，为进一步研究植物在逆境中的生长发育提供理论依据。

三、实验技术路线

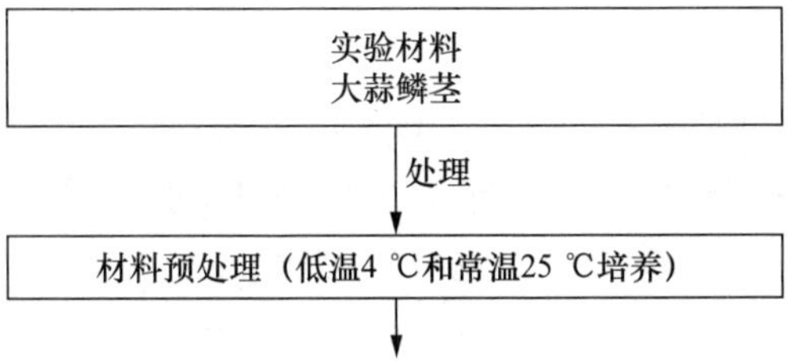

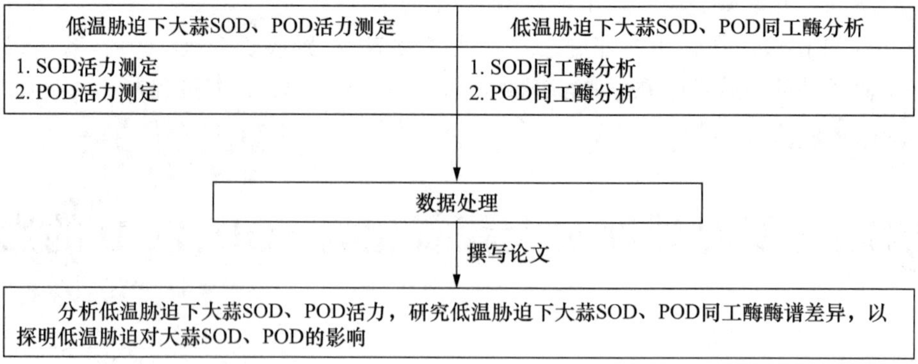

四、实验材料、器材与试剂

1. 材料

大蒜。

2. 器材

电子天平，高速冷冻离心机，分光光度计，微量进样器，荧光灯，直流稳压电泳仪，垂直平板电泳槽，移液器，研钵，试管及试管架，移液管及移液管架，烧杯，容量瓶，试剂瓶，量筒，洗耳球，微量注射器。

3. 试剂

磷酸氢二钠，磷酸二氢钠，甲硫氨酸，NBT（氯化硝基四氮唑蓝），EDTA-2Na，核黄素，石英砂，愈创木酚，H_2O_2，Acr（丙烯酰胺），Bis（亚甲基甲叉双丙烯酰胺），Tris，盐酸，TEMED（四甲基乙二胺），过硫酸铵，甘氨酸，甘油，SDS，β-巯基乙醇，溴酚蓝，EDTA，联苯胺，乙醇，冰乙酸，乙酸钠。

五、实验内容

（1）低温胁迫下大蒜 SOD、POD 活力测定。

（2）低温胁迫下大蒜 SOD、POD 同工酶分析。

六、实验结果处理与讨论

1. 实验结果处理

（1）统计、分析低温胁迫对大蒜 SOD、POD 酶活力的差异。

（2）绘制大蒜在 4 ℃和 25 ℃培养条件下 SOD、POD 同工酶谱带图，并比较异同。

2. 讨论

（1）低温胁迫下大蒜 POD、SOD 酶活力、同工酶谱带图差异形成的原因。

（2）分析低温胁迫下大蒜 POD、SOD 作用的可能机制。

Ⅰ　低温胁迫下大蒜 SOD、POD 活力测定

一、实验原理

本实验采用氯化硝基四氮唑蓝(NBT)法测定 SOD 酶活力。在有氧化物质存在下，核黄素可被光还原，被还原的核黄素在有氧条件下极易再氧化而产生超氧阴离子自由基，超氧阴离子自由基可将氮蓝四唑还原为蓝色的甲腙，后者在波长 560 nm 处有最大吸光度值。而当加入 SOD 时，SOD 通过清除超氧阴离子自由基，从而抑制了甲腙的形成。光还原反应后，反应液的颜色深浅与 SOD 的活力有关：反应液蓝色越深，说明酶的活力越低；反之，酶的活力越高。

实验采用愈创木酚法测定 POD 活力。在过氧化物酶(POD)催化下，H_2O_2 将愈创木酚氧化成茶褐色产物。该产物在波长 470 nm 处具有最大光吸收值，可以通过测量波长 470 nm 下的吸光度值变化来测定过氧化物酶的活力。

二、实验步骤

1. 试剂准备

(1)0.1 mol/L pH 7.8 磷酸盐缓冲液　A 液为 0.1 mol/L 磷酸氢二钠，B 液为 0.1 mol/L 磷酸二氢钠，用前按照 1 mL B 液＋10.76 mL A 液配制。

(2)0.026 mol/L 甲硫氨酸(Met)　称取 0.387 9 g 甲硫氨酸，用 0.1 mol/L pH 7.8 磷酸盐缓冲液定容至 100 mL。现用现配。

(3)750 μmol/L 氯化硝基四氮唑蓝(NBT)溶液　称取 0.153 3 g NBT，用少量蒸馏水溶解后定容至 250 mL。现用现配。

(4)1 μmol/L EDTA-2Na 和 2×10^{-5} mol/L 核黄素混合液。

2. SOD 活力的测定

(1)酶液的制备　分别称取 0.5 g 低温胁迫及对照组的大蒜鲜叶，加入 3 mL 0.05 mol/L 磷酸盐缓冲液和少量石英砂，置于冰浴中研成匀浆。用 0.05 mol/L pH 7.8 磷酸盐缓冲液定容至 8 mL，于 0～4 ℃ 4 000 r/min 离心 15 min，上清液即为 SOD 酶提取液。

(2)SOD 活力测定　取洁净试管 8 支，按表 5-7 加入试剂，测定 SOD 活力。

表 5-7　反应各系统中试剂用量

项目	0.1 mol/L pH 7.8 磷酸盐缓冲液/mL	0.026 mol/L 甲硫氨酸/mL	750 μmol/L NBT 溶液/mL	酶液/μL	1 μmol/L EDTA-2Na 和 2×10^{-5} mol/L 核黄素混合液/mL	蒸馏水/μL
1	1.2	0.3	0.3	0	0.3	900
2	1.2	0.3	0.3	0	0.3	900
3	1.2	0.3	0.3	0	0.3	900
4	1.2	0.3	0.3	25	0.3	875

续表 5-7

项目	0.1 mol/L pH 7.8 磷酸盐缓冲液/mL	0.026 mol/L 甲硫氨酸/mL	750 μmol/L NBT 溶液/mL	酶液/μL	1 μmol/L EDTA-2Na 和 2×10^{-5} mol/L 核黄素混合液/mL	蒸馏水/μL
5	1.2	0.3	0.3	35	0.3	865
6	1.2	0.3	0.3	45	0.3	855
7	1.2	0.3	0.3	55	0.3	845
8	1.2	0.3	0.3	65	0.3	835

试剂摇匀后，迅速遮光处理 1 号试管，其余试管在 25 ℃、光强为 50 μmol/(m^2 · s)的条件下照光处理 15 min，然后立即遮光。在波长 560 nm 下，以 1 号试管作为空白测定其余试管中溶液的吸光度值。

假定 2、3 号试管中溶液抑制 NBT 光还原的相对百分率为 100%，即完全抑制了 NBT 的光还原，按下式分别计算其余试管中溶液抑制 NBT 光还原的相对百分率。

$$\frac{M}{N}=\frac{100}{X}$$

式中：M 为 2、3 号试管中溶液的吸光度值的平均值；N 为其余试管中溶液的吸光度值；X 为其余试管中溶液抑制 NBT 光还原的相对百分率。

以酶液用量(μL)为横坐标，以其余试管中溶液抑制 NBT 光还原的相对百分率(X)为纵坐标制作曲线，计算抑制 NBT 光还原的相对百分率为 50%时所加入的酶液用量，以该酶液量(μL)作为 1 个酶活单位。

(3)计算　SOD 活力按下式计算

$$A=\frac{V\times 1\,000\times 60}{B\times m\times t}$$

式中：A 为酶活力，酶活力单位/(g FW · h)；V 为酶提取液体积，mL；B 为 1 个酶活力单位的酶液量，μL；m 为样品鲜重，g；t 为反应时间，min。

测定样品数量多时，也可用下列简式计算 SOD 活力

$$A=\frac{(D_1-D_2)\times V\times 1\,000\times 60}{D_1\times B\times m\times t\times 50\%}$$

式中：D_1 为 2、3 号试管吸光度值的平均值；D_2 为测定样品的吸光度值。

3. POD 活力的测定

(1)酶液的制备　取 1.0～5.0 g 大蒜幼苗，加适量 0.05 mol/L pH 5.5 的磷酸盐缓冲液研磨成匀浆。于 3 000 r/min 离心 10 min 后，取上清液转入 25 mL 容量瓶中。沉淀用 5 mL 磷酸盐缓冲液再提取 2 次，上清液并入容量瓶中，定容至刻度，低温下保存备用。

(2)POD 活力测定　取洁净试管，依次加入 2.9 mL 0.05 mol/L 磷酸盐缓冲液、1.0 mL 2% H_2O_2、1.0 mL 0.05 mol/L 愈创木酚和 0.1 mL 酶液，立即于 34 ℃水浴中保温 3 min，迅速稀释 1 倍，波长 470 nm 处比色测定，每隔 1 min 记录 1 次 $A_{470\ nm}$，共记录 5 次。用加热煮沸 5 min 的酶液为对照。

(3)计算　实验规定：每分钟内 $A_{470\ nm}$ 变化 0.01 为 1 个过氧化物酶活力单位(U)。

$$过氧化物酶活力[U/(g\cdot min)]=\frac{\Delta A_{470\ nm}\times V_T}{m\times V_S\times 0.01\times t}$$

式中：m 为大蒜幼苗鲜重，g；t 为反应时间，min；V_T 为提取酶液总体积，mL；V_S 为测定时取用酶液体积，mL。

三、注意事项

实验过程注意控制低温，保护酶活力。

Ⅱ　低温胁迫下大蒜 SOD、POD 同工酶分析

一、实验原理

同工酶是指生物体内催化相同反应但分子结构不尽相同的一组酶。用电泳技术分离鉴定同工酶具有方法简便、灵敏度高、重现性强等特点。本实验采用聚丙烯酰胺垂直平板凝胶电泳技术。根据同工酶能催化同一种化学反应的特点，在样品中可溶性蛋白质经电泳分离之后，再在合适条件下进行专一活性的染色，就可以观察到不同的同工酶谱带。SOD 能够抑制超氧阴离子自由基，经活性染色后，凝胶上无 SOD 处显示为蓝色，而有 SOD 处则为无色透明。POD 可催化过氧化氢使联苯胺氧化成蓝色或棕色产物，据此即可将该酶在凝胶中显色定位。因此，电泳技术可用于 SOD、POD 同工酶酶谱(即同工酶的数量、分布及活力大小)的分析与鉴定。

二、实验步骤

1. 试剂准备

(1)凝胶贮液(30%丙烯酰胺)　称取 30 g Acr，0.8 g Bis，加重蒸水溶解后，定容到 100 mL，过滤后置棕色瓶中或外包锡纸。在通风柜中配制。4 ℃保存，一般可放置 1 个月。

(2)分离胶缓冲液(1.5 mol/L Tris-HCl，pH 8.8)　称取 15 g Tris，加 80 mL 重蒸水溶解，用 1 mol/L 盐酸调 pH 8.8，定容至 100 mL。4 ℃保存。

(3)浓缩胶缓冲液(0.5 mol/L Tris-HCl，pH 6.8)　称取 6 g Tris，加 80 mL 重蒸水溶解，用 1 mol/L 盐酸调 pH 6.8，定容至 100 mL。4 ℃保存。

(4)10%过硫酸铵　该溶液需重蒸水临用前配制。

(5)pH 8.3 Tris-甘氨酸电极缓冲液　称取 6.0 g Tris，28.8 g 甘氨酸，加蒸馏水约 900 mL，调 pH 至 8.3 后，用蒸馏水定容至 1 000 mL，于 4 ℃保存，临用前稀释 10 倍。

(6)5×样品缓冲液　0.6 mL 1 mol/LTris-HCl(pH 6.8)，5 mL 50%甘油，2 mL 10% SDS，0.5 mL β-巯基乙醇，1 mL 1%溴酚蓝，0.9 mL 蒸馏水，混匀。于 4 ℃可保存数周，或在

−20 ℃可保存数月。

(7)0.2%溴酚蓝溶液　称取 0.2 g 溴酚蓝溶于 100 mL 重蒸水中。

(8)SOD 同工酶染色液Ⅰ　称取 0.200 3 g NBT，加 50 mL 重蒸水溶解后，定容至 100 mL。

(9)SOD 同工酶染色液Ⅱ　称取 0.001 g 核黄素、0.045 g 磷酸二氢钠、1.186 g 磷酸氢二钠、0.418 mL TEMED，加 50 mL 重蒸水溶解后，定容至 100 mL。

(10)SOD 同工酶染色液Ⅲ　称取 0.002 9 g EDTA、0.062 4 g 磷酸二氢钠、1.647 g 磷酸氢二钠，加入 50 mL 重蒸水溶解后，定容至 100 mL。

(11)POD 同工酶染色液　称取 0.1 g 联苯胺，加入少量乙醇溶解，依次加入 10 mL 5 mol/L 乙酸、10 mL 15 mol/L 乙酸钠、70 mL 重蒸水，最后加入 3～5 滴 H_2O_2。

2. SOD 同工酶分析

(1)按照规程装好垂直平板电泳槽。

(2)分离胶的配制　根据蛋白质的相对分子质量，选择不同浓度的分离胶(表 5-8)。

表 5-8　蛋白质相对分子质量与凝胶浓度的对应选择

蛋白质相对分子质量/kD	凝胶浓度/%
<10	20～30
10～40	15～20
40～100	10～15
100～500	5～10
>500	2～5

本实验用 20%的分离胶。依次按表 5-9 移取各试剂，待加入 TEMED 后，立即混匀，然后小心灌注在电泳槽的两玻璃板间，分离胶上覆盖重蒸水，待分离胶聚合后，倒出覆盖的重蒸水。

表 5-9　不同浓度分离胶的配制

项目	分离胶的浓度				
	20%	15%	12%	10%	7.5%
重蒸水/mL	0.75	2.35	3.35	4.05	4.85
分离胶缓冲液(1.5 mol/L Tris-HCl，pH 8.8)/mL	2.5	2.5	2.5	2.5	2.5
10%SDS/mL	0.1	0.1	0.1	0.1	0.1
凝胶贮液/mL	6.6	5.0	4.0	3.3	2.5
10%过硫酸铵/μL	50	50	50	50	50
TEMED/μL	5	5	5	5	5
总体积/mL	10	10	10	10	10

(3)浓缩胶的配制　采用 5%的浓缩胶，取 2.92 mL 重蒸水、1.25 mL 浓缩胶缓冲液(0.5 mol/L Tris-HCl，pH 6.8)、0.8 mL 凝胶贮液、25 μL 10%过硫酸铵、5 μL TEMED，混匀，小心灌注在分离胶上。插入梳齿，待浓缩胶完全聚合。

(4)电泳　浓缩胶聚合完全后，拔出梳齿，将 pH 8.3 Tris-甘氨酸电极缓冲液加入电泳槽。取 SOD 同工酶染色液Ⅰ中制备的 SOD 酶液，加样，电泳，调节电流至 20～30 mA，待溴酚蓝条带迁移至距凝胶下端 1～2 cm，停止电泳。

(5)SOD 同工酶染色　将剥出的凝胶块浸入盛有 SOD 同工酶染色液Ⅰ的大培养皿中，于黑暗中浸泡 20 min，取出后转移至 SOD 同工酶染色液Ⅱ中，黑暗中浸泡 15 min，再取出转移至 SOD 同工酶染色液Ⅲ中，日光灯下光照 20～30 min，至染色出现明显透明的谱带，拍照保存。

3. POD 同工酶分析

(1)按照规程装好垂直平板电泳槽。

(2)分离胶的配制　本实验用 10% 的分离胶。依次按表 5-8 移取各试剂，待加入 TEMED 后，立即混匀，然后小心灌注在电泳槽的两玻璃板间，分离胶上覆盖重蒸水，待分离胶聚合后，倒出覆盖的重蒸水。

(3)浓缩胶的配制　采用 5%的浓缩胶。取 2.92 mL 重蒸馏水、1.25 mL 浓缩胶缓冲液(0.5 mol/L Tris-HCl，pH 6.8)、0.8 mL 凝胶贮液、25 μL 10%过硫酸铵、5 μL TEMED，混匀，小心灌注在分离胶上。插入梳齿，待浓缩胶完全聚合。

(4)电泳　浓缩胶聚合完全后，拔出梳齿，将 pH 8.3 Tris-甘氨酸电极缓冲液加入电泳槽。取Ⅰ中制备的 POD 酶液，加样，电泳，调节电流至 20～30 mA，待溴酚蓝条带迁移至距凝胶下端 1～2 cm，停止电泳。

(5)POD 同工酶染色　将剥出的凝胶块浸入盛有 POD 同工酶染色液的大培养皿中，不断搅动，观察各条带显色的先后，用 7%乙酸固定至染色出现明显透明的谱带，拍照保存。

三、注意事项

(1)SOD 活性染色时注意避光。

(2)SOD、POD 活性染色要及时观察染色情况。

实验五　梨石细胞的发育观察及木质化关键酶活力分析

一、实验目标导航

[**知识目标**]理解从形态学、生理生化水平研究梨果实发育过程中石细胞木质化机理的一般知识，掌握梨果实石细胞观察及其木质化关键酶活力分析的实验设计。

[**能力目标**]熟练掌握梨果实石细胞观察及其木质化关键酶活力分析的实验方法。

二、实验背景

梨果实品质是受多种因素影响的综合性状，其中石细胞是梨果实中一个特征性状，也是影响梨品质和风味加工工艺的重要因素。梨石细胞在分类上属于短石细胞，单个或成群存在于果肉中，成群的石细胞称为石细胞团。一般所谓梨“石细胞”实际就是由多数石细胞组成的石细胞团。石细胞团在形成时，细胞分裂是成轮层状的围绕着先形成的石细胞周围进行的，新的细胞后来也变成了石细胞。若梨石细胞含量过高会导致果肉粗糙、口感低劣、硬度增加，吃起来口感像是果实中有小砂粒，同时也会影响梨果实糖分、有机酸、维生素含量等品质指标。

梨果肉石细胞的形成涉及木质素的生物合成、转移和沉积。研究显示，充分发育的梨石细胞含有约40%的木质素。木质素的沉积首先在细胞壁的角隅处开始，随后在石细胞、胞间层及次生壁各层进行大量沉积。木质素单体是通过苯丙烷途径和木质素单体特异性合成途径合成，最终单体在细胞壁上脱氢聚合形成多聚木质素。木质素的合成是一个复杂的生物化学过程，涉及多种酶的协同作用，其中关键酶的活性对木质素的合成过程具有直接影响，进而影响木质素单体的聚合程度和方式，导致石细胞团的大小、数目和密度的不同。

三、实验技术路线

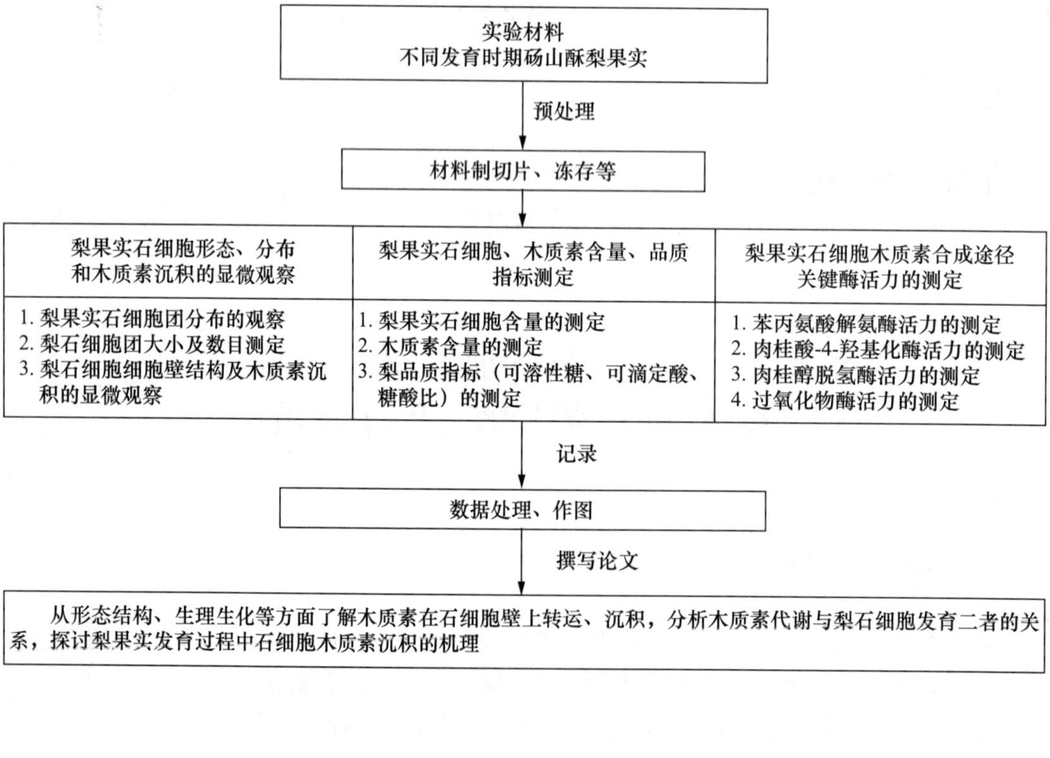

四、实验材料、器材与试剂

1. 材料

不同发育时期(花后 15 d、55 d、145 d)大小均匀的砀山酥梨果实。

2. 器材

生物显微镜,油镜,离心机,组织捣碎机,电子天平,恒温水浴锅,分光光度计,回流管,超声波清洗仪,GUOL 过滤装置,冰箱,液氮罐,移液器,镊子,刀片,载玻片,盖玻片,擦镜纸,酸碱滴定管,酸度计,研钵,漏斗,移液管及移液管架,洗耳球,容量瓶,量筒,刻度试管及试管架,三角瓶,烧杯,吸水纸,纱布等。

3. 试剂

无水乙醇,乙酸,福尔马林,盐酸,间苯三酚,95%乙醇,甲醇,葡萄糖,蒽酮,硫酸,酚酞,氢氧化钠,β-巯基乙醇,硼酸,四硼酸钠,PVP(聚乙烯吡咯烷酮),石英砂,L-苯丙氨酸,磷酸氢二钠,磷酸二氢钠,反式肉桂酸,NADPH(还原型烟酰胺腺嘌呤二核苷酸磷酸),PEG(聚乙二醇),NADP(烟酰胺腺嘌呤二核苷酸磷酸),H_2O_2,愈创木酚,三氯乙酸等。

五、实验内容

(1)梨果实石细胞形态、分布和木质素沉积的显微观察。

(2)梨果实石细胞、木质素含量、品质指标测定。

(3)梨果实石细胞木质素合成途径关键酶活力的测定。

六、实验结果处理与讨论

1. 实验结果处理

(1)拍摄显微镜下梨果肉切片的图片,观察比较不同发育时期梨果实石细胞发育及分布情况,统计石细胞团的大小,计算单个石细胞团面积,分析木质化的细胞壁结构和木质素着色程度变化,探究石细胞形成的规律。

(2)以不同发育时期为横坐标,梨果实石细胞、木质素含量、品质指标(可溶性糖、可滴定酸、糖酸比)各测定值为纵坐标绘制曲线图,并分析试验数据的差异显著性。

(3)以不同发育时期为横坐标,梨果实石细胞木质素合成途径关键酶活力测定值为纵坐标绘制曲线图,并分析试验数据的差异显著性。

2. 讨论

(1)分析梨石细胞的发育过程,讨论石细胞发育过程中的形态结构、分布及细胞壁的木质化情况成因。

(2)分析梨果实发育过程中木质素代谢与石细胞含量变化间的规律,探索可溶性糖、可滴定酸、糖酸比呈现的变化趋势。

(3)讨论梨果实发育过程中木质素合成途径关键酶活力变化与石细胞分布的关系,分析梨果实石细胞形成与木质素代谢的关系。

Ⅰ　梨果实石细胞形态、分布和木质素沉积的显微观察

一、实验原理

梨石细胞是一种具有支持作用的厚壁组织细胞，是由果肉薄壁细胞壁次生加厚并高度木质化而形成的。石细胞主要分布在果核附近，在整个果实中呈放射状分布。目前，组织化学方法、显微分割结合化学分析方法、化学抽提结合电镜观察方法、免疫细胞化学技术等是次生壁形成的主要研究技术与方法。本实验采用组织化学染色法，利用 Wiesner 反应（间苯三酚-盐酸）直接对梨果实横切面和徒手切片进行染色。Wiesner 反应是植物显微化学中确定木质化细胞壁最常用和最简单的方法，原理为间苯三酚-盐酸可与木质素聚合体中愈创木基团和紫丁香基团发生显色反应（一般为紫红色），可将有木质素沉积的细胞壁区分开来，而没有木质化的细胞不能清晰显现。石细胞由于具有高度木质化的细胞壁，可以发生 Wiesner 反应。

二、实验步骤

1. 梨果实石细胞团分布的观察

以梨果实直径径最大部位的横切面剖开，切面向下放入培养皿中待染色。加入 1%间苯三酚浸泡 5 min（浸没切面即可）后，加入 1 mol/L 盐酸显色 3 min。显色后拍照，观察石细胞团在果实中分布情况。

2. 梨石细胞团大小及数目测定

用经消毒洁净的锋利刀片切取梨果肉组织成约 0.5 cm×0.4 cm×0.2 cm 小薄片，迅速置入 FAA 固定液（50%乙醇∶乙酸∶福尔马林＝50∶5∶5）中固定 24 h。在材料上滴 1 滴 1.0 mol/L 盐酸，然后滴 1 滴 1%间苯三酚-乙醇液染色。

显色后利用显微镜直接进行观察。先用低倍镜（10×）随机观察，再用高倍镜（100×）计数，观察测定石细胞团个数，统计石细胞团的大小，计算单个石细胞团面积。

3. 梨石细胞细胞壁结构及木质素沉积的显微观察

将 Wiesner 反应后的果肉切片置于油镜（1 000×）下，观察木质化的细胞壁结构和木质素着色程度变化，拍照。

三、注意事项

(1)横切梨果实时尽量均匀切开中部果核。

(2)制作切片时，谨慎操作，防止刀片伤人，同时注意盐酸等试剂不要碰到人体及显微镜。

Ⅱ 梨果实石细胞、木质素含量、品质指标测定

一、实验原理

迅速、准确地分离梨果肉石细胞的方法，对梨的遗传育种、品种鉴定和品质分析提供植物学依据来说非常重要。目前分离梨果肉石细胞的方法主要有盐酸处理法、冷冻法、酶解法、冷冻硫酸处理法等，其中酶解法和冷冻硫酸处理法方法操作简单，测定速度快，获得石细胞较干净，因此使用的较多。本实验采用冷冻处理法测定。常用的木质素含量测定方法有多种，其中最常用的是 Klason 法和酸性溶解法。Klason 法是一种经典的木质素测定方法，通过使用浓硫酸水解样品中的非木质素部分，剩下的残渣即为木质素。

糖、酸等是梨果实品质和风味的重要指标，果实发育过程中，其种类与含量逐渐变化。糖、酸等代谢产物的生成和调节与影响石细胞形成的木质素代谢底物具有紧密关系。在梨果实中，蔗糖是主要的糖分来源之一。通过糖代谢酶的作用，蔗糖分解为己糖（葡萄糖和果糖），其后，通过糖酵解途径和磷酸戊糖途径分别生成磷酸烯醇式丙酮酸和赤藓糖-4-磷酸，进而经由莽草酸-分支酸途径合成苯丙氨酸（图 5-1）。可溶性糖含量测定采用蒽酮比色法。有机酸易溶于水、醇和醚等溶剂，可用相关溶剂先将有机酸提取出来，通过使用碱液滴定的方法进行定量分析。

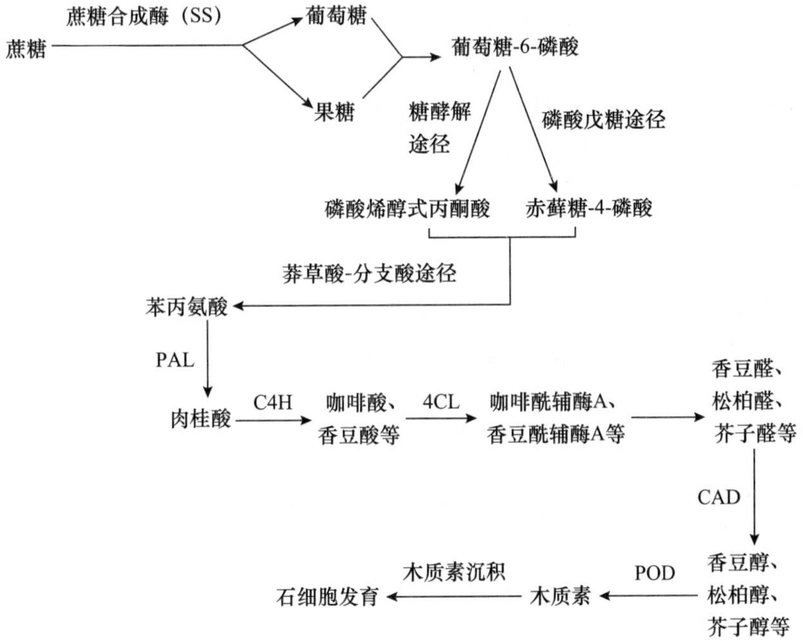

图 5-1 木质素生物合成途径简图

二、实验步骤

1. 梨果实石细胞含量的测定

称取 5～10 g 果肉样品，置于－20 ℃的低温冰箱中冷冻 24 h，解冻后加 5～10 mL 蒸馏水，在 20 000 r/min 匀浆 1 min，静置后倒出上层果肉渣，反复 3～4 次，最终得纯净的石细胞，烘干称重。

$$石细胞含量=\frac{测定的石细胞质量}{植物材料质量}\times 100\%$$

2. 木质素含量的测定

称取 5.0 g 近果心部位果肉(距离果皮 2 mm 至果核之间)，烘干后研磨成均匀粉末，过筛(200 目)。甲醇抽提后烘干，取 0.2 g 样品，加 15 mL 72%硫酸，于 30 ℃抽提 1 h，加 115 mL 蒸馏水煮沸 1 h，注意保持总体积不变。将反应后的混合液过滤，用 500 mL 热水冲洗，烘干后称重。

$$木质素含量=\frac{测定的木质素干重}{植物材料质量}\times 100\%$$

3. 梨品质指标的测定

(1)可溶性糖含量测定　采用蒽酮比色法。取干燥洁净的试管 6 支，分别编号 1～6，依次加入 0、0.1、0.2、0.3、0.4、0.5 mL 0.1 mg/mL 葡萄糖标准溶液，再用蒸馏水将各管体积补足到1 mL，每支试管加入 4 mL 蒽酮试剂(冷水浴中加样更好)。混匀后将 6 支试管同时放入沸水浴加热 10 min，取出后室温水浴快速降温，室温放置 10 min。用 1 号试管溶液调零，于分光光度计上测定 2～6 号试管溶液在波长 620 nm 处吸光度值。以葡萄糖标准溶液浓度为横坐标，$A_{620\ \text{nm}}$为纵坐标，制作标准曲线。

称取 0.1 g 冷冻备用砀山酥梨果实果肉，放入大试管中，加蒸馏水，于沸水中连续提取 4 次，第 1 次 30 min，后 3 次每次 15 min。将提取滤液进行过滤，最终定容至 100 mL。吸取 0.2 mL 滤液，加蒸馏水 1.8 mL，冰浴 5 min，加入 4 mL 蒽酮试剂，充分振荡，立即将试管放入沸水浴中煮沸 10 min，取出后冷却，在波长 620 mn 处测定吸光度值，参照标准曲线计算可溶性糖含量。

$$可溶性糖含量=\frac{m_1\times V\times 10^{-6}}{m}\times 100\%$$

式中：m 为样品重，g；V 为提取样液总量，100 mL；m_1 为标准曲线查得样品液的糖含量，μg/mL。

(2)可滴定酸含量的测定　采用酸碱滴定法。称取 2.0 g 果肉置研钵中研碎，用漏斗转入 50 mL 三角瓶中，蒸馏水反复冲洗，共加水约 30 mL，80 ℃水浴浸提 30 min，每隔 5 min 摇匀一次，取出冷却过滤并定容到 50 mL。取 5 mL 样液于 50 mL 三角瓶中，加 3 滴酚酞，用 0.01 mol/L 氢氧化钠滴定至微红，振摇 30 s 不褪色为滴定终点。重复 3 次，取平均值。

$$有机酸含量=\frac{K\times C\times V_3}{m}\times\frac{V_1}{V_2}\times 100\%$$

式中：m 为样品重，g；C 为氢氧化钠浓度(0.1 mol/L)；K 为换算系数：苹果酸为 67，酒石酸为 75；V_1 为提取时样液总量，mL；V_2 为测定时样液用量，mL；V_3 为消耗氢氧化钠量，mL。

(3)糖酸比　以可溶性糖含量除以可滴定酸含量计算糖酸比。

三、注意事项

(1)梨果实石细胞含量的测定注意控制冷冻温度和冷冻时间，以确保石细胞的最佳提取效果。

(2)可滴定酸含量测定时，必须排除滴定管下端气泡。

Ⅲ　梨果实石细胞木质素合成途径关键酶活力的测定

一、实验原理

石细胞是由薄壁细胞在其初生壁上沉积次生壁(主要成分为木质素)而形成的厚壁细胞，影响次生壁形成及调控木质素代谢过程的酶会影响石细胞发育和形成。木质素是酚类化合物的聚合物，由 3 种苯丙烷单元通过醚键和碳碳键相互连接而形成的具有三维网状结构的生物高分子。香豆醇、松柏醇和芥子醇 3 种主要木质素单体分别聚合成 3 种不同的木质素。木质素的代谢如图 5-1 所示，通过苯丙烷类代谢途径进行，由苯丙氨酸起始。苯丙氨酸解氨酶(PAL)位于苯丙烷代谢途径的入口，是整个苯丙烷类代谢的关键酶和限速酶，可催化苯丙氨酸脱氨基生成肉桂酸，后者经肉桂酸-4-羟基化酶(C4H)催化生成香豆酸，在 4-香豆酸辅酶 A 连接酶(4CL)催化下香豆酸转化为香豆酰辅酶 A，其后，在 CAD 等一系列酶的作用下香豆酰辅酶 A 转化为木质素单体，CAD 是木质素单体生源合成途径的关键酶。在氧化物酶(POD)等作用下，香豆醇、松柏醇、芥子醇聚合形成木质素。在木质素合成的最后一步 POD 起关键作用，木质素单体经 POD 等催化脱氢聚合产生大分子木质素。可见，PAL、C4H、CAD、POD 等是木质素合成过程的关键性酶，也是影响梨石细胞形成的关键性酶。

测定石细胞木质素合成途径中关键酶活力，有助于探讨梨果实石细胞发育与木质素代谢的关系。酶活力测定采用分光光度法。

二、实验步骤

1. 苯丙氨酸解氨酶活力的测定

(1)酶液的提取　称取 4.0 g 不同发育时期梨果实中层果肉，加 10 mL 含 5 mmol/L β-巯基乙醇的硼酸缓冲液、0.5 g PVP，加少量石英砂冰浴研磨成匀浆，4 ℃条件下 10 000 r/min 离心 15 min，上清液为粗酶液。

(2)酶活力的测定　测定反应体系为 4 mL，含 1 mL 酶液、1 mL 0.02 mol/L L-苯丙氨酸、2 mL 蒸馏水，40 ℃水浴 1 h，立即加 0.1 mL 6 mol/L 盐酸终止反应，在波长 290 nm 处测定溶液吸光度值，以每小时吸光度值变化 0.01 所需酶量为 1 个酶活力单位。以不加底物为对照。

2. 肉桂酸-4-羟基化酶活力的测定

(1)酶液的提取　取 0.5 g 不同发育时期的梨果实中层果肉，加入 2 mL 200 mmol/L pH 7.5 磷酸盐缓冲液(内含 2 mmol/L β-巯基乙醇)，冰浴中研磨至匀浆，于 4 ℃条件下，10 000 r/min 离心 15 min，上清液为粗酶液。

(2)酶活力的测定　测定反应体系为 2 mL，含 0.5 mL 0.27 mmol/L 反式肉桂酸，0.5 mL 0.5 mmol/L NADPH，50 μL 粗酶液，其余用 50 mmol/L pH 7.5 磷酸盐缓冲液补至 2 mL，37 ℃反应 1 h。加入 0.1 mL 6 mol/L 盐酸终止反应，用 6 mol/L 氢氧化钠调至 pH 11，立即在波长 290 nm 处测定吸光度值。

3. 肉桂醇脱氢酶活力的测定

(1)酶液的提取　取 1.5 g 样品于液氮中研磨，迅速精确称取研磨后粉末 1 g 左右加入 1.5 mL Eppendorf 管中，加入 1 mL 预冷的 0.1 mmol/L pH 6.25 磷酸盐缓冲液(含 β-巯基乙醇 15 mmol/L 和 2%PEG 及约 0.1 g PVPP)，涡旋 5 min 后于 4 ℃条件下 10 000 r/min 离心 10 min，上清液用于酶活力测定。

(2)酶活力的测定　测定时取 200 μL 酶粗提液加 800 μL 反应液(含 10 mmol/L NADP，5 mmol/L 反式肉桂酸)，以 200 μL 磷酸盐缓冲液加 800 μL 反应液为对照。37 ℃水浴 30 min，加 1 mol/L 盐酸终止反应，于波长 340 nm 处测定吸光度值。

4. 过氧化物酶的测定

(1)酶液的提取　取 5 g 样品材料，加入适量的 0.05 mol/L pH 5.5 磷酸盐缓冲液，研磨成匀浆，10 000 r/min 离心 10 min，取上清液进行酶活力测定。

(2)酶活力的测定　测定反应体系包括：2.9 mL 0.05 mol/L pH 5.5 的磷酸盐缓冲液，1.0 mL 2% H_2O_2，0.1 mL 0.05 mol/L 愈创木酚和 0.1 mL 酶液(用加热煮沸 5 min 的酶液为对照)。反应体系加入酶液后立即于 37 ℃保温 15 min，然后迅速冰浴，并加入 20%三氯乙酸终止反应，于波长 470 nm 处测定吸光度值。以每分钟吸光度值变化 0.01 为 1 个酶活力单位。

三、注意事项

(1)酶液提取时注意低温操作，防止酶失活。

(2)酶液测定时合理设置实验对照。

实验六　酵母蔗糖酶的分离、纯化及酶动力学分析

一、实验目标导航

[知识目标]掌握酶分离、纯化的一般步骤及相关原理，熟悉酵母蔗糖酶分离、纯化的方法

步骤。

［能力目标］掌握酵母蔗糖酶的反应进程曲线、米氏常数 K_m、最适 pH、酸碱稳定性等动力学研究的一般方法。

二、实验背景

蔗糖酶(*β*-*D*-呋喃型果糖苷水解酶)(EC3.2.1.26),又称转化酶,是糖苷酶之一,是催化蔗糖水解成为果糖和葡萄糖的一种酶,广泛存在于真菌、细菌和植物体中。蔗糖酶是植物体内碳水化合物代谢中的关键酶,对生物体的糖类代谢和生长发育都具有重要的意义,直接参与植物的生长、器官建成、糖分运输等,并在渗透调节、抗逆性生长繁殖以及信号传导方面也发挥着重要的作用。目前,蔗糖酶已在农产品加工业、食品工业、医药行业中广泛应用。

蔗糖酶主要从酵母中得到。1928 年,Dumas 等最先指出酵母菌发酵蔗糖时必须有这种酶的存在。该酶以两种形式存在于酵母细胞膜的外侧和内侧,在细胞膜外细胞壁中的称为外蔗糖酶(external yeast invertase),其活力占蔗糖酶活力的大部分,是含有 50%~70%(质量分数)糖成分的糖蛋白;在细胞膜内侧细胞质中的称为内蔗糖酶(internal yeast invertase),含有少量的糖。尽管这两种酶在组成上有较大的差别,但其底物专一性和动力学性质仍十分相似,因此,本实验未区分内酶与外酶,而且由于内酶含量很少,难以提取,本实验提取纯化的主要是外酶。

本实验依据酶(蛋白质)化学的基本理论知识,开展生物大分子蔗糖酶的提取、分离纯化、定量测定及动力学分析的综合性、设计性实验,旨在巩固和掌握酶(蛋白质)化学研究的一般思路和基础知识并加以实践应用。

本实验主要内容包括常用于生物大分子分离、纯化、鉴定的提取、盐析、沉淀、透析、含量测定、活力测定等基本技术方法的原理与应用,同时紧扣酶学知识,进行酶促反应进程曲线的制作、米氏常数的测定、pH 及酸碱稳定性对酶活力影响等研究,掌握蛋白质含量测定、酶活力测定的一般原理和基本方法,熟悉酶分离、纯化及动力学研究的操作方法、数据处理方法,为以后的酶学研究奠定基础。

三、实验技术路线

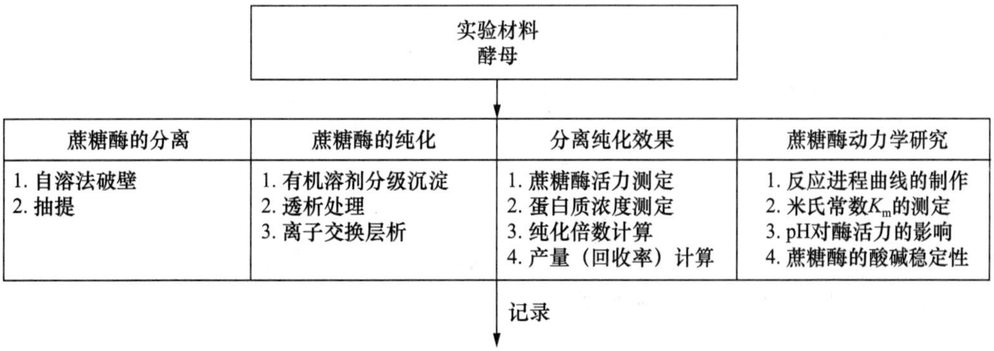

数据处理、作图

↓ 撰写论文

分析蔗糖酶分离、纯化过程的一般流程和关键步骤，分析、计算蔗糖酶的分离纯化效果，作图并研究蔗糖酶的酶促反应进程曲线、米氏常数、pH对酶活力的影响以及蔗糖酶的酸碱稳定性等动力学性质

四、实验材料、器材与试剂

1. 材料

酵母。

2. 器材

恒温水浴锅，离心机，冰箱，循环水真空泵，层析柱，恒流泵，梯度混合器，自动部分收集器，核酸蛋白检测仪，自动记录仪（或电脑数据采集器），分光光度计，旋光仪，计算器，试剂瓶，研钵，量筒，容量瓶，移液管及移液管架，试管及试管架，烧杯，滴管，抽滤瓶，计时器，玻璃棒，洗耳球，计时器，精密 pH 试纸(0.5～5.0)，精密 pH 试纸(5.5～9.0)。

3. 试剂

乙酸钠，乙酸乙酯，乙酸，无水乙醇，氢氧化钠，盐酸，Tris，氯化钠，DEAE-纤维素，3,5-二硝基水杨酸，酒石酸钾钠，重蒸酚，亚硫酸钠，葡萄糖，蔗糖，牛血清白蛋白(BSA)，考马斯亮蓝G-250，乙醇，磷酸，柠檬酸，碳酸钠，酒石酸，结晶硫酸铜，钼酸，钨酸钠，苯甲酸。

五、实验内容

(1)蔗糖酶的分离。

(2)蔗糖酶的纯化。

(3)酵母蔗糖酶分离纯化效果分析。

(4)蔗糖酶动力学研究。

六、实验结果处理与讨论

1. 实验结果处理

(1)检测分离纯化过程中蔗糖酶活力、蛋白质浓度的变化，进行总蛋白质、活力、总活力、比活力、纯化倍数、产量(回收率)等的计算，分析分离纯化效果。

(2)以反应时间为横坐标，反应速度为纵坐标作出进程曲线，由进程曲线求出代表酶促反应初速度的反应时间。

(3)分别以倒数作图法和[S]/V 对[S]作图法，计算得出蔗糖酶 K_m 值。

(4)以反应 pH 为横坐标，反应速度为纵坐标，绘制 pH-酶活力曲线，分析蔗糖酶的最适 pH 范围。

(5)以处理的 pH 为横坐标，反应速度为纵坐标，绘制 pH 稳定曲线，分析蔗糖酶的酸碱稳定范围。

2. 讨论

(1)根据实验，从哪些方面可以鉴定蔗糖酶的分离纯化效果。

(2)根据实验数据，综合分析蔗糖酶的反应进程曲线、米氏常数 K_m、最适 pH、酸碱稳定性。

(3)试用本实验结果解释酶的最适 pH 和酶的最稳定 pH 是否为同一概念？为什么？

Ⅰ　蔗糖酶的分离、纯化

一、实验原理

细胞的破碎方法很多，有机械方法、物理方法、化学方法和生物化学方法等。不同实验规模、不同实验材料和实验要求，使用的破碎方法和条件也不同。对同一实验材料，由于实验目的(要求)的不同，采用的破碎方式也存在一定差异，但必须保持十分温和的条件，以保持分子的完整性。自溶法即将新鲜的生物材料存放于一定的 pH 和适当的温度下，细胞结构在自身所具有的各种水解酶(如蛋白酶和酯酶等)的作用下发生溶解，使细胞内含物释放出来。

酶的分离纯化主要依据酶蛋白的结构和性质等来选择合适的方法，其中常用的方法包括盐析、有机溶剂沉淀、等电点沉淀、选择性变性、离子交换层析、凝胶过滤等。

有机溶剂沉淀法即向水溶液中加入一定量的亲水性的有机溶剂，可降低溶质的溶解度使其沉淀被析出。有机溶剂引起酶(蛋白质)沉淀的主要原因是向溶液中加入有机溶剂能降低溶液的介电常数，减小溶剂的极性，从而削弱了溶剂分子与酶(蛋白质)分子间的相互作用力，导致酶(蛋白质)溶解度降低而沉淀。另外，由于使用的有机溶剂与水互溶，有机溶剂在溶解于水的同时从酶(蛋白质)分子周围的水化层中夺走了水分子，致使酶(蛋白质)脱除水化膜，而易于聚集形成沉淀。有机溶剂沉淀法的分辨能力高于盐析法，一种酶(蛋白质)或其他溶质只有在一个比较窄的有机溶剂浓度范围内沉淀。有机溶剂密度低，与沉淀物密度差大，容易进行固液分离，且容易蒸发，不会在成品中残留，比盐析法应用广泛，适用于食品、药品的制备。但有机溶剂沉淀法容易引起酶(蛋白质)变性失活，操作常需在低温下进行，且有机溶剂易燃、易爆、安全要求较高。

透析是通过小分子经过半透膜扩散到水(或缓冲液)的原理，将小分子与生物大分子分开的一种分离纯化技术，属于膜技术的一种。透析袋是一种半透膜，其特性允许小分子如盐离子和水分子自由通过，而大分子如蛋白质则不能通过。当将蛋白质溶液装入透析袋并放入蒸馏水中时，水分和相对分子质量小的物质(如溶解在水中的盐)可以自由地从蒸馏水进入袋内，而蛋白质分子由于相对分子质量大，无法通过透析袋扩散到外部蒸馏水中。这个过程直到袋内、外两边的浓度达到平衡为止，此时蛋白质分子被截留在袋内，而小分子物质则扩散到外部溶液中，形成了所谓的“透析”过程。透析是常用来纯化蛋白质的方法。透析不仅可以去除影响蛋白质纯度的盐分等小分子化合物，还能在保持样品体积和浓度基本不变的情况下，更换缓冲液，为后续的纯化步骤做好准备。由盐析、有机溶剂沉淀等所得的蛋白质沉淀，经过透析脱盐后仍可恢复其原有结构及生物活性。

离子交换层析是常用的层析方法之一。它是在以离子交换剂为固定相，以液体为流动相的系统中进行的。离子交换剂与水溶液中离子或离子化合物的反应主要以离子交换方式进行，或者借助离子交换剂上电荷基团对溶液中离子或离子化合物的吸附作用进行。这些过程都是可逆的。在某一 pH 的溶液中，不同的蛋白质所带的电荷存在差异，因而与离子交换剂的亲和力就有区别。当洗脱液的 pH 改变或者盐的离子强度逐渐提高时，使某一种蛋白质的电荷被中和，与离子交换剂的亲和力降低，不同的蛋白质按所带电荷的强弱逐一被洗脱下来，达到分离的目的。由于蔗糖酶的偏酸性，在 pH 7.3 的缓冲液的环境中，粗分离纯化样品蔗糖酶带负电荷，用阴离子交换剂可以先与蔗糖酶样品可逆交换吸附，然后通过用盐离子强度逐渐提高的洗脱液，使蔗糖酶和其他杂蛋白质的电荷被中和，与离子交换剂的亲和力降低，把不同的蛋白质按所带电荷的强弱逐一被洗脱下来，从而达到分离蔗糖酶的目的。

二、实验步骤

1. 自溶法破壁

将 5 g 酵母粉倒入 500 mL 烧杯中、少量多次地加入 15 mL 蒸馏水，搅拌均匀，成糊状后加入 0.5 g 乙酸钠、8 mL 乙酸乙酯，搅匀，再于 35 ℃恒温水浴中搅拌 30 min。

2. 抽提

烧杯中补加蒸馏水 10 mL，搅匀，盖好，于 35 ℃恒温过夜，4 000 r/min 离心 10 min，弃去沉淀，得 E_1。记录体积，并取出 2 mL 置于 4 ℃冰箱保存，待测酶活力及蛋白质浓度(留样 1)。

3. 乙醇分级

(1)测 E_1 pH　用 10%乙酸调 pH 至 4.5(注意少量、慢加、搅匀，防止调过)。记录 10%乙酸测 E_1 pH 后溶液体积。

(2)第一次乙醇分级(30%乙醇饱和度)　计算出使 E_1 的乙醇浓度达 30%时，所需无水乙醇 X_1 的体积，将 E_1 和无水乙醇 X_1，放入冰浴中预冷，在不断搅拌下缓慢滴加乙醇，4 000 r/min 离心 10 min，弃去沉淀，留上清液，记录上清液体积。

(3)第二次乙醇分级(50%乙醇饱和度)　同上法，计算上清液中达 50%乙醇饱和度时需要补加的无水乙醇的体积，并在不断搅拌下缓慢滴加无水乙醇 X_2 至上清液。4 000 r/min 离心 10 min，弃去上清液，沉淀备用。

4. 透析

第二次乙醇分级后的沉淀立刻用 10 mL 的 0.02 mol/L pH 7.3 的 Tris-HCl 缓冲液溶解，并装入透析袋，透析过夜。

次日，4 000 r/min 离心 10 min，取上清液。记录体积，置于 4 ℃冰箱保存，待测酶活力及蛋白质浓度(留样 2)。

5. 离子交换层析

(1)离子交换剂的预处理　商品离子交换纤维素往往混有杂质，在用起始缓冲液溶胀前，必须进行酸、碱处理。

按照 0.1 mol/L 氢氧化钠溶液浸泡 30 min，抽滤，以去离子水洗至近中性，再以 0.1 mol/L 盐酸溶液浸泡 30 min，抽滤，以去离子水洗至近中性，最后以 0.1 mol/L 氢氧化钠溶液浸泡

30 min，抽滤，以去离子水洗至近中性后，用起始磷酸盐缓冲液悬浮平衡，备用装柱。

(2)装柱与平衡　取一支层析柱，垂直装好，装入 0.02 mol/L pH 7.3 的 Tris-HCl 缓冲液。关闭出液管，将前面处理好的 DEAE-纤维素装入柱内。待 DEAE-纤维素沉淀后，打开出液管，控制流速 1.5～2.0 mL/min，以 2 倍柱体积的 0.02 mol/L pH 7.3 的 Tris-HCl 缓冲液平衡，待检测仪上记录绘出的基线稳定后，即可上样。

(3)上样　取透析、离心后上清液，小心地加到层析柱上，不要扰动柱床。

上样量一般是根据离子交换介质的交换容量来确定，通常上样量不超过交换容量的 10%～20%($m=V\times E$)。

$$E[\text{交换容量(mg/g 或 mg/mL)}]=\frac{\text{测得的蛋白质的质量(mg)}}{\text{离子交换介质的质量(g)或体积(mL)}}$$

注意：加样量的多少，随实验目的的不同和样品中目的物的浓度以及其亲和力的不同而有不同的情况。

(4)洗脱、收集　上样至饱和后，采用 0.02 mol/L pH 7.3 的 Tris-HCl 缓冲液和含 0.2 mol/L 氯化钠的 0.02 mol/L pH 7.3 的 Tris-HCl 缓冲液进行线性梯度洗脱。

仔细地通过取样检测有蔗糖酶活力的蛋白质峰，合并洗脱液(2 mL 留样 3)。

根据紫外检测仪监测情况及取样检测蔗糖酶活力情况，以时间(或管号)为横坐标，以 $A_{280\ \text{nm}}$ 和酶活为纵坐标，绘制洗脱曲线。

三、注意事项

(1)整个操作过程中，要熟悉实验各环节，注意各步骤之间的衔接，做好原始数据的记录和整理。

(2)酶的分离纯化的目的是将酶以外的所有杂质尽可能地除去，因此，在整个分离纯化过程中要注意防止酶的变性失活。

(3)自溶法进行细胞破碎时，酵母粉的搅拌均匀程度将影响后续实验操作。

(4)有机溶剂沉淀是个放热过程，所以要在低温下进行操作，防止有机溶剂的放热使蛋白质变性。有机溶剂加入时要边搅拌边滴加，以避免局部浓度过高。

(5)商品透析袋在使用前需进行处理。一般选择 2%碳酸氢钠或 10 mmol/L 乙二胺四乙酸二钠溶液将透析袋煮沸处理。

(6)透析袋使用前应进行预处理并检查是否破裂。将样品倾入透析袋内，两端要封闭(注意袋内要留出足够的透析交换空间)。

(7)离子交换层析要根据分离的样品量选择合适的层析柱，离子交换用的层析柱一般粗而短，不宜过长。装柱时要均匀平整，不能有气泡。

(8)层析柱、恒流泵、梯度混合器、自动部分收集器、核酸蛋白检测仪、自动记录仪(或电脑数据采集器)等作为层析系统的单元，应正确连接，并确保无漏气。

Ⅱ　蔗糖酶活力的测定——3,5-二硝基水杨酸比色法

一、实验原理

蔗糖酶能催化非还原性双糖(蔗糖)的1,2-糖苷键裂解,释放出等量的果糖和葡萄糖。

$$\underset{\text{蔗糖}}{C_{12}H_{22}O_{11}} + H_2O \xrightarrow{\text{蔗糖酶}} \underset{\text{果糖}}{C_6H_{12}O_6} + \underset{\text{葡萄糖}}{C_6H_{12}O_6}$$

果糖和葡萄糖具有还原性,蔗糖酶的活力可通过水解生成的还原糖来反映。还原糖的测定方法很多,包括Nelson比色法、费林试剂法等。本实验采用3,5-二硝基水杨酸比色法。

在碱性条件下,还原糖与3,5-二硝基水杨酸共热反应生成棕红色的3-氨基-5-硝基水杨酸。在一定范围内,还原糖的量与棕红色的颜色强度呈一定比例关系,可用于在波长520 nm处进行比色测定。

实验采用3,5-二硝基水杨酸比色法测定单位时间内蔗糖酶水解蔗糖产生还原糖的含量,以之衡量蔗糖酶活力的高低。

二、实验步骤

1. 试剂准备

(1)3,5-二硝基水杨酸试剂(DNS试剂)　称取6.3 g 3,5-二硝基水杨酸试剂(DNS试剂)和262 mL 2 mol/L氢氧化钠,加到500 mL含有182 g酒石酸钾钠的热水溶液中,再加5 g重蒸酚和5 g亚硫酸钠,搅拌溶液,冷却后加水定容至1 000 mL。棕色瓶贮存。

(2)0.1%葡萄糖标准液　准确称取100 mg分析纯的葡萄糖(预先在105 ℃干燥至恒温),用少量蒸馏水溶解后定容至100 mL,置于冰箱保存,备用。

2. 葡萄糖标准曲线的制作

按表5-10添加试剂,绘制葡萄糖标准曲线。

表5-10　葡萄糖标准曲线制作

项目	管号					
	0	1	2	3	4	5
含糖总量/mg	0	0.4	0.6	0.8	1.0	1.2
0.1%葡萄糖标准液/mL	0	0.4	0.6	0.8	1.0	1.2
水/mL	2.0	1.6	1.4	1.2	1.0	0.8
DNS试剂/mL	1.5	1.5	1.5	1.5	1.5	1.5
加热	均在沸水浴中加热5 min					
冷却	立即用流动冷水冷却					

续表 5-10

项目	管号					
	0	1	2	3	4	5
蒸馏水/mL	21.5	21.5	21.5	21.5	21.5	21.5
吸光度值($A_{520\ nm}$)						

以葡萄糖(mg)含量为横坐标，以波长 520 nm 处吸光度值为纵坐标，制作葡萄糖标准曲线。

3. 酶活力的测定

将提取的蔗糖酶酶液适当稀释。

取 5%蔗糖、稀释后蔗糖酶提取液分别于 35 ℃恒温水浴预热 5 min。

按照表 5-11、表 5-12 所示测定蔗糖酶活力。

表 5-11　蔗糖酶水解蔗糖

项目	管号	
	0	1
5%蔗糖/mL	2	2
1 mol/L 氢氧化钠/mL	0.5	
稀释后酶液/mL	2	2
	35 ℃水浴，精确反应 3 min	
1 mol/L 氢氧化钠/mL		0.5

表 5-12　还原糖的测定

项目	管号		
	0	1	2
反应液/mL	0.5 (取自表 5-11 中 0 管)	0.5 (取自表 5-11 中 1 管)	0.5 (取自表 5-11 中 1 管)
DNS 试剂/mL	1.5	1.5	1.5
水/mL	1.5	1.5	1.5
	沸水浴 5 min 后，立即流水冷却		
水/mL	21.5	21.5	21.5
$A_{520\ nm}$			

4. 蔗糖酶活力的计算

蔗糖酶活力单位的定义：在本实验条件下，每 3 min 释放 1 mg 还原糖所需要的蔗糖酶的酶量，定义为一个活力单位。

根据葡萄糖标准曲线计算吸光度值对应的葡萄糖含量，并按下面公式计算蔗糖酶活力：

$$蔗糖酶活力=葡萄糖毫克数\times 9\times 酶的稀释倍数$$

三、注意事项

(1)严格注意试剂添加量的准确性,精确控制反应温度和反应时间。

(2)正确使用分光光度计。

(3)酶具有催化活力。在整个分离纯化过程中要始终检测酶活力,跟踪酶的来龙去脉,为选择适当方法和条件提供直接依据。在工作过程中,从原料开始每步都必须检测酶活力。一个好的方法和措施会使酶的纯度提高倍数大,活力回收高,同时重复性好。

Ⅲ　蛋白质浓度测定——考马斯亮蓝 G-250 染色法

一、实验原理

蛋白质的存在影响酸碱滴定中所用某些指示剂的颜色变化,从而改变这些染料的光吸收。在此基础上发展了蛋白质染色测定方法,涉及的指示剂有甲基橙、考马斯亮蓝、溴甲酚绿和溴甲酚紫。目前广泛使用的染料是考马斯亮蓝。

考马斯亮蓝 G-250 染色法,又称 Bradford 法,是一种常用的微量蛋白质快速测定方法。考马斯亮蓝 G-250 在酸性溶液中呈棕褐色,当与蛋白质通过疏水结合作用后,变为蓝色,最大吸收光谱从波长 470 nm 移至波长 595 nm。在一定条件下,其吸光度值与蛋白质含量成正比,因此可用于蛋白质的定量测定。该法快速简便,可测定微克级蛋白质含量,但在不同蛋白质之间差异甚大,且标准曲线在高浓度时线性关系较差。高浓度的 Tris、EDTA、尿素、甘油、蔗糖、丙酮、硫酸铵和去污剂存在时对测定有干扰。缓冲液浓度过高时,改变测定液 pH 会影响显色。

二、实验步骤

1. 试剂准备

(1)标准蛋白质溶液　0.1 mg/mL 牛血清白蛋白(BSA)贮液,以 0.9%氯化钠配制。

(2)考马斯亮蓝 G-250 蛋白质染色液　取 0.1 g 考马斯亮蓝 G-250 溶于 50 mL 95%乙醇中,完全溶解后加入 100 mL 85%(质量浓度)磷酸,加蒸馏水定容至 1 000 mL。

2. 标准曲线的制作

取试管 6 支,按表 5-13 进行蛋白质定量测定标准曲线制作。

表 5-13　蛋白质标准曲线的制作

项目	管号					
	0	1	2	3	4	5
标准蛋白质溶液/mL		0.2	0.4	0.6	0.8	1.0
实际蛋白质含量/μg		20	40	60	80	100
0.9%氯化钠/mL	1.0	0.8	0.6	0.4	0.2	

续表 5-13

项目	管号					
	0	1	2	3	4	5
考马斯亮蓝 G-250 蛋白质染色液/mL	5.0	5.0	5.0	5.0	5.0	5.0
	试管摇匀，放置 5 min					
$A_{595\ nm}$						

加完试剂后，混合均匀，室温放置 5 min，用分光光度计于波长 595 nm 处比色测定吸光度值。以 $A_{595\ nm}$ 为纵坐标，以蛋白质含量（μg）为横坐标，绘制标准曲线。

3. 样品的测定

取 3 支试管，按表 5-14 加入相应试剂。

表 5-14　样品中蛋白质的测定

项目	管号		
	0	1	2
适宜浓度的蛋白质溶液/mL	0	0.2	0.2
0.9%氯化钠/mL	1	0.8	0.8
考马斯亮蓝 G-250 蛋白质染色液/mL	5	5	5
	试管摇匀，放置 5 min		
$A_{595\ nm}$			

加完试剂后，混合均匀，室温放置 5 min，于波长 595 nm 处比色测定吸光度值，通过吸光度值，对照标准曲线求出样品蛋白质的浓度。

三、注意事项

（1）严格注意试剂添加量的准确性，精确控制反应时间。

（2）为避免因蛋白质与染料复合物发生凝集沉淀而影响测定结果，比色测定工作应在蛋白质与染料混合后的 2 min 开始，力争 1 h 内完成。不可放置太长时间，否则将使测定结果偏低。

（3）由于染料本身两种颜色形式的光谱有重叠，试剂背景值会因与蛋白质结合的染料增加而不断降低，所以当蛋白质浓度较大时，标准曲线稍有弯曲，但直线弯曲程度很轻，不影响测定。

（4）考马斯亮蓝具有较强的染色能力，比色皿洗不干净会影响吸光度值，因此实验不可用石英比色皿测定。

（5）考马斯亮蓝与皮肤中的蛋白质可通过范德瓦耳斯力结合，反应快速且稳定，无法用普通试剂洗掉。待 1～2 周，皮屑细胞自然衰老脱落即可无碍。

Ⅳ　纯度和产量

一、实验原理

分离纯化的目的就是要从复杂的混合物中将所需要的某种物资提取出来，并达到一定的纯度。酶(蛋白)提纯的目的，不仅在于得到一定量的酶，而且要求得到不含或尽量少含其他杂蛋白质的酶制品。

在纯化过程中，除了要测定一定体积或一定重量的酶制剂中含有多少活力单位外，还需要测定酶制剂的纯度。酶的纯度用比活力表示。根据国际酶学委员会的规定，比活力用每毫克蛋白质所含的酶活力单位数表示。酶的比活力在酶学研究中用来衡量酶的纯度，对于同一种酶来说，比活力越大，酶的纯度越高。利用比活力的大小可以用来比较酶制剂中单位质量蛋白质的催化能力，是表示酶的纯度高低的一个重要指标。

纯化倍数、产量(回收率)也是酶的分离纯化中的重要衡量指标。纯化倍数$=\frac{\text{每次比活力}}{\text{第一次比活力}}$，表示分离纯化过程中纯度提高的倍数，分离纯化倍数越大，表示该方法纯化效果越好。产量(回收率)$=\frac{\text{每次总活力}}{\text{第一次总活力}}\times 100\%$，表示分离纯化过程中酶损失程度的大小，产量(回收率)越高，损失越小。

二、实验步骤

根据分离纯化过程中对蔗糖酶活力和蛋白质浓度监测的实验数据，计算蔗糖酶分离纯化效果，并填入表5-15。

表5-15　蔗糖酶分离纯化效果

留样	体积/mL	蛋白质浓度/(mg/mL)	总蛋白/mg	活力/(U/mL)	总活力/U	比活力/(U/mg)	纯化倍数	产量(回收率)/%
1								
2								
3								

三、注意事项

(1)根据实验流程，正确进行原始数据的处理。

(2)实验数据处理过程中合理保留有效数字。

V　蔗糖酶酶促反应进程曲线的制作

一、实验原理

进程曲线是表明酶促反应时间和底物减少量或产物生成量之间的关系曲线。由进程曲线可以了解酶促反应随反应时间变化的情况。实验以蔗糖为底物，在酶反应的适宜条件下以及有一定酶量和足够底物浓度的条件下，测出一系列不同时间间隔实验点的相对产物变化量，并以酶促反应时间为横坐标，以产物生成量为纵坐标绘制进程曲线。进程曲线起始直线部分的斜率表示酶促反应的初速度，由此可求出代表初速度的适宜反应时间。要真实反映出酶活力大小，就应在进程曲线的初速度时间范围内进行测定。制作进程曲线，求出酶促反应初速度的时间范围是酶动力学性质一系列研究中的组成部分和必要前提。

二、实验步骤

1. 蔗糖酶水解蔗糖

取试管 9 支，按表 5-16 进行蔗糖酶水解蔗糖操作。

表 5-16　蔗糖酶水解蔗糖

项目	管号								
	0	1	2	3	4	5	6	7	8
50%蔗糖/mL		2	2	2	2	2	2	2	2
1 mol/L 氢氧化钠/mL	0.5								
酶液/mL	2	2	2	2	2	2	2	2	2
35 ℃水浴，精确反应时间/min	0	1	2	3	4	5	8	10	15
1 mol/L 氢氧化钠/mL		0.5	0.5	0.5	0.5	0.5	0.5	0.5	0.5

2. 还原糖的测定

取试管 17 支，编号 1～8，每个平行实验做 2 支，设空白对照(表 5-17)。

表 5-17　还原糖的测定

项目	管号								
	0	1	2	3	4	5	6	7	8
反应液/mL	0.5（取自表 5-16 中 0 管）	0.5（取自表 5-16 中 1 管）	0.5（取自表 5-16 中 2 管）	0.5（取自表 5-16 中 3 管）	0.5（取自表 5-16 中 4 管）	0.5（取自表 5-16 中 5 管）	0.5（取自表 5-16 中 6 管）	0.5（取自表 5-16 中 7 管）	0.5（取自表 5-16 中 8 管）
DNS 试剂/mL	1.5	1.5	1.5	1.5	1.5	1.5	1.5	1.5	1.5
水/mL	1.5	1.5	1.5	1.5	1.5	1.5	1.5	1.5	1.5

续表 5-17

项目	管号								
	0	1	2	3	4	5	6	7	8
	沸水浴 5 min 后，立即流水冷却								
水/mL	21.5	21.5	21.5	21.5	21.5	21.5	21.5	21.5	21.5
$A_{520\ nm}$									

3. 作图

以反应时间为横坐标，绘制进程曲线。由进程曲线求出代表酶促反应初速度的时间范围。

三、注意事项

(1)严格注意试剂添加量的准确性，精确控制反应温度和反应时间。

(2)正确使用分光光度计。

Ⅵ 蔗糖酶米氏常数 K_m 的测定

一、实验原理

在温度、pH 及酶浓度恒定的条件下，底物浓度对酶促反应的速度有很大的影响。在底物浓度很低时，酶促反应的速度(v)随底物浓度的增加而迅速增加；随着底物浓度的继续增加，反应速度的增加开始减慢；当底物浓度增加到某种程度时，反应速度达到一个极限值(V_{max})。

底物浓度与反应速度的关系可用 Michaelis-Menten 方程(米氏方程)表示：

$$v=\frac{V_{max}[S]}{K_m+[S]}$$

式中：v 为反应速度；K_m 为米氏常数；V_{max} 为酶反应最大速度；[S]为底物浓度。

从米氏方程可见：米氏常数 K_m 等于反应速度达到最大反应速度一半时的底物浓度，米氏常数的单位就是浓度单位(mol/L 或 mmol/L)。

在酶学分析中，K_m 是酶的一个基本特征常数，它包含酶与底物结合和解离的性质。K_m 与底物浓度、酶浓度无关，与 pH、温度、离子强度等因素有关。对于每一个酶促反应，在一定条件下都有其特定的 K_m 值，因此可用于鉴别酶。

对于符合米氏方程的酶类，通过测定底物浓度对反应速度的影响，可以测定米氏常数 K_m 和最大反应速度 V_{max}。测定时，先确定反应的条件，包括温度、pH、酶浓度等。然后取不同浓度的底物与酶反应，分别测定不同底物浓度下的酶反应速度，用双倒数作图法和单倒数作图法等求 K_m 和 V_{max}。

双倒数作图法(Lineweaver-Burk 法)：将米氏方程改写成倒数形式，即将 $v=\frac{V_{max}[S]}{K_m+[S]}$ 改写成：$\frac{1}{v}=\frac{K_m}{V_{max}}\cdot\frac{1}{[S]}+\frac{1}{V_{max}}$，以 $\frac{1}{v}$ 对 $\frac{1}{[S]}$ 作图，得一直线，其纵轴截距为 $\frac{1}{V_{max}}$，横轴截

距为$-\frac{1}{K_m}$，斜率为$\frac{K_m}{V_{max}}$（图 5-2）。即为一个酶促反应速度的倒数$\left(\frac{1}{v}\right)$对底物浓度的倒数$\left(\frac{1}{[S]}\right)$的作图。$X$ 轴和 Y 轴上的截距分别代表米氏常数和最大反应速度的倒数。

单倒数作图法：将米氏方程改写成：$\frac{[S]}{v}=\frac{K_m}{V_{max}}+\frac{1}{V_{max}}\cdot[S]$，以$\frac{[S]}{V}$对[S]作图得一直线，其横轴截距为$-K_m$，纵截距为$\frac{K_m}{V_{max}}$，斜率为$\frac{1}{V_{max}}$（图 5-3）。

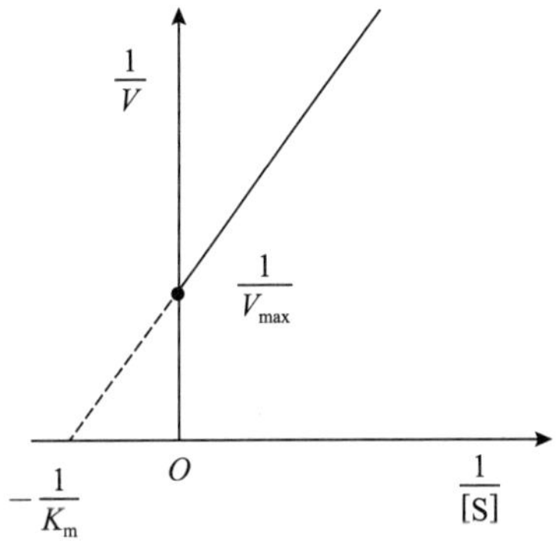

图 5-2　双倒数作图法

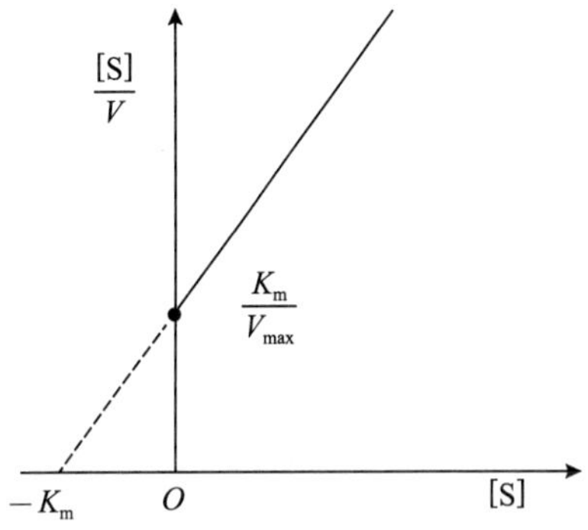

图 5-3　单倒数作图法（$\frac{[S]}{V}$对[S]作图）

二、实验步骤

1. 系列浓度蔗糖溶液的配制

（1）0.1 mol/L 蔗糖溶液。

（2）按照表 5-18 配制 10 mmol/L，20 mmol/L，30 mmol/L，40 mmol/L 蔗糖溶液。

表 5-18　系列浓度蔗糖溶液的配制

项目	蔗糖溶液浓度			
	10/(mmol/L)	20/(mmol/L)	30/(mmol/L)	40/(mmol/L)
反应终浓度/(mmol/L)	5	10	15	20
0.1 mol/L 蔗糖溶液/mL	1	2	3	4
水/mL	9	8	7	6

2. 蔗糖酶水解蔗糖

取试管 5 支，按表 5-19 进行蔗糖酶水解蔗糖操作。

表 5-19　蔗糖酶水解蔗糖

项目	管号				
	0	1	2	3	4
10 mmol/L 蔗糖溶液/mL		2			
20 mmol/L 蔗糖溶液/mL			2		

续表 5-19

项目	管号				
	0	1	2	3	4
30 mmol/L 蔗糖溶液/mL				2	
40 mmol/L 蔗糖溶液/mL					2
1 mol/L 氢氧化钠/mL	0.5				
酶液/mL	4	2	2	2	2
	35 ℃水浴，精确反应 3 min				
1 mol/L 氢氧化钠/mL		0.5	0.5	0.5	0.5

3. 还原糖的测定

取试管 9 支，编号 1～4，每个平行实验做 2 支，设空白对照(表 5-20)。

表 5-20　还原糖的测定

项目	管号				
	0	1	2	3	4
反应液/mL	0.5（取自表 5-19 中 0 管）	0.5（取自表 5-19 中 1 管）	0.5（取自表 5-19 中 2 管）	0.5（取自表 5-19 中 3 管）	0.5（取自表 5-19 中 4 管）
DNS 试剂/mL	1.5	1.5	1.5	1.5	1.5
水/mL	1.5	1.5	1.5	1.5	1.5
	沸水浴 5 min 后，立即流水冷却				
水/mL	21.5	21.5	21.5	21.5	21.5
$A_{520\ nm}$					

4. 数据处理

将测定结果填入表 5-21。

表 5-21　蔗糖酶米氏常数 K_m 测定的结果

项目	管号			
	1	2	3	4
蔗糖溶液终浓度[S]/(mmol/L)				
$\frac{1}{[S]}$				
V				
$\frac{1}{V}$				
$\frac{[S]}{V}$				

5. 作图

用 2 种方法作图。

(1)双倒数作图法　以 $\frac{1}{V}$ 为纵坐标，以 $\frac{1}{[S]}$ 为横坐标，由直线在横轴上的交点为 $-\frac{1}{K_m}$，

计算得 K_m。

(2)单倒数作图法$\left(\frac{[S]}{V}\text{对}[S]\text{作图}\right)$　以 $\frac{[S]}{V}$ 为纵坐标，以[S]为横坐标，直线在横轴上的交点为 K_m。

三、注意事项

(1)严格注意试剂添加量的准确性，精确控制反应温度和反应时间。
(2)正确使用分光光度计。

Ⅶ　pH 对蔗糖酶活力的影响及酸碱稳定性的测定

一、实验原理

对酸碱度的敏感性是酶的生物学特性之一，这表现在酶的活力和稳定性易受环境 pH 的影响。pH 对酶活力的影响极为显著，通常各种酶只有在一定的范围内才表现出活力，同一种酶在不同的 pH 条件下所表现的活力不同，其表现活力最高时的 pH 称为酶的最适 pH。各种酶在特定条件下都有各自的最适 pH。在最适 pH 时，酶分子上活性基团的解离状态最适合于酶与底物的作用，而高于或低于最适 pH 时，酶的活性基团的解离状态不利于酶与底物的作用，酶活力也相应降低。pH 除了对酶的解离状态产生直接影响外，还可能影响底物的解离和影响反应系统中其他组成成分的解离。

在进行酶学研究时，一般需要制作 pH 与酶活力的关系曲线。在保持其他条件恒定时，于不同的 pH 条件下测定酶促反应速度，以反应 pH 为横坐标、酶促反应速度为纵坐标作图即可得到 pH-酶活力曲线，往往为钟形的曲线，曲线中反应速度最大时的 pH 即为该酶在此实验条件下的最适 pH。通过曲线不仅可以了解反应速度随 pH 的变化情况，还可求得酶的最适 pH。

pH 不仅对酶活力有很大影响，而且对酶的稳定性也有很大的影响。因为酶的化学本质是蛋白质，因此，和蛋白质容易变性一样，在过酸或过碱的条件下酶也很容易变性失活。各种酶的酸碱稳定范围是不同的，这就需要制作酶的酸碱稳定性曲线。一般的研究方法是将酶液分成若干份，分别置于一系列不同的 pH 溶液中保温处理一定时间，然后再调至某一标准的 pH 或直接在最适 pH 条件下进行活力测定。以处理的 pH 为横坐标、反应速度为纵坐标作图，即可得到酶的酸碱稳定性曲线，并可求出酶的酸碱稳定范围。

二、实验步骤

1. 各种不同反应 pH 溶液的配制

按表 5-22 配制各种不同反应 pH 溶液。

表 5-22　不同反应 pH 溶液的配制

项目	pH			
	4.0	5.0	6.0	7.0
0.2 mol/L 磷酸氢二钠/mL	7.71	10.30	12.63	16.47
0.1 mol/L 柠檬酸/mL	12.29	9.7	7.37	3.53

2. pH 与酶活的关系

(1)酶促反应　取试管 6 支，按表 5-23 操作。

表 5-23　酶促反应

项目	管号					
	1	2	3	4	5	空白
反应 pH	3.0	4.0	5.0	6.0	7.0	
缓冲溶液/mL	1.5	1.5	1.5	1.5	1.5	
酶液/mL	2.0	2.0	2.0	2.0	2.0	
50%蔗糖/mL	0.5	0.5	0.5	0.5	0.5	0.5
1 mol/L 氢氧化钠/mL						2.0
	35 ℃水浴，精确反应 3 min					
1 mol/L 氢氧化钠/mL	0.5	0.5	0.5	0.5	0.5	2.0

(2)还原糖测定　取试管 11 支，每个平行实验做 2 支。按表 5-24 加入溶液及进行操作。

表 5-24　还原糖测定

项目	管号					
	0	1	2	3	4	5
反应液/mL	0.5（取自表 5-23 中 0 管）	0.5（取自表 5-23 中 1 管）	0.5（取自表 5-23 中 2 管）	0.5（取自表 5-23 中 3 管）	0.5（取自表 5-23 中 4 管）	0.5（取自表 5-23 中 5 管）
DNS 试剂/mL	1.5	1.5	1.5	1.5	1.5	1.5
水/mL	1.5	1.5	1.5	1.5	1.5	1.5
	沸水浴 5 min 后，立即流水冷却					
水/mL	21.5	21.5	21.5	21.5	21.5	21.5
$A_{520\ nm}$						

(3)作图　以反应 pH 为横坐标，绘制 pH-酶活力曲线，并分析本实验条件下该酶的最适 pH 范围。

3. 酸碱稳定性的测定

(1)酶促反应　取试管 6 支，按表 5-25 操作。

表 5-25 酶促反应

项目	管号					
	1	2	3	4	5	空白
处理的 pH	3.0	4.0	5.0	6.0	7.0	
缓冲溶液/mL	1.5	1.5	1.5	1.5	1.5	
酶液/mL	2.0	2.0	2.0	2.0	2.0	
	35 ℃水浴处理 1 h					
50%蔗糖/mL	0.5	0.5	0.5	0.5	0.5	0.5
1 mol/L 氢氧化钠/mL						2.0
	35 ℃水浴，精确反应 3 min					
1 mol/L 氢氧化钠/mL	0.5	0.5	0.5	0.5	0.5	2.0

(2)还原糖测定　取试管 11 支，每个平行实验做 2 支。按表 5-26 加入溶液及进行操作。

表 5-26 还原糖测定

项目	管号					
	0	1	2	3	4	5
反应液/mL	0.5（取自表 5-25 中 0 管）	0.5（取自表 5-25 中 1 管）	0.5（取自表 5-25 中 2 管）	0.5（取自表 5-25 中 3 管）	0.5（取自表 5-25 中 4 管）	0.5（取自表 5-25 中 5 管）
DNS 试剂/mL	1.5	1.5	1.5	1.5	1.5	1.5
水/mL	1.5	1.5	1.5	1.5	1.5	1.5
	沸水浴 5 min 后，立即流水冷却					
水/mL	21.5	21.5	21.5	21.5	21.5	21.5
$A_{520\ nm}$						

(3)作图　以处理的 pH 为横坐标，绘制 pH 稳定曲线，并分析本实验条件下该酶的酸碱稳定范围。

三、注意事项

(1)严格注意试剂添加量的准确性，精确控制反应温度和反应时间。

(2)正确使用分光光度计。

实验七　植物蛋白酶的提取、固定化及其酶学性质

一、实验目标导航

[**知识目标**]了解植物蛋白酶的分离、固定化及其酶学性质分析研究的一般思路，掌握酶的固定化原理。

[**能力目标**]熟练掌握植物蛋白酶的分离、固定化及其酶学性质分析研究的操作方法。

二、实验背景

菠萝蛋白酶是一种天然的蛋白质水解酶，具有分解蛋白质的能力，是一种典型的巯基蛋白酶，在食品、医药等方面都具有广泛的应用。菠萝的果、茎、柄和叶片中均有菠萝蛋白酶的分布。但作为生物活性物质，决定了菠萝蛋白酶易受到外部环境的影响而失活，降低了其使用效率和应用范围。利用吸附力、离子键、共价键等不同的连接方式，将酶与不溶性载体连接，制成固定化酶(水不溶性酶)，可以很好地避免酶的失活，易于贮存运输。

固定化酶(immobilized enzyme)是 20 世纪 60 年代发展起来的一种新技术，固定化酶的研究在环保、食品、医学及生命科学等领域异常活跃。将酶用物理或化学的方法固定在不溶于水的载体上，形成一种可以重复使用的酶，即为固定化酶。通常酶催化反应都是在水溶液中进行的，而固定化酶是将水溶性酶用物理或化学方法处理，使之成为不溶于水的，但仍具有酶活力的状态。与游离酶相比，固定化酶在保持其高效专一及温和的酶催化反应特性的同时，又克服了游离酶的不足之处，具有贮存稳定性高、分离回收容易、可重复使用、操作连续可控、工艺简便等一系列优点。

酶的固定化方法有吸附法、包埋法、共价键结合法、交联法等，这些方法各有优缺点，适用于不同的应用场景。通过测定酶蛋白固定前后的酶活力，可以计算酶的固定化效率，以评估固定化酶的性能和应用潜力。

三、实验技术路线

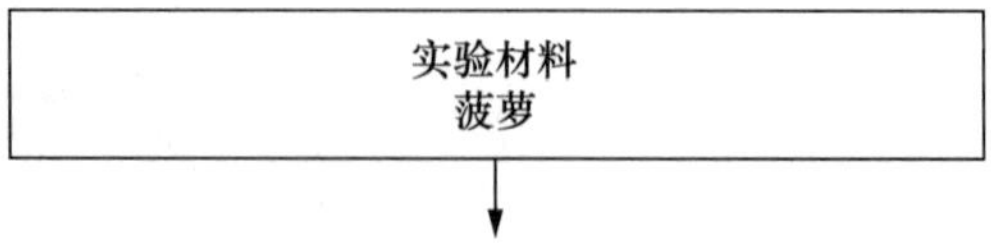

菠萝蛋白酶的提取	固定化菠萝蛋白酶的制备	菠萝蛋白酶的固定化效果评估	固定化酶的酶学性质
1. 菠萝浆液的制备 2. 单宁沉淀 3. 稳定剂的加入	1. 固定化方法 A（壳聚糖戊二醛交联法） 2. 固定化方法 B（海藻酸钠包埋法）	1. 酪氨酸标准曲线的制作 2. 游离酶活力测定 3. 固定化酶活力测定 4. 蛋白质含量的测定	1. 固定化酶温度稳定性 2. 固定化酶酸碱稳定性

↓ 记录

数据处理、作图

↓ 撰写论文

分析利用不同载体对菠萝蛋白酶进行固定化的差异，检测固定化前后酶活的变化，了解温度和pH对固定化酶稳定性的影响

四、实验材料、器材与试剂

1. 材料

菠萝。

2. 器材

电子天平，恒温水浴锅，离心机，循环水真空泵，分光光度计，研钵，漏斗，试管及试管架，移液管及移液管架，洗耳球，烧杯，容量瓶，玻璃棒，小刀，10 mL 注射器，8＃针头。

3. 试剂

磷酸氢二钠，磷酸二氢钠，抗坏血酸，氢氧化钠，单宁，冰乙酸，戊二醛，海藻酸钠，壳聚糖，氯化钙，酪氨酸，酪蛋白，碳酸钠，三氯乙酸，福林试剂，考马斯亮蓝 G-250，95％乙醇，磷酸，牛血清白蛋白（BSA）。

五、实验内容

（1）菠萝蛋白酶的提取。

（2）固定化菠萝蛋白酶的制备。

（3）菠萝蛋白酶的固定化效果评估。

（4）固定化酶的酶学性质。

六、实验结果处理与讨论

1. 实验结果处理

（1）计算游离酶和固定化酶的活力单位数、比活力、回收率，比较两种固定化酶的效率。

（2）与游离酶相比，测定分析固定化酶的稳定性。

2. 讨论

（1）分析制备固定化酶的目的，探究酶的固定化方法及固定化酶的优点。

（2）分析酶固定化后，影响酶催化活性的因素及固定化后酶性质的变化情况。

Ⅰ 菠萝蛋白酶的提取

一、实验原理

菠萝蛋白酶的提取方法主要有高岭土吸附法、单宁沉淀法、超滤法等，本实验采用单宁沉淀法。单宁沉淀法用于菠萝蛋白酶提取的原理主要是蛋白质与单宁作用可以发生沉淀反应。

二、实验步骤

1. 试剂准备

(1)1/15 mol/L 磷酸盐缓冲液(pH 7.0)　称取 11.9 g 十二水合磷酸氢二钠，用蒸馏水溶解并定容至 500 mL，即为 A 液。

称取 4.54 g 磷酸二氢钠，用蒸馏水溶解并定容至 500 mL，即为 B 液。

按照 A 液∶B 液＝ 305.5 mL∶196.5 mL 混合，即得 1/15 mol/L 磷酸盐缓冲液(pH 7.0)。

(2)pH 4.5 的抗坏血酸溶液　称取 0.2 g 抗坏血酸，溶于 120 mL 蒸馏水中，调 pH 至 4.5。

2. 菠萝浆液的制备

称取菠萝肉 50 g，切碎后，在研钵中研磨后加等体积 1/15 mol/L 磷酸盐缓冲液(pH 7.0)，4 ℃静置 0.5 h，纱布过滤，滤液备用。

3. 单宁沉淀

在搅拌条件下，向滤液中加入 0.2% 单宁 50 mL。继续搅拌约 10 min，于 4 ℃下静置 1 h。4 000 r/min 离心 7 min，弃去上清液，收集沉淀物。

4. 稳定剂的加入

加入 2～3 倍 pH 4.5 的抗坏血酸溶液，搅拌洗脱 20 min。4 000 r/min 离心 7 min，弃去沉淀物，收集滤液，即得粗酶液。

取 10 mL 粗酶液，加入 20 mL 1/15 mol/L 磷酸盐缓冲液(pH 7.0)配制成稀释 3 倍的酶液，用于后续实验。

三、注意事项

(1)低温操作是酶提取过程中的重要环节，通过保持低温，可以有效减少酶在提取过程中的失活，保证酶的生物活性。

(2)实验产生的菠萝残渣不得随意倾倒，需置于指定地点。

Ⅱ 固定化菠萝蛋白酶的制备

一、实验原理

菠萝蛋白酶利用吸附力、离子键、共价键等不同的连接方式，将酶与不溶性载体连接，制成水不溶性酶，即为固定化酶。本实验采用交联法、包埋法两种方法制备固定化酶。交联法是利用双功能或多功能交联试剂，在酶分子和交联试剂之间形成共价键，采用不同的交联条件和在交联体系中添加不同的材料，产生物理性质各异的固定化酶。常用的交联试剂包括戊二醛、己二胺、顺丁烯二酸酐、双偶氮苯、异氰酸衍生物等，其中应用最为广泛的是戊二醛。交联法制备的固定化酶结合牢固，可长时使用，但由于交联反应较激烈，酶分子的多个基团被交联，酶活力损失较大。包埋法是将聚合物的单体与酶溶液混合，再借助聚合助剂作用进行聚合，酶被包埋在聚合物中以达到固定化。该法操作简单，可制得较高活力的固定化酶。

二、实验步骤

1. 固定化方法 A(壳聚糖戊二醛交联法)

称取 0.2 g 壳聚糖，置于 50 mL 烧杯中，加入 20 mL 3%乙酸溶液配制成透明胶液，再加入 2 mol/L 氢氧化钠溶液至产生白色絮状沉淀(pH 8.0～8.5)，然后立刻加入 8 mL 0.35%戊二醛溶液，搅拌均匀，静置 0.5 h，抽滤，以 1/15 mol/L 磷酸盐缓冲液(pH 7.0)将沉淀洗涤至中性，即为壳聚糖载体备用。

将处理好的壳聚糖载体加入 10 mL 稀释酶液，均匀搅拌 10 min 后，置于 4 ℃交联 12 h，用 1/15 mol/L 磷酸盐缓冲液(pH 7.0)洗掉未固定化的酶，得固定化菠萝蛋白酶。

2. 固定化方法 B(海藻酸钠包埋法)

取 1 mL 稀释后的酶液，加入 2 mL 1%海藻酸钠溶液中，混匀，以约 3 滴/s 的速度滴注到 0.03 mol/L 氯化钙溶液中制成凝胶珠。将形成的凝胶珠于 4 ℃下固定 1 h，使其进一步硬化。抽滤，再用无菌水洗涤 3～5 次，洗去表面的氯化钙溶液，即得到球状固定化菠萝蛋白酶。

三、注意事项

(1)固定化酶必须保持酶原有的专一性、高效催化活性等特点，需要在温和反应条件下制备。

(2)制备固定化酶时操作要迅速，防止胶体凝固。

(3)海藻酸钠包埋法制备固定化酶时，海藻酸钠-酶混合物向氯化钙溶液滴加的速度不要过快，混合物要呈颗粒进入氯化钙溶液，以免形成念珠状颗粒。

(4)实验结束后固定化酶颗粒不得随意倾倒，需置于指定地点。

Ⅲ　菠萝蛋白酶的固定化效果评估

一、实验原理

蛋白酶催化酪蛋白水解生成酪氨酸，酪氨酸为含有酚羟基的氨基酸，与福林试剂(磷钨酸与磷钼酸的混合物)发生福林酚反应。福林酚反应是指福林试剂在碱性条件下极其不稳定，易定量地被酚类化合物还原，生成钨蓝和钼蓝的混合物，而呈现出不同深浅的蓝色，在波长 680 nm 处有最大光吸收值。吸光度值的大小与酪氨酸含量的多少有关，吸收值大说明酪氨酸含量高，也就是说菠萝蛋白酶分解的酪蛋白多，酶活力高。利用比色法测定酪氨酸的生成量，可以判定菠萝蛋白酶的酶活力。

二、实验步骤

1. 酪氨酸标准曲线的制作

取洁净试管 6 支，按表 5-27 加入相应试剂，制作酪氨酸标准曲线。

表 5-27　酪氨酸标准曲线的制作

项目	管号					
	0	1	2	3	4	5
1 mg/mL 标准酪氨酸溶液/mL	0	0.2	0.4	0.6	0.8	1.0
酪氨酸含量/mg	0	0.2	0.4	0.6	0.8	1.0
蒸馏水/mL	1.0	0.8	0.6	0.4	0.2	0
0.4 mol/L 碳酸钠溶液/mL	5	5	5	5	5	5
福林试剂/mL	1	1	1	1	1	1
	40 ℃水浴保温 15 min					
$A_{680\ nm}$						

各管试剂加完后，40 ℃水浴保温 15 min，以 0 号管为空白对照，波长 680 nm 下进行比色测定。

以吸光度值为纵坐标，以酪氨酸溶液浓度为横坐标，绘制标准曲线。

2. 游离酶活力测定

取 1 mL 稀释后的酶液，于 40 ℃水浴中保温恒定后，加入同样预热的 1 mL 1%酪蛋白溶液，混匀，于 40 ℃下准确反应 10 min。立即加入3 mL 10%三氯乙酸溶液，迅速摇匀灭活，于室温放置 15 min。3 000 r/min 离心 7 min，吸取上清液 1 mL，依次加入 5 mL 0.4 mol/L 碳酸钠溶液、1 mL 福林试剂，充分摇匀，于 40 ℃水浴保温显色 15 min。

对照组中取 1 mL 稀释后的酶液，加入 3 mL 10%三氯乙酸溶液，迅速摇匀灭活，其余操作同样品组。

以对照管为对照，于波长 680 nm 下进行比色测定，通过酪氨酸标准曲线计算酪氨酸含量,计算酶活力。

3. 固定化酶活力测定

固定化酶(称重)加入 1 mL 1/15 mol/L 磷酸盐缓冲液(pH 7.0),摇匀,于 40 ℃水浴中保温恒定后,加入同样预热的 1 mL 1%酪蛋白溶液,混匀,40 ℃下准确反应 10 min。立即加入 3 mL 10%三氯乙酸溶液,迅速摇匀灭活,于室温放置 15 min。3 000 r/min 离心 7 min,吸取上清液 1 mL,依次加入 5 mL 0.4 mol/L 碳酸钠溶液、1 mL 福林试剂,充分摇匀,于 40 ℃水浴保温显色 15 min。

对照组中取固定化酶,加入 3 mL 10%三氯乙酸溶液,迅速摇匀灭活,其余操作同样品组。

以对照管为对照,于波长 680 nm 下进行比色测定,通过酪氨酸标准曲线计算酪氨酸含量,计算酶活力。

4. 蛋白质含量的测定

采用考马斯亮蓝 G-250 染色法测定蛋白质含量。具体操作参考实验六。

5. 比活力、活力回收率的计算

在本实验中,酶活力单位(U)定义为:40 ℃时,pH 7.0 的条件下,每分钟水解酪蛋白产生 1 μg 酪氨酸所需要的酶量。其比活力定义为:每毫克蛋白质所含蛋白酶活力单位的数量。

$$活力回收率=\frac{固定化酶总活力}{溶液酶总活力}\times 100\%$$

三、注意事项

(1)酶活力测定时注意控制反应温度和反应时间。

(2)实验结束后固定化酶颗粒不得随意倾倒,需置于指定地点。

Ⅳ 固定化酶的酶学性质

一、实验原理

酶经过固定化后,与游离酶相比,由于载体的影响(如构象改变、立体屏蔽以及微扰)、分配效应和扩散限制效应的存在,酶的稳定性、酶作用的最适 pH、固定化酶的表观米氏常数 K_m 往往会发生一些变化。

二、实验步骤

1. 固定化酶温度稳定性

利用制备的固定化酶,并分别在 30 ℃、40 ℃、50 ℃、60 ℃、70 ℃条件下保温 2 h,测定酶活力。

2. 固定化酶酸碱稳定性

利用制备的固定化酶,分别在 pH 3.0、4.0、5.0、6.0、8.0 的缓冲液环境中保持 2 h,测定酶活。

三、注意事项

(1)固定化酶温度稳定性、酸碱稳定性要分别严格控制好反应温度和缓冲溶液 pH。

(2)实验结束后固定化酶颗粒不得随意倾倒,需置于指定地点。

实验八　苯丙氨酸解氨酶的分离纯化、电泳鉴定与相对分子质量测定

一、实验目标导航

[知识目标]了解苯丙氨酸解氨酶分离纯化的设计思路和基本操作流程,理解苯丙氨酸解氨酶纯度鉴定与相对分子质量测定的一般原理。

[能力目标]掌握苯丙氨酸解氨酶分离纯化的操作方法,学习和掌握苯丙氨酸解氨酶纯度鉴定与相对分子质量测定的实验操作技术。

二、实验背景

苯丙氨酸解氨酶(phenylalanine ammonia-lyase,PAL,EC4.3.1.5)是植物次生物质代谢系统中的一种关键酶,是连接初级代谢和苯丙烷类代谢的关键桥梁,是苯丙烷类代谢第一步反应的限速酶,主要催化 *L*-苯丙氨酸脱氨生成反式肉桂酸,为多种酚类及类黄酮终产物提供前体物质。苯丙氨酸解氨酶在植物色素形成、在植物细胞分化和木质化过程、参与植物抗病作用与抗虫害作用、参与植物抗逆境作用以及人体抗病作用等方面的具有重要意义。

本实验对提取的苯丙氨酸解氨酶粗酶液,采用硫酸铵分级沉淀法、离子交换层析法、凝胶层析法进行分离、纯化,通过计算分离纯化的各项指标来分析分离纯化的效果,并以聚丙烯酰胺凝胶电泳法进行纯度鉴定,SDS-聚丙烯酰胺凝胶电泳法进行纯度验证和亚基的相对分子质量测定。

三、实验技术路线

实验材料
马铃薯

↓

苯内氨酸解氨酶的提取	苯丙氨酸解氨酶的分离纯化	苯丙氨酸解氨酶分离纯化效果的分析	苯丙氨酸解氨酶分离纯化的纯度鉴定、相对分子质量测定
1. 马铃薯的处理 2. 苯丙氨酸解氨酶的诱导 3. 粗酶液的提取	1. 硫酸铵分级沉淀 2. 透析脱盐 3. 浓缩 4. DE-52 纤维素离子交换层析 5. Sephadex G-150 分子筛凝胶层析	1. 苯丙氨酸解氨酶活力测定 2. 蛋白质含量的测定 3. 纯度和产量指标的计算	1. 聚丙烯酰胺凝胶电泳法鉴定苯丙氨酸解氨酶分离纯化的纯度 2. SDS-聚丙烯酰胺凝胶电泳法测定苯丙氨酸解氨酶相对分子质量

↓ 记录

数据处理、作图

↓ 撰写论文

分析苯丙氨酸解氨酶分离纯化过程的关键步骤，分析、计算苯丙氨酸解氨酶分离纯化的效果，鉴定苯丙氨酸解氨酶分离纯化的纯度，测定苯丙氨酸解氨酶的相对分子质量

四、实验材料、器材与试剂

1. 材料

马铃薯。

2. 器材

高速冷冻离心机，梯度混合器，核酸蛋白检测仪，自动部分收集器，恒流泵，层析柱，紫外-可见分光光度计，电泳仪，电泳槽，脱色摇床，恒温水浴锅，冰箱，移液器，白瓷盘，培养皿，打孔器，小刀，纱布，移液管及移液管架，洗耳球，试管及试管架，烧杯，量筒，容量瓶，试剂瓶，微量注射器，玻璃棒，滴管，计时器。

3. 试剂

硼酸，四硼酸钠，*β*-巯基乙醇，Tris，盐酸，氢氧化钠，氯化钠，硫酸铵，DE-52 离子交换纤维素，Sephadex G-150，聚乙二醇 20000(PEG20000)，牛血清白蛋白(BSA)，考马斯亮蓝 G-250，磷酸，*L*-苯丙氨酸，TEMED(四甲基乙二胺)，Acr(丙烯酰胺)，Bis(亚甲基甲叉双丙烯酰胺)，过硫酸铵，核黄素，蔗糖，甘氨酸，考马斯亮蓝 R-250，甲醇，乙酸，溴酚蓝，SDS，甘油，DTT(二硫苏糖醇)，PVP(聚乙烯吡咯烷酮)，无水乙醇。

五、实验内容

(1)苯丙氨酸解氨酶的提取。

(2)苯丙氨酸解氨酶的分离纯化。

(3)苯丙氨酸解氨酶分离纯化效果的分析。

(4)苯丙氨酸解氨酶分离纯化的纯度鉴定、相对分子质量测定。

六、实验结果处理与讨论

1. 实验结果处理

(1)分析苯丙氨酸解氨酶分离纯化过程中总蛋白、总活力、比活力的变化,计算纯度和产量指标,分析分离纯化效果。

(2)绘制 DE-52 离子交换层析的蛋白质洗脱曲线和酶活洗脱曲线。

(3)绘制 Sephadex G-150 凝胶层析的蛋白质洗脱曲线和酶活洗脱曲线。

(4)绘出聚丙烯酰胺凝胶电泳图谱,根据电泳图谱分析各纯化环节的纯度情况。

(5)绘出 SDS-聚丙烯酰胺凝胶电泳图谱,根据电泳图谱计算苯丙氨酸解氨酶的相对分子质量。

2. 讨论

(1)描述总蛋白、总活力、比活力、蛋白质浓度之间的相互关系。

(2)综合评价蛋白质或酶的分离纯化流程优劣的指标有哪些? 结合实验分析如何评价酶的提取分离效果与纯度?

(3)根据本实验,简述聚丙烯酰胺凝胶电泳与 SDS-聚丙烯酰胺凝胶电泳在原理和操作方法上的异同。

Ⅰ 苯丙氨酸解氨酶的分离纯化

一、实验原理

苯丙氨酸解氨酶作为诱导性酶,材料中含量较低,稳定性差,分离纯化制备较困难。目前,常用的苯丙氨酸解氨酶分离纯化方法包括盐析法、离子交换层析法、凝胶层析法等。盐析法是根据不同蛋白质在一定浓度的盐溶液中溶解度不同而达到彼此分离的方法。采用盐析法沉淀的酶分子结构未发生显著变化,基本上仍保持原有的性质,除去导致沉淀的因素后,酶沉淀仍可溶于原来的溶剂中。透析是利用小分子物质能通过而大分子物质不能通过半透膜的原理把物质分离的一种手段,用此法可对盐析沉淀得到的酶蛋白脱盐。离子交换层析用于各种无机离子、有机离子或生物大分子物质的分离纯化,其主要依据是离子交换剂对各种离子或离子化合物有不同的结合力。凝胶层析法则是按照蛋白质相对分子质量大小进行分离的技术。

二、实验步骤

1. 苯丙氨酸解氨酶的提取

取马铃薯块茎洗净、削皮,用直径 1 cm 打孔器取圆柱,切除两头近表皮处,中间部分切成约 2 mm 厚的圆片。先用自来水漂洗,再用蒸馏水洗一次,用纱布吸干表面的水。

将圆片平铺在湿润滤纸的白瓷盘中，置于 20～30 ℃红光下处理 24 h 以诱导苯丙氨酸解氨酶。

称取 80 g 样品，加入 150 mL 0.1 mol/L 的硼酸盐缓冲液（pH 8.8，含 5 mmol/L β-巯基乙醇，0.5 g/L PVP），冰浴迅速研磨，冰箱静置 1 h，4 层纱布过滤，于 4 ℃条件下 10 000 r/min 离心20 min，得粗酶液（留样 1，测酶活力、测蛋白质浓度）。

2. 苯丙氨酸解氨酶的硫酸铵分级沉淀

将粗酶液置于冰浴条件下，边搅拌边缓慢加入固体硫酸铵粉末，使溶液中硫酸铵达到质量分数为 35％的饱和度。待固体硫酸铵粉末完全溶解后，于 4 ℃条件下 10 000 r/min 离心 20 min，去除沉淀。取上清液，继续边搅拌边缓慢加入固体硫酸铵粉末，使溶液中硫酸铵达到质量分数为 75％的饱和度。待固体硫酸铵粉末完全溶解后，于 4 ℃条件下 10 000 r/min 离心 20 min，弃去上清液，沉淀备用。

3. 苯丙氨酸解氨酶的透析脱盐及浓缩

沉淀复溶于 6～15 mL 0.05 mol/L Tris-HCl (pH 8.8)缓冲液（留样 2，测酶活力、测蛋白质浓度）。将复溶后的酶液装入已处理好的透析袋中，于 4 ℃先水淋洗 1～2 h，再于 4 ℃用 0.05 mol/L Tris-HCl 缓冲液脱盐 12 h（留样 3，测酶活、测蛋白质浓度）。透析后酶液以聚乙二醇 20000（PEG20000）浓缩 2 h，备用。

4. 苯丙氨酸解氨酶的 DE-52 纤维素离子交换层析

（1）DE-52 离子交换纤维素的预处理　称取 DE 52 离子交换纤维素干粉，按照 0.1 mol/L 氢氧化钠溶液 ＋0.1 mol/L 氯化钠溶液→蒸馏水→0.1 mol/L 盐酸溶液→蒸馏水→0.1 mol/L 氢氧化钠溶液＋0.1 mol/L 氯化钠溶液的顺序依次浸泡、抽滤处理，最后用水洗至 pH 8.8，再用起始磷酸盐缓冲液悬浮平衡。具体如下：将干纤维素撒在 0.1 mol/L 氢氧化钠溶液＋0.1 mol/L 氯化钠溶液中（15 mL 氢氧化钠溶液/g 干粉），使其自然沉降（不搅拌），可避免吸留气泡。浸泡至少 20 min 后，用布氏漏斗抽滤，去除水上漂浮的细粒，再用水洗至滤液 pH 约为 8.0，加入 0.1 mol/L 盐酸溶液洗（浸泡 20 min），抽滤、水洗游离的盐酸溶液，再用 0.1 mol/L 的氢氧化钠溶液＋0.1 mol/L 的氯化钠溶液洗，然后用 Tris、盐酸溶液酸碱对洗至洗脱液 pH 8.8，最后加 0.05 mol/L Tris-HCl（pH 8.8）缓冲液放置 1 h 后，备用装柱。

（2）装柱与平衡　取层析柱装入 Tris-HCl（pH 8.8）缓冲液，关闭出液管，将前面处理好的 DE-52 离子交换纤维素装入柱内。待 DE-52 离子交换纤维素沉积完全后，打开出液管，加入 0.05 mol/L pH 8.8 Tris-HCl 缓冲液，控制流速 1.0 mL/min，平衡过夜，检测仪上记录绘出的基线稳定后，即可上样。

（3）上样　取经饱和硫酸铵分级沉淀并已浓缩的酶液上样。加样量的多少，随实验目的的不同和样品中目的物的浓度以及其亲和力的不同而有不同的情况。

（4）洗脱、收集　以 0～1 mol/L 氯化钠溶液 pH 8.8 Tris-HCl 缓冲液梯度洗脱，控制流速 1.0 mL/min，自动部分收集器收集洗脱液，每 5 min 一管。仔细地通过取样检测有苯丙氨酸解氨酶活力的蛋白峰，合并收集相邻酶活力峰，聚乙二醇 20000（PEG20000）浓缩备用。

5. 苯丙氨酸解氨酶的 Sephadex G-150 分子筛凝胶层析纯化

Sephadex G-150 浸泡 48 h 后，常规装柱。0.05 mol/L Tris-HCl（pH 8.8）平衡。上样，0.05 mol/L Tris-HCl（pH 8.8）洗脱，自动部分收集器收集洗脱液，每 2 mL 一管。

三、注意事项

(1)熟悉实验各环节,注意各步骤之间的有效衔接。

(2)苯丙氨酸解氨酶属于诱导酶,受光(如红光)、受伤、病害感染等诱导时活力增高。

(3)分离纯化酶的目的是要获得不含或尽量少含杂蛋白的酶,酶液的制备与初步纯化过程中注意控制实验条件,尽量减少影响酶活力的因素。

(4)实验在苯丙氨酸解氨酶的提取缓冲液中加入了 PVP 和 β-巯基乙醇作为酶的保护剂,以降低和除去金属离子和酚类物质对酶促反应的影响,防止巯基发生氧化作用或避免酶的失活。

Ⅱ　苯丙氨酸解氨酶分离纯化效果的分析

一、实验原理

酶的分离纯化的目的,不仅在于得到一定量的酶制品,而且要求得到一定纯度的酶制品,即不含或尽量少含其他杂蛋白。评价酶分离纯化的指标有比活力、纯化倍数、酶及总蛋白的回收率等,这些指标均通过分离纯化过程中监测酶的活力以及蛋白质含量变化,然后通过对获得的数据进行计算而得到。

苯丙氨酸解氨酶的活力可通过测定酶促反应终止时 *L*-苯丙氨酸的减少量或者产物反式肉桂酸的生成量来表示,而通常是利用紫外-可见分光光度计法测定产物反式肉桂酸在波长 290 nm 处的吸光度值来表示。

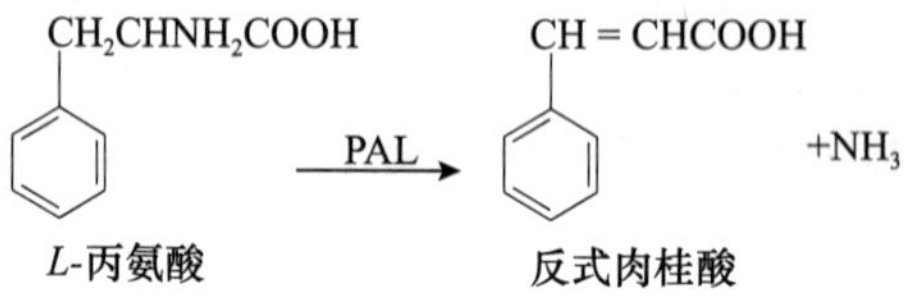

本实验采用考马斯亮蓝 G-250 染色法测定蛋白质含量。

二、实验步骤

1. 酶活力的测定

取试管 4 支,按照表 5-28 加入试剂,测定苯丙氨酸解氨酶活力。

表 5-28　苯丙氨酸解氨酶活力测定

项目	管号			
	空白	1	2	3
0.02 mol/L *L*-苯丙氨酸/mL	0	1.0	1.0	1.0
0.1 mol/L 的硼酸盐缓冲液(pH 8.8,含 5 mmol/L β-巯基乙醇,0.5 g/L PVP)/mL	4.5	3.5	3.5	3.5

续表 5-28

项目	管号			
	空白	1	2	3
酶液/mL	0.5	0.5	0.5	0.5
	45 ℃恒温水浴,精确反应 1 h			
6 mol/L 盐酸溶液/mL	0.2	0.2	0.2	0.2

将各管摇匀,紫外-可见分光光度计上于波长 290 nm 处测定吸光度值。

本实验规定:以每小时每毫升酶液吸光度值增加 0.01 为一个酶活力单位(U)。

按下列公式计算酶活力:

$$\text{苯丙氨酸解氨酶活力}=\frac{\Delta A_{290\ \text{nm}}}{\text{mL 酶液}\times \text{h}\times 0.01}$$

2. 蛋白质含量的测定

采用考马斯亮蓝 G-250 染色法测定蛋白质含量。具体操作参考实验五。

3. 纯度和产量指标的计算

根据苯丙氨酸解氨酶提取分离过程中对酶活力、蛋白质含量监测等数据的整理,计算酶比活、纯化倍数、酶活回收率、蛋白质回收率等指标,并分析各步纯化的可行性。理想的分离纯化效果应是在分离纯化各步中,随着分离纯化的进行酶的比活力越来越高,酶纯化倍数越来越高,酶回收率较高,杂蛋白越来越少。

酶比活为每毫克蛋白质所具有的酶活力单位数,一般用$\frac{\text{酶活力单位}}{\text{mg 蛋白质}}$表示。

$$\text{纯化倍数}=\frac{\text{每次比活力}}{\text{第一次比活力}}$$

$$\text{酶活回收率}=\frac{\text{每次总活力}}{\text{第一次总活力}}\times 100\%$$

$$\text{蛋白质回收率}=\frac{\text{每次 PAL 的总蛋白}}{\text{第一次 PAL 的总蛋白}}\times 100\%$$

计算苯丙氨酸解氨酶分离纯化效果,填入表 5-29。

表 5-29 苯丙氨酸解氨酶分离纯化效果

留样	总体积/mL	蛋白质浓度/(mg/mL)	总蛋白/mg	酶活力/(U/mL)	总酶活/U	酶比活/(U/mg)	蛋白质回收率/%	酶活回收率/%	纯化倍数
1							100	100	1.0
2									
3									
4									
5									

三、注意事项

(1)严格注意试剂添加量的准确性,精确控制反应温度和反应时间。
(2)正确使用分光光度计。
(3)正确处理原始数据,注意在实验数据处理过程中有效数字的合理保留。

Ⅲ 苯丙氨酸解氨酶分离纯化的纯度鉴定

一、实验原理

聚丙烯酰胺凝胶电泳(polyacrylamide gel electrophoresis,PAGE),是以聚丙烯酰胺凝胶作为支持介质的一种常用电泳技术,常用于酶的分离纯化的纯度鉴定。

聚丙烯酰胺凝胶由单体丙烯酰胺和亚甲基双丙烯酰胺聚合而成,聚合过程由自由基催化完成。催化聚合的常用方法有两种:化学聚合法和光聚合法。化学聚合以过硫酸铵(AP)为催化剂,以四甲基乙二胺(TEMED)为加速剂。在聚合过程中,TEMED催化过硫酸铵产生自由基,后者引发丙烯酰胺单体聚合,同时亚甲基双丙烯酰胺与丙烯酰胺链间产生亚甲基交联,从而形成三维网状结构。

根据有无浓缩效应,聚丙烯酰胺凝胶电泳分为连续系统和不连续系统两大类。连续系统电泳体系中缓冲液pH及凝胶浓度相同,带电颗粒在电场作用下,主要靠电荷和分子筛效应。不连续系统中由于缓冲液离子成分、pH、凝胶浓度及电位梯度的不连续性,带电颗粒在电场中泳动不仅有电荷效应、分子筛效应,还具有浓缩效应,因而其分离条带清晰度及分辨率均较前者佳。

二、实验步骤

1. 分离胶的制备

按照表5-30配制分离胶,灌注分离胶至灌胶线处,轻轻加一层双蒸水,用于隔绝空气,使胶面平整。待30~60 min后分离胶完全聚合,可看到水与凝固的胶面有折射率不同的界线。用滤纸条吸去多余的水,但不要碰破胶面。

表5-30 聚丙烯酰胺凝胶电泳凝胶贮备液和缓冲液配制

贮备液名称	100 mL中含量		pH	配制溶液时比例
A	1 mol/L盐酸溶液	48 mL	8.9	分离胶 A∶C∶水∶G=1∶1.5∶1.5∶4 pH 8.9
	Tris	36 g		
	TEMED	0.24 mL		
C	Acr	30 g		
	Bis	0.8 g		
G	过硫酸铵	0.14 g		

续表 5-30

贮备液名称	100 mL 中含量		pH	配制溶液时比例
B	1 mol/L 盐酸溶液	48 mL	6.7	浓缩胶 B∶D∶E∶F=1∶2∶1∶4 凝胶浓度 2.5% pH 6.7
	Tris	5.9 g		
	TEMED	0.46 mL		
D	Acr	10 g		
	Bis	2.5 g		
E	核黄素	4 mg		
F	蔗糖	40 g		
电极缓冲液	Tris	6 g	8.3	使用时稀释 10 倍
	甘氨酸	28.8 g		
	水定容至	1 000 mL		
电泳染色液	考马斯亮蓝 R-250	0.05 g		
	甲醇	45 mL		
	冰乙酸	10 mL		

2. 浓缩胶的制备

按照表 5-30 配制浓缩胶，灌注浓缩胶至距短玻璃板上缘 0.5 cm 处，倾斜插入梳子。用日光灯或太阳光照射进行光聚合。待浓缩胶完全聚合后，轻取出梳子，用双蒸水洗胶面 2～3 次，用滤纸吸干水。

3. 加样

加入稀释 10 倍 pH 8.3 的 Tris-甘氨酸电极缓冲液，使液面没过短玻璃板约 0.5 cm。取样品(酶液＋内含少许 0.1%溴酚蓝指示剂的等体积 40%蔗糖)，小心地将样品加到梳齿孔内。

4. 电泳

打开电泳仪开关，进行电泳。至溴酚蓝到达距离胶底 1～2 cm 处时，停止电泳。

5. 固定、染色

取胶，用蒸馏水清洗 1 次后，用考马斯亮蓝 R-250 电泳染色液，在室温下染色 20 min 左右。

6. 脱色

用 7%乙酸浸泡漂洗数次，直至背景蓝色褪去。如果用 50 ℃水浴或脱色摇床，则可缩短脱色时间。

7. 制备凝胶干板

1 mm 以上的胶板常用凝胶真空器制备干板。此干板可长期保存，便于定量扫描。

三、注意事项

(1)电泳试剂 Acr 及 Bis 均为神经毒剂，务必安全、规范操作。

(2)注意区分本实验的考马斯亮蓝 R-250 和考马斯亮蓝 G-250，不要混淆。

Ⅳ　苯丙氨酸解氨酶的相对分子质量测定

一、实验原理

在聚丙烯酰胺凝胶系统中引进 SDS(十二烷基硫酸钠),即为 SDS-聚丙烯酰胺凝胶电泳法(SDS-PAGE)。SDS 能断裂分子内和分子间氢键,破坏蛋白质的二级和三级结构,因而蛋白质在一定浓度的含有强还原剂的 SDS 溶液中,与 SDS 分子按比例结合,形成带负电荷的蛋白质复合物。SDS-PAGE 一般采用的是不连续缓冲系统,即分为浓缩胶和分离胶。浓缩胶的作用是具有蛋白质聚集浓缩作用,凝胶的浓度较小、孔径较大。不同蛋白质在浓缩胶中的迁移速率一致,在电泳过程中不断被浓缩至一个狭窄的区带。当蛋白质进入分离胶后,由于分离胶浓度较大、孔径较小,相对分子质量小的蛋白质由于体积较小,在凝胶中的迁移速率快,相对分子质量大的蛋白质迁移率慢,于是就造成不同相对分子质量的蛋白质便逐渐被分开。此鉴定方法中,蛋白质的迁移率与所带电荷和分子形状无关,主要取决于它的相对分子质量,并且在一定条件下迁移率与相对分子质量的对数值呈线性关系。SDS-聚丙烯酰胺凝胶电泳法除可测定蛋白质亚基的相对相对分子质量之外,还可以用于变性蛋白质的分离、蛋白质分离纯化中各步骤的质量控制等。

二、实验步骤

1. 试剂的配制

按照表 5-31 配制 SDS-聚丙烯酰胺凝胶电泳(SDS-PAGE)所需试剂。

表 5-31　SDS-聚丙烯酰胺凝胶电泳(SDS-PAGE)试剂配制

试剂名称	100 mL 中含量		备注
单体贮液 (丙烯酰胺-双丙烯酰胺,30∶0.8)	Acr Bis	30 g 0.8 g	过滤后于棕色瓶中 4 ℃贮存(1～2 个月)
1.5%过硫酸铵(AP)	过硫酸铵	0.15 g	用前配制
10%SDS	SDS	10 g	应透明无色。室温下数周内稳定,但遇冷则产生沉淀
浓缩胶缓冲贮备液 (0.5 mol/L Tris-HCl,pH 6.8)	Tris 1 mol/L 盐酸溶液	6.0 g 48 mL	1 mol/L 盐酸溶液调 pH 至 6.8。过滤后于 4 ℃贮存
分离胶缓冲贮备液 (3.0 mol/L Tris-HCl,pH 8.8)	Tris 1 mol/L 盐酸溶液	36.6 g 48 mL	1 mol/L 盐酸溶液调 pH 至 8.8。过滤后于 4 ℃贮存
贮液槽缓冲贮备液 (内含 0.25 mol/L Tris,1.92 mol/L 甘氨酸,1%SDS,pH 8.3)	Tris 甘氨酸 SDS	3.03 g 14.4 g 1.0 g	4 ℃贮存。用时稀释 10 倍

续表 5-31

试剂名称	100 mL 中含量		备注
SDS-PAGE 上样缓冲液（5×）	1 mol/L 盐酸溶液	25 mL	
	甘油	50 mL	
	SDS	5 g	
	溴酚蓝	0.05 g	
	DTT	3.86 g	
染色液	考马斯亮蓝 R-250	0.1 g	
	甲醇	30 mL	
	冰乙酸	10 mL	
脱色液	冰乙酸	15 mL	
	无水乙醇	10 mL	

2. 分离胶和浓缩胶的制备

采用垂直板凝胶电泳，不连续缓冲体系，电极缓冲液 pH 为 8.3。

按表 5-32 配制 10%分离胶和 2.5%浓缩胶。

表 5-32　10%分离胶和 2.5%浓缩胶的配制

成分	10%分离胶	2.5%浓缩胶
单体贮液(Bis-Acr)/mL	10.0	2.5
分离胶缓冲贮备液/mL	3.75	
浓缩胶缓冲贮备液/mL		5.0
10%SDS/mL	0.3	0.2
重蒸水/mL	14.45	11.3
TEMED/μL	15	15
1.5%过硫酸铵/mL	1.5	1.0

灌注分离胶至灌胶线处，轻缓均匀地用正丁醇封胶，使凝胶线平直。

待凝胶线清晰可见时，倒掉并用滤纸吸干正丁醇。

灌注浓缩胶至顶部，倾斜插入梳子，尽量插紧，以避免产生气泡。

待浓缩胶完全聚合后，轻取出梳子，用双蒸水洗胶面 2～3 次，用滤纸吸干水。

3. 点样

取 40 μL 样品酶液和 10 μL 上样缓冲液，混合后沸水浴 5 min，冷却后点样。标准蛋白质的使用与样品处理相同。

4. 电泳

灌注电极缓冲液后，接上电泳仪，进行电泳；至溴酚蓝到达距离胶底 1～2 cm 处时，停止电泳。

5. 染色和脱色

取胶，用蒸馏水清洗 1 次后，用考马斯亮蓝 R-250 染色液，在室温下轻摇染色过夜。

用注射器针筒吸出染色液，加入脱色液，于脱色摇床轻摇脱色，反复换脱色液直至蛋白质区带清晰。

6. 相对分子质量的计算

以溴酚蓝在 SDS-PAGE 凝胶片上的前沿位置作为参考点，计算各种标准相对分子质量蛋白质和样品的相对迁移率 R_f 值。

$$R_f = \frac{\text{样品移动距离(mm)}}{\text{溴酚蓝移动距离(mm)}}$$

以 R_f 值为横坐标，以标准相对分子质量的常用对数值($\lg M_r$)为纵坐标制作标准曲线，根据待测样品的相对迁移率 R_f 从标准曲线上查出相对分子质量。

三、注意事项

(1)安全、规范使用 Acr 及 Bis。

(2)10%SDS 需放置在常温下，低温会有 SDS 析出。

(3)用 SDS-聚丙烯酰胺凝胶电泳法测定相对分子质量时，每次测量样品必须同时制作标准曲线，而不得利用另一次电泳的标准曲线。

实验九　双水相萃取 α-淀粉酶及其影响因素分析

一、实验目标导航

[**知识目标**]理解双水相萃取的原理，掌握影响目标蛋白质在双水相中分配的主要因素，并掌握其研究方法。

[**能力目标**]掌握单因素实验设计方法，掌握双水相实验的基本操作与数据分析方法，包括利用浊点法制作双水相相图的方法、双水相体系的配制方法以及双水相萃取分配系数的计算方法。

二、实验背景

双水相萃取技术是利用溶质在两个互不相溶的亲水相间分配系数的差异而进行分离的萃取技术。该技术的特点是两相均为亲水相，含水量高，萃取条件温和，不会引起生物活性物质的变性，没有有机溶剂残留；分相时间短，去细胞碎片的同时纯化蛋白质，使分离过程更加经济；通用性强，既适合大分子也适合小分子萃取，步骤简单，可连续操作，易于放大，在生物活性物质如蛋白质的提取中具有独特的优势。最常采用的双水相体系包括聚乙二醇(PEG)/葡聚糖(Dex)双水相或聚乙二醇(PEG)/无机盐双水相，其中无机盐最常采用的是硫酸铵或磷酸盐。

本实验以 α-淀粉酶为研究对象，研究 α-淀粉酶在 PEG/硫酸铵双水相中的分配及影响分配的因素，了解并掌握双水相萃取的特点及其影响因素。

三、实验技术路线

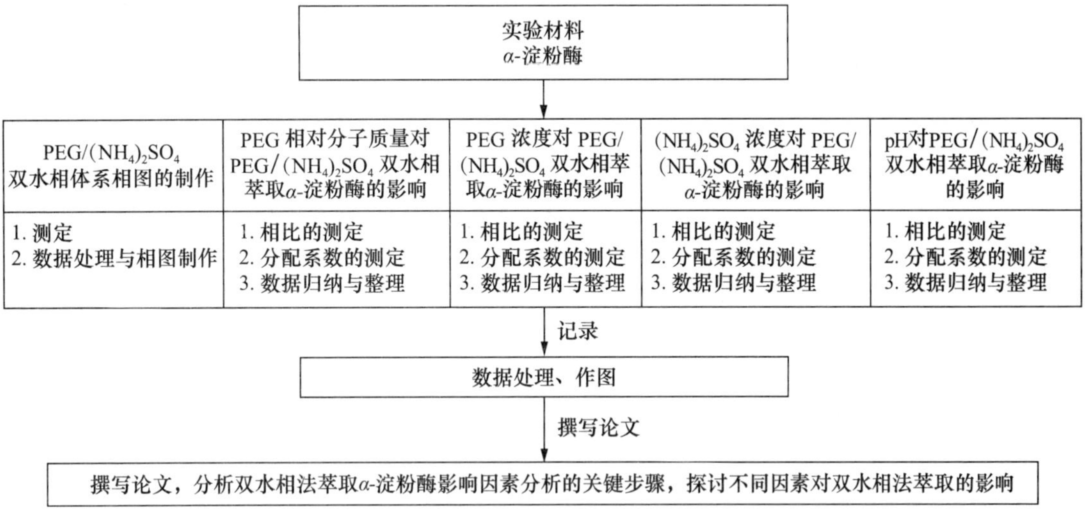

四、实验材料、器材与试剂

1. 材料

α-淀粉酶。

2. 器材

电子天平，低速离心机，涡流混合器，紫外分光光度计，烘箱，低温冰箱，碱式滴定管电炉，烧杯，量筒，容量瓶，试剂瓶，刻度离心管，药匙，玻璃棒，试管，移液器，记号笔。

3. 试剂

(1)1% α-淀粉酶溶液　称取 1 g α-淀粉酶溶解于适量蒸馏水中，定容至 100 mL。

(2)0.2 mol/L 磷酸氢二钠溶液　称取 35.61 g 二水合磷酸氢二钠(相对分子质量 178.05)用适量蒸馏水溶解，定容至 1 000 mL。

(3)0.2 mol/L 磷酸二氢钠溶液　称取 27.6 g 水合磷酸二氢钠(相对分子质量 138.01)用适量蒸馏水溶解，定容至 1 000 mL。

(4)40%硫酸铵溶液　称取 40 g 硫酸铵，加适量蒸馏水加入溶解，定重至 100 g。

(5)0.2 mol/L 磷酸盐缓冲液(pH 5.8)　取 8 mL 0.2 mol/L 磷酸氢二钠溶液加 92 mL 0.2 mol/L 磷酸二氢钠溶液混匀。

(6)0.2 mol/L 磷酸盐缓冲液(pH 6.4)　取 26.5 mL 0.2 mol/L 磷酸氢二钠溶液加 73.5 mL 0.2 mol/L 磷酸二氢钠溶液混匀。

(7)0.2 mol/L 磷酸盐缓冲液(pH 7.0)　取 61 mL 0.2 mol/L 磷酸氢二钠溶液加 39 mL 0.2 mol/L 磷酸二氢钠溶液混匀。

(8)0.2 mol/L 磷酸盐缓冲液(pH 8.0)　取 94.7 mL 0.2 mol/L 磷酸氢二钠溶液加 5.3 mL 0.2 mol/L 磷酸二氢钠溶液混匀。

(9)硫酸铵。

(10)PEG400。

(11)PEG800。

(12)PEG2000。

五、实验内容

(1)PEG/$(NH_4)_2SO_4$双水相体系相图的制作。

(2)PEG 相对分子质量对 PEG/$(NH_4)_2SO_4$双水相萃取 α-淀粉酶的影响。

(3)PEG 浓度对 PEG/$(NH_4)_2SO_4$双水相萃取 α-淀粉酶的影响。

(4)$(NH_4)_2SO_4$浓度对 PEG/$(NH_4)_2SO_4$双水相萃取 α-淀粉酶的影响。

(5)pH 对 PEG/$(NH_4)_2SO_4$双水相萃取 α-淀粉酶的影响。

六、实验结果处理与讨论

1. 实验结果处理

参照实验要求记录数据,对于实验中的异常现象或数据进行记录分析。

2. 讨论

(1)常用的双水相体系有哪些?本次实验选用的双水相体系有什么优点?

(2)浊点法制作相图的原理是什么?有哪些注意事项?

(3)PEG 相对分子质量、PEG 浓度、$(NH_4)_2SO_4$浓度以及溶液 pH 等因素对 α-淀粉酶在 PEG/$(NH_4)_2SO_4$双水相体系中分配有何影响?

Ⅰ　PEG/$(NH_4)_2SO_4$双水相体系相图的制作

一、实验原理

某些高分子聚合物之间或高聚物与无机盐之间在水中以适当的浓度溶解会形成互不相溶的两水相或多水相系统,这是由高聚物的不相溶性或盐析作用引起的。双水相形成的条件和定量关系可用相图(图 5-4)来表示。其中 TKB 为双节线,双节线上方为双水相区,双节线以下为均一相区;相图中 TMB 为系线,系线上的点表示组成相同但体积不同的两相,其长度表征两相之间的差异程度;K 为系统临界点,在临界点附近系线长度趋近于零,表示上相和下相的组成相同,因此分配系数应为 1。随着 PEG、硫酸铵浓度增大,系线长度增加,上相和下相相对组成的差别就增加,蛋白质在两相中的分配系数会受到极大的影响,故相图是研究双水相萃取的基础。本实验采用浊点法制作双水相相图。

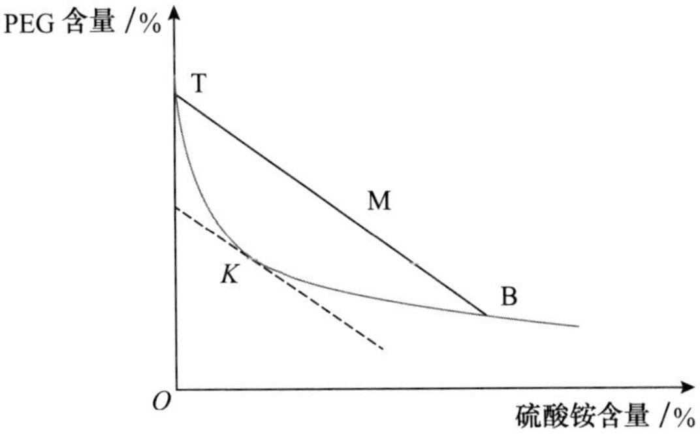

图 5-4 PEG/硫酸铵双水相体系相图示意图

二、实验步骤

1. 测定

分别称取 0.7 g 3 种不同相对分子质量的 PEG，加 0.5 mL 蒸馏水（水的密度按 1 mg/mL 计）溶解，用 43%的硫酸铵溶液滴定并不断混匀，直至出现浑浊，记录硫酸铵溶液的体积。再加入适量蒸馏水（0.3～0.5 mL），使溶液重新变澄清，记录加入蒸馏水的体积。继续用 43%的硫酸铵溶液滴定，使溶液再次变浑浊，如此反复操作并记录相关数据。

2. 数据处理与相图制作

根据实验，记录数据，填入表 5-33。计算溶液浑浊（即为临界点）时 PEG 和硫酸铵在溶液系统中的质量浓度，绘制 PEG 和硫酸铵的双水相体系相图。

表 5-33 双水相体系相图的制作

次数	H_2O 加量/g	$(NH_4)_2SO_4$ 溶液加量		$(NH_4)_2SO_4$ 固体累计量/(g 或 mL)	系统溶液 * 累计总量/(g 或 mL)	PEG/%	$(NH_4)_2SO_4$/%
		/mL	/g				
1							
2							
3							
4							
5							
6							
7							
8							
9							

* 系统溶液指溶液出现浑浊时，PEG、水及 43%硫酸铵溶液混合形成的溶液。

三、注意事项

（1）在相图计算过程中，需要计算质量浓度。

（2）注意观察浑浊现象，若滴下硫酸铵溶液后，溶液出现浑浊，但振荡后又恢复澄清，且为均一相，则说明此时系统溶液已经非常接近浊点，之后要缓慢逐滴滴加硫酸铵溶液。

Ⅱ PEG相对分子质量对PEG/$(NH_4)_2SO_4$双水相萃取α-淀粉酶的影响

一、实验原理

聚合物的相对分子质量对蛋白质在双水相中的分配具有重要影响。聚合物相对分子质量越大，则发生相分离而形成双水相所需的浓度越低。随着相对分子质量的增大，双节线向原点接近，并且两种高聚物的相对分子质量相差越大，双节线越不对称。支链高聚物比直链高聚物易于形成双水相体系。在高聚物浓度保持不变的情况下，如果降低高聚物的相对分子质量，则可溶性生物大分子（如蛋白质、核酸）或颗粒（如细胞）将更多地分配于该相。双水相体系的组成越接近临界点，可溶性生物大分子的分配系数越接近。

二、实验步骤

1. 相比的测定

取6支15 mL刻度离心管，分为两组，一组作为空白对照，另一组作为样品组。分别加入1.6 g不同相对分子质量的PEG（PEG400，PEG800，PEG2000）和5 g 40%硫酸铵溶液，加适量0.2 mol/L磷酸盐缓冲液（pH 7.0）溶解，样品组加入1.0 mL 1% α-淀粉酶溶液，空白对照组加1.0 mL 0.2 mol/L磷酸盐缓冲液（pH 7.0），用0.2 mol/L磷酸盐缓冲液（pH 7.0）定重至10 g，混合形成两组双水相（PEG 16%，硫酸铵 20%），沿刻度离心管轴向充分混合，3 000 r/min离心10 min，读出上、下相体积，计算相比R。

$$R=\frac{V_T}{V_B}$$

式中：V_T为上相体积，mL；V_B为下相体积，mL。

2. 分配系数的测定

小心吸取分离上相和下相溶液，将上相溶液对倍稀释，下相溶液不稀释。分别以各自空白管的上相（同样对倍稀释）和下相调零，利用紫外分光光度计检测两相在波长280 nm以及波长260 nm处的吸光度值。根据经验公式：蛋白质浓度(mg/mL)$=1.45\times A_{280\ nm}-0.74\times A_{260\ nm}$，计算上相和下相溶液中α-淀粉酶的浓度。

$$K=\frac{C_T}{C_B}$$

式中：C_T为上相溶液中α-淀粉酶的浓度；C_B为下相溶液中α-淀粉酶的浓度。

3. 数据归纳与整理

整理实验数据，填入表5-34。根据相比与分配系数，分析PEG相对分子质量对α-淀粉酶在双水相中分配的影响。

表 5-34　PEG 相对分子质量对 α-淀粉酶在双水相中分配的影响

PEG 相对分子质量	相比	上相酶浓度/(mg/mL)	下相酶浓度/(mg/mL)	分配系数
400				
800				
2 000				

三、注意事项

(1)加原料与蛋白质后必须将离心试管沿轴向充分振摇，使固体充分溶解。

(2)上下相分离时注意吸管小心吸出上相，将多余上相和少量下相弃去，换吸管，吸出下相。

Ⅲ　PEG 浓度对 PEG/$(NH_4)_2SO_4$ 双水相萃取 α-淀粉酶的影响

一、实验原理

PEG 是双水相系统重要的组成之一，PEG 的浓度可决定两相间的性质差异，故而对蛋白质的分配具有较大的影响。在 $(NH_4)_2SO_4$ 浓度不变的情况下，PEG 的浓度改变会改变双水相的系统组成，从而改变双水相系统的性质。当双水相系统接近临界点附近，目标蛋白质在两相间的分配系数接近 1，随着系统组成偏离临界点，蛋白质的分配系数也偏离 1，即分配系数可能大于 1，也可能小于 1，这主要依赖于 PEG 浓度改变后，相系统组成和性质的改变情况。

二、实验步骤

1. 相比的测定

取 8 支 15 mL 刻度离心管，分为两组，一组作为空白对照，另一组作为样品组。分别加入 1.5 g、2.0 g、2.5 g、3.0 g、3.5 g PEG800，同时加入 5 g 40% 硫酸铵溶液，混匀后，样品组加入 1.0 mL 1% α-淀粉酶溶液，空白组加入 1.0 mL 0.2 mol/L 磷酸盐缓冲液(pH 7.0)，用 0.2 mol/L 磷酸盐缓冲液(pH 7.0)定重至 10 g，沿着离心管中轴向充分混合，3 000 r/min 离心 10 min，读出上、下相体积，计算相比 R。

$$R=\frac{V_T}{V_B}$$

式中：V_T 为上相体积，mL；V_B 为下相体积，mL。

2. 分配系数的测定

小心吸取分离上相和下相溶液，将上相溶液对倍稀释，下相溶液不稀释。分别以各自空白管的上相(同样对倍稀释)和下相调零,利用紫外分光光度计检测两相在波长 280 nm 以及波长 260 nm 处的吸光度值。根据经验公式:蛋白质浓度(mg/mL)$=1.45\times A_{280\ \mathrm{nm}}-0.74\times A_{260\ \mathrm{nm}}$,计算上相和下相溶液中 α-淀粉酶的浓度。

$$K=\frac{C_{\mathrm{T}}}{C_{\mathrm{B}}}$$

式中:C_{T}为上相溶液中 α-淀粉酶的浓度;C_{B}为下相溶液中 α-淀粉酶的浓度。

3. 数据归纳与整理

整理实验数据,填入表 5-35。根据相比与分配系数,分析 PEG 浓度对 α-淀粉酶在双水相中分配的影响。

表 5-35 PEG 浓度对 α-淀粉酶在双水相中分配的影响

PEG 浓度	相比	上相酶浓度/(mg/mL)	下相酶浓度/(mg/mL)	分配系数
15%				
20%				
25%				
30%				
35%				

三、注意事项

(1)加物料后必须将离心试管沿轴向充分振摇,直至固体全部溶解。

(2)上下相分离时注意吸管小心吸出上相,将多余上相和少量下相弃去,换吸管,吸出下相。

Ⅳ $(NH_4)_2SO_4$浓度对 PEG/$(NH_4)_2SO_4$双水相萃取 α-淀粉酶的影响

一、实验原理

$(NH_4)_2SO_4$是 PEG/$(NH_4)_2SO_4$双水相系统重要的组成之一,$(NH_4)_2SO_4$的浓度可决定两相间的性质差异,故而对蛋白质的分配具有较大的影响。在 PEG 浓度不变的情况下,$(NH_4)_2SO_4$的浓度改变会改变双水相的系统组成,改变双水相系统的性质,从而影响目标蛋白质的分配。此外,双水相萃取时,中性盐对带电大分子分配的影响也很大,生物大分子的分配主要取决于离子的种类和各种离子间的比例。

二、实验步骤

1. 相比的测定

取 8 支 15 mL 刻度离心管，分为两组，一组作为空白对照，另一组作为样品组。分别加入 2 g PEG800，后分别加入 40%硫酸铵溶液 4 g、5 g、6 g、7 g、8 g，混匀后加入 1 mL 1%α-淀粉酶溶液，空白组加入 1.0 mL 0.2 mol/L 磷酸盐缓冲液(pH 7.0)，均用 0.2 mol/L 磷酸盐缓冲液(pH 7.0)定重至 10 g，沿着 15 mL 刻度离心管中轴向充分混合，3 000 r/min 离心 10 min，读出上、下相体积，计算相比 R。

$$R=\frac{V_{\mathrm{T}}}{V_{\mathrm{B}}}$$

式中：V_{T} 为上相体积，mL；V_{B}为下相体积，mL。

2. 分配系数的测定

小心吸取分离上相和下相溶液，将上相溶液对倍稀释，下相溶液不稀释。分别以各自空白管的上相(同样对倍稀释)和下相调零，利用紫外分光光度计检测两相在波长 280 nm 以及波长 260 nm 处的吸光度值。根据经验公式：蛋白质浓度(mg/mL) = $1.45\times A_{280\ \mathrm{nm}}-0.74\times A_{260\ \mathrm{nm}}$，计算上相和下相溶液中 α-淀粉酶的浓度。

$$K=\frac{C_{\mathrm{T}}}{C_{\mathrm{B}}}$$

式中：C_{T}为上相溶液中 α-淀粉酶的浓度；C_{B}为下相溶液中 α-淀粉酶的浓度。

3. 数据归纳与整理

整理实验数据，填入表 5-36。根据相比与分配系数，分析硫酸铵浓度对 α-淀粉酶在双水相中分配的影响。

表 5-36　硫酸铵浓度对 α-淀粉酶在双水相中分配的影响

硫酸铵浓度	相比	上相酶浓度/(mg/mL)	下相酶浓度/(mg/mL)	分配系数
16%				
20%				
24%				
28%				
32%				

三、注意事项

(1)加物料后必须将离心试管沿轴向充分振摇，直至固体全部溶解。

(2)上、下相分离时注意吸管小心吸出上相，将多余上相和少量下相弃去，换吸管，吸出下相。

V pH对PEG/$(NH_4)_2SO_4$双水相萃取α-淀粉酶的影响

一、实验原理

pH对分配的影响主要源于两方面的原因：第一，pH会影响蛋白质分子中可离解基团的离解度，因而改变蛋白质所带电荷的性质和大小，这与蛋白质的等电点有关；第二，pH会影响磷酸盐的解离度，从而改变—$H_2PO_4^-$和—HPO_4^{2-}的比例，进而影响电势差。

pH的微小变化可能导致蛋白质分配系数的显著变化。对某些蛋白质，pH的微小变化，会使蛋白质的分配系数改变2～3个数量级。双水相系统中性盐不同，pH的影响也不同。

二、实验步骤

1. 相比的测定

取8支15 mL刻度离心管，分成两组，一组作为空白对照，另一组作为样品组。分别加入1.6 g PEG800和5 g 40%硫酸铵溶液，样品组加入1.0 mL 1% α-淀粉酶溶液，空白对照组加入1.0 mL的蒸馏水，用不同pH梯度的磷酸盐缓冲液(pH 5.8、6.4、7.0、8.0)定重至10 g，分别置于15 mL刻度离心管中轴向充分混合，3 000 r/min离心10 min，读出上、下相体积，计算相比R。

$$R=\frac{V_T}{V_B}$$

式中：V_T为上相体积，mL；V_B为下相体积，mL。

2. 分配系数的测定

小心吸取分离上相和下相溶液，将上相溶液对倍稀释，下相溶液不稀释。分别以各自空白管的上相(同样对倍稀释)和下相调零，利用紫外分光光度计检测两相在波长280 nm以及波长260 nm处的吸光度值。根据经验公式：蛋白质浓度(mg/mL)＝$1.45\times A_{280\ nm}-0.74\times A_{260\ nm}$，计算上相和下相溶液中α-淀粉酶的浓度。

$$K=\frac{C_T}{C_B}$$

式中：C_T为上相溶液中α-淀粉酶的浓度；C_B为下相溶液中α-淀粉酶的浓度。

3. 数据归纳与整理

整理实验数据，填入表5-37。根据相比与分配系数，分析pH对α-淀粉酶在双水相中分配的影响。

表 5-37　pH 对 α-淀粉酶在双水相中分配的影响

pH	相比	上相酶浓度/(mg/mL)	下相酶浓度/(mg/mL)	分配系数
5.8				
6.4				
7.0				
8.0				

三、注意事项

(1)加完物料后必须将离心试管沿轴向充分振摇,直至固体全部溶解。

(2)上下相分离时注意吸管小心吸出上相,将多余上相和少量下相弃去,换吸管,吸出下相。

实验十　芦丁的分离纯化与鉴定

一、实验目标导航

[**知识目标**]熟悉植物次生代谢产物提取分离的一般方法,掌握芦丁的提取、分离纯化、鉴定的原理。

[**能力目标**]掌握芦丁的提取、分离纯化、鉴定的步骤,能够对芦丁的提取分离方案做出科学评价和优化改进,综合运用相关知识开展研发、生产等工作。

二、实验背景

芦丁(rutin)广泛存在于植物界中,现已发现含芦丁的植物在 70 种以上,如烟叶、槐米、枣、杏、橙皮、番茄、荞麦、蒲公英等。槐米和荞麦中含量最高(含量可达 12%～16%),可作为大量提取芦丁的原料。槐米为豆科植物槐的花蕾,所含主要成分为芦丁。

芦丁,又称为芸香苷,属于黄酮类化合物,由槲皮素 3 位上羟基与芸香糖(葡萄糖＋鼠李糖)形成的苷,结构如下所示。芦丁为淡黄色针晶,水中结晶则含 3 分子结晶水,分子式为 $C_{27}H_{30}O_{16} \cdot 3H_2O$。1 g 芦丁溶于约 200 mL 沸水、7 mL 沸甲醇,溶于吡啶、甲酰胺和碱液,溶于碱而呈黄色;微溶于乙醇、丙酮、乙酸乙酯;不溶于氯仿、乙醚、苯和石油醚。

槲皮素(quercetin)是芦丁的苷元,含 2 分子结晶水,黄色针晶。1 g 槲皮素溶于 290 mL 无水乙醇、23 mL 沸乙醇。一般槲皮素在碱水中溶解显黄色,几乎不溶于水。

芦丁功效强大,具有抗炎、抗病毒等作用,在临床用于防治脑溢血、高血压、视网膜出血、紫癜和急性出血性肾炎。

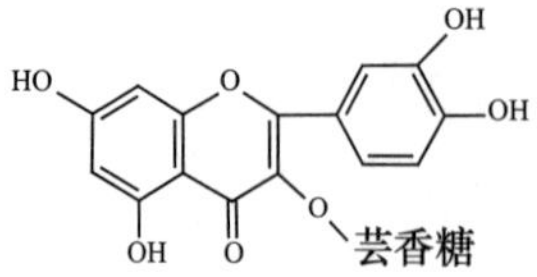

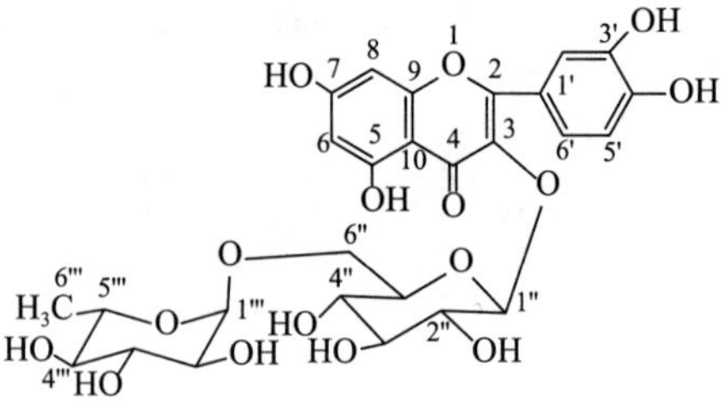

三、实验技术路线

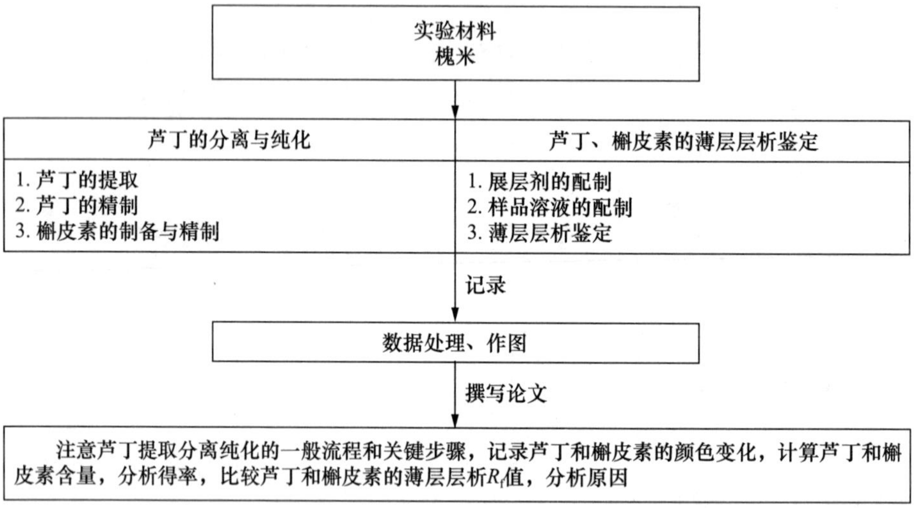

四、实验材料、器材与试剂

1. 材料

槐米。

2. 器材

电子天平，循环水式多用真空泵，布氏漏斗，抽滤瓶，电热恒温鼓风干燥箱，电子调温万用电炉，研钵，烧杯，量筒，玻璃棒，纱布，广泛 pH 试纸，中速层析滤纸，铅笔，直尺，层析缸，毛细管，GF254 硅胶板，滴管。

3. 试剂

四硼酸钠，氢氧化钙，浓盐酸，浓硫酸，无水乙醇，芦丁，槲皮素，三氯甲烷，甲醇，甲酸（或乙酸），碘粉（碘＋硅胶粉）。

五、实验内容

(1)芦丁的分离与纯化。

(2)芦丁、槲皮素的薄层层析鉴定。

六、实验结果处理与讨论

1. 实验结果处理

(1)拍照记录芦丁提取精制过程中的实验现象。

(2)计算粗品芦丁的质量并计算其得率。

(3)计算精制芦丁、精制槲皮素的质量,并分别计算其得率。

$$\text{芦丁粗提得率}=\frac{\text{芦丁粗品质量}}{\text{槐米质量}}\times 100\%$$

$$\text{芦丁精制得率 }1=\frac{\text{精制芦丁质量}}{\text{槐米质量}}\times 100\%$$

$$\text{芦丁精制得率 }2=\frac{\text{精制芦丁质量}}{\text{芦丁粗品质量}}\times 100\%$$

$$\text{槲皮素精制得率}=\frac{\text{精制槲皮素质量}}{\text{精制芦丁质量}}\times 100\%$$

(4)拍照记录芦丁和槲皮素的薄层层析鉴定结果。

(5)计算芦丁和槲皮素的薄层层析 R_f 值。

$$R_f\text{值}=\frac{\text{点样原点至色谱斑点中心的距离}}{\text{点样原点至溶剂前沿的距离}}$$

2. 讨论

(1)根据芦丁分离与纯化的实验操作,分析其工作原理。

(2)分析芦丁和槲皮素薄层层析鉴定的原理,总结操作步骤,比较芦丁和槲皮素的 R_f 值。

Ⅰ　芦丁的分离与纯化

一、实验原理

本实验主要是利用芦丁中含有较多的酚羟基,可溶于碱中,加酸酸化后又可析出芦丁结晶的性质,采用碱溶酸沉法提取,并用芦丁对冷、热水的溶解度相差悬殊的特性进行精制。芦丁可被稀酸水解,生成槲皮素及葡萄糖、鼠李糖,并能通过薄层层析鉴定。

二、实验步骤

1. 芦丁的提取

称取 30 g 槐米,在研钵中研碎后,加入到 0.4%四硼酸钠沸水溶液中,用氢氧化钙调 pH 8～9,趁热过滤。残渣再提取一次,合并两次滤液。滤液用浓盐酸调 pH 为 2～3,4 ℃静置过夜,抽滤,沉淀用水洗至中性,抽干后置干燥箱中 50～60 ℃干燥,得芦丁粗品,称重。

2. 芦丁的精制

称量粗品芦丁的质量，按 1∶200 的比例悬浮于蒸馏水中，加热煮沸至芦丁全部溶解，趁热抽滤，冷却滤液，静置析晶。抽滤，结晶置干燥箱中 50～60 ℃干燥，得精制芦丁，称重。

3. 槲皮素的制备与精制

芦丁研细后置于烧杯中，加入 2%硫酸溶液，加热微沸一定时间，至析出的鲜黄色沉淀不再增加为止，放冷抽滤，沉淀用蒸馏水洗至中性，抽干后置干燥箱中 50～60 ℃干燥。称重，得粗制槲皮素。用乙醇重结晶得精制槲皮素。

三、注意事项

(1)实验所用试剂多数易燃、有毒，具挥发性、腐蚀性、刺激性，甚至具有爆炸性，实验操作又常在加温加压等情况下进行，操作不慎易造成火灾、爆炸、中毒、触电等事故。因此，实验操作一定要注意安全，提高警惕，消除隐患。

(2)实验中注意通风，做好试剂回收。

Ⅱ　芦丁、槲皮素的薄层层析鉴定

一、实验原理

薄层层析法(thin layer chromatography，TLC)是一种将适宜的固定相均匀涂布于平面载板上成一薄层，将欲分离的试样于薄层板上点样，随着展层剂的移行，混合物中各成分根据吸附性能或分配系数的不同而获得分离的方法。薄层层析法中固定相为吸附剂，展层剂为流动相，将欲分离的试样于薄层板上点样，因为毛细现象，展层剂会上升。由于吸附剂对各组分吸附能力不同，展层剂对各组分溶解能力不同，导致各组分向前移动的速度不一样。吸附力强的组分相对移动得慢些，相反则快。各组分极性越大、吸附力越大、移动较慢，位于下端；各组分极性越小、吸附力越小，移动较快，位于上端。展层剂极性越大，溶解能力越强。极性化合物一般选择极性展层剂，非极性化合物选择非极性展层剂。

二、实验步骤

1. 展层剂的配制

按三氯甲烷∶甲醇∶甲酸(或乙酸)＝15∶5∶1 比例，配制展层剂，加入层析缸中，高度约为 1 cm。

2. 样品溶液的配制

(1)供试品　实验产品 1%芦丁乙醇溶液和 1%槲皮素乙醇溶液。

(2)对照品　1%芦丁标准品乙醇溶液和 1%槲皮素标准品乙醇溶液。

3. 薄层层析鉴定

取 GF254 硅胶板置于 105 ℃活化 2 h。

在硅胶板 1.5 cm 处轻轻画一条直线，于直线上标定点样点，用毛细管将样品多次少量点于点样点上。

点好样的硅胶板放入层析缸中，展层剂高度不要超过直线。展层约 30 min 后，取出，标记展层剂前沿。烘干，置于碘粉中显色，标记出斑点。拍照记录，计算 R_f 值。

三、注意事项

(1)实验所用的试剂易燃、有毒，具有挥发性、腐蚀性、刺激性，使用时一定要注意安全，提高警惕，消除隐患。

(2)实验操作中注意通风，做好试剂回收。

实验十一　植物花青素的提取分离与显色

一、实验目标导航

[知识目标]熟悉植物次生代谢产物提取分离的一般方法及原理，掌握花青素的呈色原理。

[能力目标]掌握花青素的提取、分离的实验方法，并能够对花青素的提取分离方案做出科学评价和优化改进，熟悉花青素呈色研究的操作。

二、实验背景

花色素苷，简称花色苷，是一类广泛存在于自然界植物的花、果、茎、叶和种子中的水溶性天然色素，是很多植物(如紫甘蓝、紫茄子、紫薯、葡萄、玫瑰花、蓝莓等)的主要次生代谢产物。如紫甘蓝，俗称紫包菜，主要富含矢车菊色素糖苷衍生物；紫茄子是茄科茄属植物，其皮中富含飞燕草素糖苷衍生物。

花色素苷是花青素(即花色素，anthocyanidin)的糖苷衍生物的统称，由苷元(花青素)与一个或几个糖分子结合而成。花青素是 2-苯基苯并吡喃类化合物，即类黄酮化合物，花青素 1 号位 O 原子通常以离子的形式存在，因而具有盐的通性，水溶性较好。自然界存在超过 300 种不同的花青素，常见重要的 6 种花色素苷元为天竺葵色素(pelargonidin)、矢车菊色素(cyanidin)、飞燕草色素(delphinidin)、芍药色素(peonidin)、牵牛花色素(petunidin)、锦葵色素(malvidin)。其基本结构如下所示，可由 B 环上 R_1、R_2、R_3 处羟基的数量不同，衍生出不同的花青素。

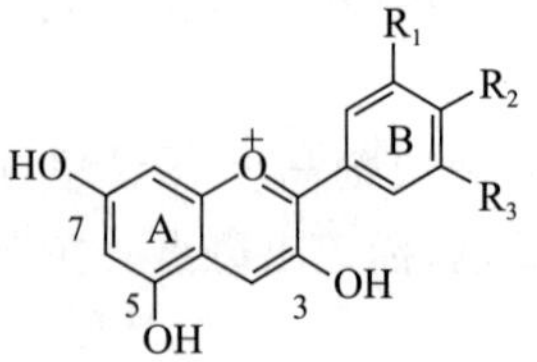

天竺葵色素：R_1=H、R_2=OH、R_3=H
矢车菊色素：R_1=OH、R_2=OH、R_3=H
飞燕草色素：R_1=OH、R_2=OH、R_3=OH

花青素 3,5,7 位上的羟基可以与一个或多个单糖、二糖或三糖等通过糖苷键形成花色苷，由于与花青素成苷的糖的种类、位置、数量不同，形成的花色苷种类也不同。与花青素成苷的糖主要有：葡萄糖、鼠李糖、半乳糖、木糖和阿拉伯糖。花色苷中糖分子的羟基还可以与一个或几个分子的对香豆酸、阿魏酸、咖啡酸、丙二酸、芥子酸和琥珀酸等有机酸通过酯键结合形成酰基化的花色苷。花青素糖苷类化合物可以在酸性条件下水解去除糖苷，形成花青素苷元。

花色苷有助植物对抗由非生物因素导致的活性氧类压力，并为某些植物提供保护色。花青素类色素具有显著的抗氧化活性，还具有抗菌、抗衰老、降低癌症和心血管疾病发病率等重要生理功能。

三、实验技术路线

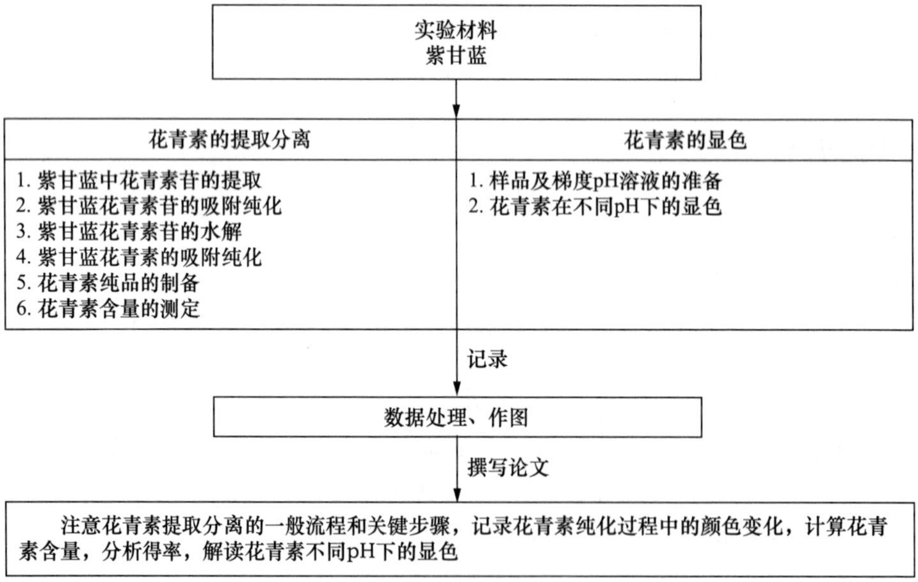

四、实验材料、器材与试剂

1. 材料

紫甘蓝。

2. 器材

电子天平，分析天平，组织捣碎机，台式离心机，紫外-可见分光光度计，恒温水浴锅，旋转蒸发器，循环水式多用真空泵，低温冷却循环装置，pH 计，烧杯，玻璃棒，量筒，容量瓶，锥形瓶，圆底烧瓶，试管及试管架，离心管，漏斗，漏斗架，纱布，层析柱，铁架台，滴管。

3. 试剂

无水乙醇，浓盐酸，三氯甲烷，色谱甲醇，AB-8 大孔吸附树脂，花青素标准品，氢氧化钠。

五、实验内容

(1)花青素的提取分离。

(2)花青素的显色。

六、实验结果处理与讨论

1. 实验结果处理

(1)拍照记录紫甘蓝花青素提取过程中的颜色变化。

(2)绘制花青素标准曲线，计算紫甘蓝中花青素的含量以及花青素纯化后的得率。

$$得率=\frac{花青素质量}{紫甘蓝质量}\times 100\%$$

或

$$得率=\frac{花青素质量}{紫甘蓝原液中花青素质量}\times 100\%$$

(3)分析花青素不同 pH 下的显色。

2. 讨论

(1)分析花青素分离纯化的原理。

(2)分析花青素的呈色原理和变色影响因素。

Ⅰ　花青素的提取分离

一、实验原理

花色素苷是天然的水溶性色素，因而可采用溶剂提取法进行提取。溶剂提取法是在渗透、扩散作用下，溶剂渗入药材组织细胞内部，溶解可溶性物质，造成细胞内外溶质的浓度差，从而带动溶质做不断往返的运动，直至细胞内外溶液中被溶解的化学成分的浓度达到平衡，提出所需化学成分。花色素苷的提取溶剂可采用 60%乙醇水溶液。花色素苷的分离可采用两相溶剂萃取法，其基本原理是利用混合物中各种成分在两相互不相溶的溶剂中分配系数的差异而获得分离。混合物中各种成分在同一两相溶剂系统中分别有各自不同的分配系数，若各种成分的分配系数差异越大，则分离效果越好。因为花色素苷是天然的水溶性色素，因而可采用氯仿作为萃取液，去除蛋白质等杂质。

层析分离法的分类按层析分离原理的不同可分为吸附层析、分配层析、离子交换层析、凝胶层析等；按操作方式的不同分类可分为柱层析、纸层析、薄层层析等。花青素主要采用大孔吸附柱层析法，其原理是利用作为固定相的大孔吸附树脂对花青素具有很强的吸附能力，从而使各成分得到相互分离。

二、实验步骤

1. 紫甘蓝中花青素苷的提取

称取约 100 g 紫甘蓝，加入约 400 mL 60%乙醇-1%盐酸，使用组织捣碎机进行捣碎。

以 8 层纱布过滤，弃去滤渣，并对滤液量体积，即获得紫甘蓝中花青素苷的提取液。

留样 10 mL，分别取 5 mL 于离心管，加入 1 mL 三氯甲烷，混匀，离心，取上清液，稀释 10～20 倍，测 $A_{510\ \mathrm{nm}}$值，取平均值。

2. 紫甘蓝花青素苷的吸附纯化

(1)层析柱的准备　取层析柱，验漏。层析柱底部塞一团硬币大小的润湿的棉花，防止柱填料泄露。

(2)AB-8 大孔吸附树脂预处理　量取一定量的 AB-8 大孔吸附树脂，用乙醇浸泡至不再产生气泡后，用自来水将乙醇冲洗干净，置于蒸馏水中浸泡待用。

(3)装柱　采用湿法装柱，将 AB-8 大孔吸附树脂充分搅拌均匀，装入层析柱约 2/3 高度，蒸馏水除杂，全程避免流干。

(4)加样　将花青素苷的提取液缓慢加入层析柱中，流速调至每秒 2～3 滴。上完样后，蒸馏水除杂 3 个柱体积。

(5)洗脱　以 60%乙醇洗脱，收集洗脱液，并量体积。

3. 紫甘蓝花青素苷的水解

按浓盐酸：流出液＝1：4 混合，90 ℃水浴 1 h。

4. 紫甘蓝花青素的吸附纯化

重复上述柱层析过程，但 AB-8 大孔吸附树脂只需装入层析柱约 1/2 高度，蒸馏水除杂 3 个柱体积，色谱甲醇/乙醇洗脱，收集洗脱液。

5. 花青素纯品的制备

将洗脱液转移至圆底烧瓶，用旋转蒸发仪浓缩，得花青素纯品。

6. 花青素含量的测定

称取 0.02 g 花青素标准品，用 50 mL 60%乙醇-1%盐酸溶解，制得母液。

按比例将花青素标准品母液稀释至一系列浓度梯度(具体稀释倍数根据预实验确定)，按表 5-38 测定 $A_{510\ \mathrm{nm}}$值。以花青素浓度为横坐标，$A_{510\ \mathrm{nm}}$值为纵坐标，绘制标准曲线。

表 5-38　花青素标准曲线的制作

项目	管号					
	0	1	2	3	4	5
花青素浓度/(mg/mL)	0.4	0.3	0.2	0.1	0.05	0.025
母液/mL		从 0 号管取 30 mL	从 1 号管取 20 mL	从 2 号管取 10 mL	从 3 号管取 10 mL	从 4 号管取 10 mL
60%乙醇-1%盐酸/mL		10	10	10	10	10
	试管摇匀					
$A_{510\ nm}$						

按照标准曲线方法测定花青素样品的 $A_{510\ nm}$值。根据标准曲线，计算样品中花青素质量。

三、注意事项

(1)花青素含量检测的吸光度值要确保在标准曲线有效范围内。

(2)实验所用的试剂多数易燃、有毒，具有挥发性、腐蚀性、刺激性，甚至具有爆炸性，实验操作又常在加温加压等情况下进行，操作不慎易造成火灾、爆炸、中毒、触电等事故，因此，实验操作中一定要注意安全，提高警惕，消除隐患。

(3)实验操作时注意通风，并做好试剂回收。

Ⅱ　花青素的显色

一、实验原理

花青素是一种水溶性色素，可以随着细胞液的酸碱改变颜色。若细胞液呈酸性则偏红，细胞液呈碱性则偏蓝，是构成花瓣和果实颜色的主要色素之一。因此，花青素可以作为酸碱指示剂，用来指示溶液的酸碱性。在酸性条件下，溶液呈现红色，碱性条件下，溶液呈现蓝紫色。

不同 pH 下，花青素结构发生改变，且不稳定。在 pH 为 0.71 时为深红色，pH 升高色素转变成蓝色醌式碱。花青素的颜色还可受取代基、不同金属离子等的影响。

例如：矢车菊色素(花青素)

pH≤3.0	pH=8.5	pH=11
红	紫罗兰	蓝

二、实验步骤

1. 样品及梯度 pH 溶液的准备

称取 0.01 g 花青素纯品溶于 10 mL 60%乙醇中，得花青素待测样品。

配制一系列梯度的 pH 溶液，pH 范围为 2、3、4、5、6、7、8、9、10、11、12。

2. 花青素在不同 pH 下的显色

吸取 1 mL pH 溶液加入试管中，并向试管中加入几滴 1 mg/mL 花青素待测样品，混匀，显色并拍照。

三、注意事项

（1）实验所用的试剂氢氧化钠有腐蚀性，浓盐酸有挥发性，一定要注意操作安全，提高警惕，消除隐患。

（2）实验操作中注意通风，并做好试剂回收。

实验十二　正交试验优化甘草酸制备工艺

一、实验目标导航

[**知识目标**]了解甘草酸的一般性质，理解和掌握正交试验筛选甘草酸最佳制备条件的原理。

[**能力目标**]掌握正交试验筛选甘草酸的最佳制备条件的实验方法，学会甘草酸鉴定的操作技术。

二、实验背景

甘草酸是甘草中最主要的活性成分，具有特殊的甜味，易溶于热水，但不溶于醚，难溶于丙二醇和乙醇。作为药物，甘草酸具有抗炎、抗变态反应的作用；作为甜味剂，广泛用于各类食品。在实际提取时，由于溶液中含有大量的可溶性糖、蛋白质等其他杂质，甘草酸纯化难度非常大。双水相萃取是利用溶质在不相溶的两水相间分配系数的差异进行萃取的一种方法，其基础是双水相现象，即两种聚合物或一种聚合物与一种盐溶于同一溶剂，由于聚合物间或聚合物、盐之间的不相溶性，当聚合物或无机盐浓度达到一定值时，即分成不互溶的两相的现象。本实验运用双水相萃取，采用正交试验法，筛选出最佳的提取条件，从而得到高纯度的甘草酸单品。

三、实验技术路线

实验材料
甘草

↓

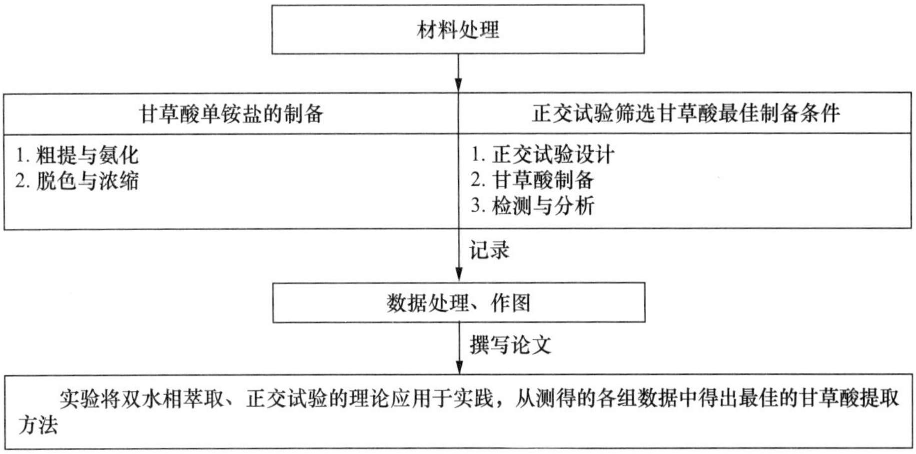

四、实验材料、器材与试剂

1. 材料

甘草(粉碎 10 目)。

2. 器材

粉碎机，电子天平，电炉，干燥箱，紫外-可见分光光度计，离心机，循环水真空泵，烧杯，漏斗，量筒，试管及试管架，纱布，玻璃棒，pH 试纸(0～5.0)，滤纸。

3. 试剂

活性炭(脱色用)，氨水，浓硫酸，无水乙醇，磷酸氢二钾。

五、实验内容

(1)甘草酸单铵盐的制备。

(2)正交试验筛选甘草酸最佳制备条件。

六、实验结果处理与讨论

1. 实验结果处理

(1)记录正交试验时各处理组甘草酸固体的质量。

(2)分析正交试验时各处理组甘草酸的纯度。

2. 讨论

(1)分析甘草酸单铵盐的制备过程中加入过量氨水的目的。

(2)讨论正交试验选择实验点的基本原则以及对正交试验所获数据进行处理和分析的方法。

(3)结合实验，说明常见的双水相有哪些体系，以及实验选择乙醇/磷酸氢二钾体系中各成分的作用。

Ⅰ 甘草酸单铵盐的制备

一、实验原理

甘草酸不溶于水，在形成盐时可溶，甘草酸单铵盐在不同的体系中溶解度不同。

二、实验步骤

1. 粗提与氨化

市售甘草，粉碎。称取甘草干燥粉末按 1：20(质量浓度)加水，室温浸泡 30 min，沸水浴提取 2 h。按甘草：氨水＝1：20(质量浓度)加氨水，沸水浴提取 30 min。

2. 脱色与浓缩

纱布过滤，趁热加活性炭脱色，滤液大火浓缩至原液体积的 1/3。

三、注意事项

(1)在进行实验时，特别是在粗提加热反应过程中，需要不停搅拌以防止糊底。

(2)实验中加入氨水时，应分批次依次加入，在每次加入后充分搅拌，并在通风柜内操作。

(3)根据脱色情况确定活性炭加量。

Ⅱ 正交试验筛选甘草酸最佳制备条件

一、实验原理

基于与水互溶的有机溶剂和盐水相的双水相萃取体系具有价廉、低毒、较易挥发等特点，实验根据对双水相体系中不同种类盐分相能力及不同种类有机溶剂的分相情况开展研究，并应用于甘草提取主要成分甘草酸中确定乙醇/磷酸氢二钾双水相体系萃取甘草有效成分的工艺。

正交试验设计(orthogonal experimental design)，简称正交设计，是利用正交表科学地安排与分析多因素实验的方法，是最常用的实验分析方法之一。它是根据正交性从全面试验中挑选出部分有代表性的点进行试验，这些有代表性的点具备了“均匀分散，齐整可比”的特点。正交试验设计是分式析因设计的主要方法，是一种高效率、快速、经济的实验设计方法。

甘草酸溶液的最大吸光度值在波长 253 nm，可用来测定样品中甘草酸的含量。

二、实验步骤

1. 正交试验设计与实施

对实验Ⅰ所得滤液浓缩液设计正交试验表，分成各组，进行双水相提取。

选择甘草液用量、磷酸氢二钾质量、乙醇体积为考察因素，采用 $L_9(3^4)$ 表安排试验。试验因素水平如表 5-39 所示。

表 5-39　试验因素水平

水平	因素		
	甘草液用量/mL	磷酸氢二钾质量/g	乙醇体积/mL
1	15	5	25
2	20	7.5	30
3	25	10	35

根据试验因素水平，按表 5-40 实施试验。

表 5-40　正交试验表

试验编号	因素		
	甘草液用量/mL	磷酸氢二钾质量/g	乙醇体积/mL
1	15	5	25
2	15	7.5	30
3	15	10	35
4	20	5	30
5	20	7.5	35
6	20	10	25
7	25	5	35
8	25	7.5	25
9	25	10	30

2. 甘草酸制备

上述各处理组双层液体分别收集，并分别用浓硫酸滴加到 pH 为 2，离心，抽滤，无水乙醇洗涤，收集沉淀，烘干，称重。

3. 样品检测

称取 0.1 g 样品，加 5 mL 水溶解，在波长 253 nm 下测定吸光度值，分析、确定双水相最佳条件。

三、注意事项

(1)抽滤时必须用无水乙醇进行洗涤。

(2)样品检测时，称量要准确。

(3)浓硫酸具有强腐蚀性，操作需谨慎。

实验十三　豆磷脂的制备与鉴定

一、实验目标导航

[**知识目标**]了解和掌握豆磷脂制备、鉴定的方法和原理。

[**能力目标**]熟悉豆磷脂制备的操作方法，学习和掌握豆磷脂的常规鉴定技术。

二、实验背景

磷脂在动物和植物体内广泛存在。在动物体内，磷脂主要存在于脑、肾、肝等器官内；在植物中，磷脂主要存在于种子、坚果及谷物中。在动物性磷脂原料中，以蛋黄含量最为丰富；在植物性磷脂原料中，以大豆含量最高。大豆磷脂的组成成分复杂，是以卵磷脂（磷脂酰胆碱，PC，约 34.2%）、脑磷脂（磷脂酰乙醇胺，PE，约 19.7%）、磷脂酰肌醇（肌醇磷脂，PI，约 16.0%）为主要成分的磷脂混合物，此外还有丝氨酸磷脂（磷脂酰丝氨酸，PS，约 15.8%）、磷脂酸（PA，约 3.6%）及其他磷脂（约 10.7%），其中最典型的是前三种。

磷脂是含磷酰有机物的甘油二脂肪酸酯，即甘油中的 3 个羟基有 2 个与脂肪酸结合成酯，而另一个羟基则与含磷的有机物如磷酸胆碱、磷酸胆胺、磷酸丝氨酸等以酯键相结合。其化学通式如下：

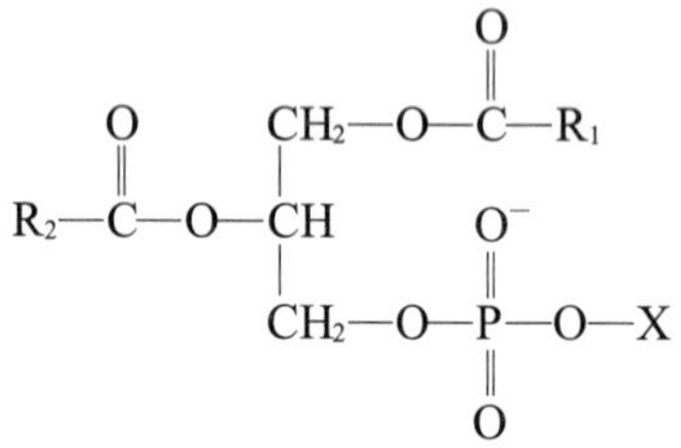

其中 X 是不同的基团，因而有不同的磷脂。大豆磷脂的 3 种主要磷脂的 X 结构如下：

卵磷脂	$—CH_2CH_2N^+(CH_3)_3$
脑磷脂	$—CH_2CH_2N^+H_3$
肌醇磷脂	$—C_6H_6(OH)_5$

磷脂一般为无毒无味或仅有淡淡气味的液体，其黏度差别很大，可稠至蜡状。依加工和漂白程度不同，磷脂颜色从浅黄色到棕色不等。磷脂不耐高温，也没有清晰的熔点，随着温度升高逐渐软化成液滴，80 ℃开始变棕色，100 ℃以上开始氧化直至分解。

在大豆生产豆油的过程中会产生副产品大豆油脚，其中磷脂的含量一般在 1.5%～3.0%。大豆油脚的综合开发利用程度长期较低，只用作低质肥皂的生产原料，甚至当作废物直接弃掉，既造成了极大的资源浪费，又对环境产生了严重污染。本实验以大豆油脚为材料，综合了豆磷脂的制备、豆磷脂的定量测定、豆磷脂的薄层层析、卵磷脂(PC)的乙醇富集等系列操作和常规分析技术,训练学生了解和掌握农业产品的综合开发、利用的一般方法和基本思路。

三、实验技术路线

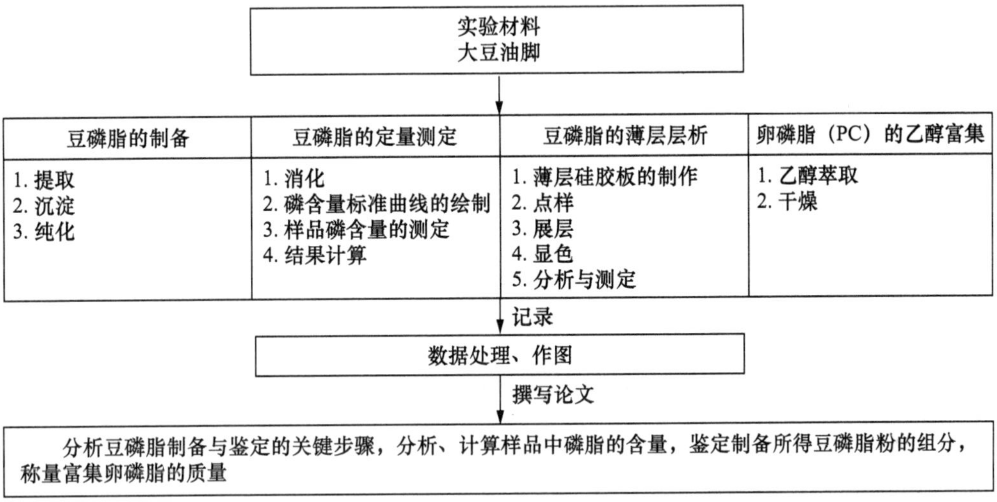

四、实验材料、器材与试剂

1. 材料

大豆油脚。

2. 器材

电子天平,恒温水浴锅,超低温冰箱,离心机,磁力搅拌器,蒸馏回收装置,烘箱,通风柜,调温电炉,分光光度计,薄层扫描仪,减压蒸馏装置,锥形瓶,量筒,研钵,玻璃棒,烧杯,小漏斗,容量瓶,蒸馏烧瓶,试管及试管架,移液管及移液管架,洗耳球,层析缸,5 cm×20 cm 玻璃薄板,薄层层析硅胶 G,毛细管,直尺,铅笔,喷壶,滴管。

3. 试剂

乙酸乙酯,浓硝酸,高氯酸(70%～72%),磷酸二氢钾,浓硫酸,钼酸铵,酒石酸锑钾,抗坏血酸,磷脂酰胆碱(PC)、磷脂酰乙醇胺(PE)、磷脂酰肌醇(PI)标准品,三氯甲烷,钼酸钠,盐酸,硫酸肼,甲醇,羧甲基纤维素钠(CMC-Na),95%乙醇,丙酮。

五、实验内容

(1)豆磷脂的制备。

(2)豆磷脂的定量测定。

(3)豆磷脂的薄层层析。

(4)卵磷脂(PC)的乙醇富集。

六、实验结果处理与讨论

1. 实验结果处理

(1)计算样品中磷脂的含量。

(2)测定薄层层析各样品的 R_f 值,并通过与标准样品 R_f 值的对比,判断制备所得豆磷脂的组分。

(3)称量富集卵磷脂产品的质量,评估富集的工艺效果。

2. 讨论

(1)总结钼蓝法定磷测定豆磷脂含量的原理、关键步骤与注意事项。

(2)分析薄层层析法定性、定量分析豆磷脂组分的原理,总结主要操作过程。

(3)根据本实验,试说明大豆油脚综合利用开发豆磷脂产品存在的问题及可能的解决途径。

Ⅰ 豆磷脂的制备

一、实验原理

磷脂在不同溶剂中的溶解度差别很大,可以溶解于乙醚、苯、三氯甲烷等溶剂,也可溶于脂肪酸和矿物油,但不溶于丙酮。利用磷脂在不同溶剂中溶解度的差别可以将其提取与精制。

因大豆油脚中的磷脂是游离羟基式结构,具有较强亲水性,可采用有机溶剂萃取油脚中油脂的方法,将中性油和磷脂进行分离,制备粉状磷脂。乙酸乙酯是一种较好的有机溶剂。在一定条件下,乙酸乙酯在不破坏水化磷脂和水的亲和力的前提下可萃取出油脚中的中性油脂,同时,乙酸乙酯还可以使油脚中的磷脂由大胶团变成松散的小胶粒沉淀于溶剂中,具备较好的分离效果。

二、实验步骤

1. 提取

称取大豆油脚 10.0 g 于锥形瓶中,加入 2 倍量的乙酸乙酯,充分混匀。在 45～50 ℃恒温水浴中不断搅拌 30 min,放在－10 ℃静置 20 min。

2. 沉淀

取出沉淀静置液,4 000 r/min 离心 15 min,取沉淀。上清液可采用蒸汽蒸馏装置回收乙酸乙酯。

3. 纯化

沉淀用乙酸乙酯重复上述步骤萃取 2～3 次。所得沉淀即为较纯的豆磷脂。

将上述较纯的豆磷脂置于 60 ℃烘箱干燥 8 h。取出以研钵碾碎，即得粉状磷脂产品。

三、注意事项

(1)豆磷脂提取时，因用的油脚料不同具体操作方法会有差别。

(2)用乙酸乙酯提取大豆油脚豆磷脂时，先略加热，然后低温静置，有利于提高豆磷脂得率。

(3)豆磷脂制备中为获得较高产率，要求操作细致，尽可能减少损失。

(4)采用烘箱干燥样品时，注意安全规范操作。

Ⅱ　豆磷脂的定量测定

一、实验原理

磷脂是多种组分的混合物，其分析技术和检测方法是比较复杂和烦琐的。目前，用于总磷脂含量的测定方法有钼蓝比色法、重量法、紫外分光光度法等。钼蓝比色法测定磷脂含量时，磷脂须经消化处理。磷脂的消化处理是将样品与硝酸-高氯酸(HNO_3-$HClO_4$)的混合液共热，以将样品中的有机质分解，从而释放出无机质；硝酸分解时可放出新生态氧，其具有很强的氧化力，可将有机质分解成 H_2O 和 CO_2；在加热时，高氯酸能释放出具有更强的氧化力的新生态氯和氧，可加速有机质分解成可溶性无机盐类；消化液经定容即可用于测定磷。磷脂经消化后加入钼酸铵，在还原剂抗坏血酸存在的条件下，还原磷钼酸产生蓝色，在波长 700 nm 处测得磷含量，然后换算出磷脂的含量。

二、实验步骤

1. 试剂准备

(3)磷标准贮备液　称取经过烘干的 0.439 4 g 磷酸二氢钾溶于蒸馏水，定容至 1 000 mL。此为每毫升相当于含磷 100 μg 的磷标准贮备液。

(4)磷标准工作液　量取磷标准贮备液释释 10 倍。现用现配。

(5)4.8 mol/L 硫酸溶液　量取 26.1 mL 浓硫酸，缓慢注入 70 mL 蒸馏水中，稀释到 100 mL。

(6)5%钼酸铵溶液　称取 5 g 钼酸铵于 70 mL 蒸馏水中，加入 2 滴 4.8 mol/L 硫酸溶液，溶解后加蒸馏水至 100 mL。

(7)0.6%酒石酸锑钾溶液　称取 0.6 g 酒石酸锑钾溶解于 100 mL 蒸馏水中。此试剂 48 h 内可用。

(8)24%抗坏血酸溶液　称取 2.4 g 抗坏血酸溶于 10 mL 水中。此试剂 48 h 内可用。

2. 消化

准确称取实验室制备的粉状豆磷脂样品 1.000 g 于锥形瓶中，缓慢加入 100 mL 浓硝酸。

轻轻转动锥形瓶，确保样品润湿。锥形瓶口上放一小漏斗，将其放置在通风柜内过夜。加入2 mL 70%高氯酸于锥形瓶内，摇匀。将锥形瓶置于调温电炉上，先低温消煮，注意保持消煮液的微沸状态，至黄棕色 NO_2 气体不再放出时，逐渐升高温度。当出现大量白烟而消煮液仍为棕色或黄色时，取下锥形瓶，补加浓硝酸溶液 1～2 mL，继续加热至消煮液呈无色清液为止。冷却，用热的蒸馏水冲洗锥形瓶，将消煮液于 100 mL 容量瓶中定容，备用。若出现沉淀则需过滤，备用。

3. 磷含量标准曲线的绘制

取洁净试管 7 支，按表 5-41 加入试剂，制作磷含量标准曲线。

表 5-41　磷含量标准曲线的制作

项目	管号						
	0	1	2	3	4	5	6
磷标准工作液/mL	0	0.10	0.30	0.50	0.70	0.90	1.10
蒸馏水/mL	20	19.9	19.7	19.5	19.3	19.1	18.9
4.8 mol/L 硫酸溶液/mL	2	2	2	2	2	2	2
	充分混匀						
5%钼酸铵溶液/mL	0.8	0.8	0.8	0.8	0.8	0.8	0.8
	充分混匀						
0.6%酒石酸锑钾溶液/mL	0.8	0.8	0.8	0.8	0.8	0.8	0.8
	充分混匀。待浑浊消失						
24%抗坏血酸溶液/mL	0.6	0.6	0.6	0.6	0.6	0.6	0.6
	精确定量至 25 mL。室温 15～35 ℃放置 20 min						
$A_{700\ nm}$							

以 0 号管作为空白对照，在波长 700 nm 处测定吸光度值。以吸光度值为纵坐标，以反应液磷含量(μg/mL)为横坐标，绘制标准工作曲线。

4. 样品磷含量的测定

根据待测样品中的磷含量，取一定量的消化液于 25 mL 容量瓶中，按表 5-42 中方法进行显色，并于波长 700 nm 处测定吸光度值。

表 5-42　样品磷含量的测定

项目	管号			
	0	1	2	3
样品消化液/mL	0	1.0	1.0	1.0
蒸馏水/mL	20	19.0	19.0	19.0
4.8 mol/L 硫酸溶液/mL	2	2	2	2
	充分混匀			
5%钼酸铵溶液/mL	0.8	0.8	0.8	0.8
	充分混匀			
0.6%酒石酸锑钾溶液/mL	0.8	0.8	0.8	0.8

续表 5-42

项目	管号			
	0	1	2	3
	充分混匀。待浑浊消失			
24%抗坏血酸溶液/mL	0.6	0.6	0.6	0.6
	精确定量至 25 mL。室温 15～35 ℃放置 20 min			
$A_{700\ nm}$				

将测得的吸光度值在标准曲线上查出所对应的反应液磷含量(μg/mL)。

5. 结果计算

$$样品中磷的含量(\%)=\frac{c\times V\times 稀释倍数}{m\times 10^6}$$

式中:c 为标准曲线上查得反应液磷含量,μg/mL;V 为反应液体积,mL;m 为样品重,g。

样品中磷脂的含量按下式进行计算:

$$磷脂含量(\%)=磷含量\times 25$$

式中:25 为磷脂与磷含量的比值。

三、注意事项

(1)用钼蓝法测磷时,酸度过高或过低都会影响结果,故需要控制一定酸度。

(2)实验所用试剂浓度和取样量必须准确。

Ⅲ　豆磷脂的薄层层析

一、实验原理

豆磷脂中各组分存在着极性差别(PC＞PI＞PE),在展层剂中磷脂各组分与薄层板上吸附剂之间作用力的大小不同,则 R_f 值不同。用薄层硅胶作为支持介质,选用三氯甲烷∶甲醇∶水为展层剂的层析系统中,磷脂中各组分的迁移速率不同,从而可达到分离的目的。若选用标准磷脂样品作为对照,通过磷脂的薄层层析钼蓝法显色,可定性或定量对各组分进行分析测定。

二、实验步骤

1. 试剂准备

(1)标准样品溶液　准确称取磷脂酰胆碱(PC)、磷脂酰乙醇胺(PE)、磷脂酰肌醇(PI)标准品各 0.050 0 g 溶解于少量三氯甲烷中,25 mL 容量瓶定容。4 ℃冰箱保存备用。

(2)待测样品溶液　准确称取 0.200 0 g 自制豆磷脂粉溶解于少量三氯甲烷中，10 mL 容量瓶定容。4 ℃冰箱保存备用。

(3)磷脂显色剂

称取 3.0 g 钼酸钠，加入 15 mL 蒸馏水溶解，再加入 15 mL 浓盐酸，混匀即得溶液 A。

称取 0.3 g 硫酸肼，加入 25 mL 蒸馏水加热溶解，即得溶液 B。

将溶液 A 和 B 合并，置于 50 ℃恒温水浴 30 min，冷却，加水定容至 250 mL。棕色瓶中避光保存，备用。

(4)展层剂(三氯甲烷：甲醇：水＝65：25：4)　准确量取 65 mL 三氯甲烷，25 mL 甲醇，4 mL 蒸馏水，混匀，备用。

2. 薄层硅胶板的制作

称取 4.0 g 薄层层析硅胶 G，加入 10 mL 蒸馏水(内含 1%羧甲基纤维素钠，2 mL)，玻璃棒搅拌调匀后于 5 cm×20 cm 玻璃薄板上均匀铺层。将玻璃板水平放置，室温下自然干燥。使用前于 105 ℃活化 1.5 h，冷却备用。

3. 点样

准确吸取标准样品溶液及待测样品溶液各 20 μL，于硅胶板上距底边 2 cm 处点样。加样后原点扩散直径不超过 3 mm。

4. 展层

点样后，硅胶板于展层剂(三氯甲烷：甲醇：水＝65：25：4)中饱和 20 min，再上行层析展开。当溶剂前沿上行到距离层析板顶端约 2 cm 时停止展层。用铅笔轻轻绘出溶剂前沿。

5. 显色

待溶剂挥干后，均匀喷上磷脂显色剂，再喷 10%硫酸甲醇溶液，出现蓝色斑点。

6. 分析与测定

定性分析时，测定各样品的 R_f 值，并与标准样品的 R_f 值对比，判断出各组分。

定量测定时，使用薄层扫描仪对硅胶板进行扫描分析。

三、注意事项

(1)展层时需预先用展层剂饱和。

(2)用磷脂显色剂喷薄层板，必须均匀。显色斑点呈蓝色，背景呈白色，但板干后 2 h 左右背景变蓝，故喷 10%硫酸甲醇溶液，可以避免背景变蓝，提高薄层板的稳定性，有利于测定。

Ⅳ　卵磷脂(PC)的乙醇富集

一、实验原理

卵磷脂(PC)广泛用作乳化剂、抗氧化剂、食品营养添加剂等，在低级醇中溶解度大，而脑磷脂(PE)、肌醇磷脂(PI)具有不溶于低级醇的特性，可用乙醇进行卵磷脂(PC)的萃取，实现卵磷脂(PC)的富集。

二、实验步骤

1. 乙醇萃取

称取 10 g 浓缩大豆磷脂于 100 mL 锥形瓶中，加入 40 mL 95%的乙醇溶液搅拌 20 min，卵磷脂(PC)充分溶解。4 000 r/min 离心 20 min，分别收集上清液和沉淀。

将沉淀转入 100 mL 锥形瓶中，加入 40 mL 95%乙醇，充分搅拌溶解。4 000 r/min 离心 20 min，分别收集上清液和沉淀。

合并两次收集的上清液，加入蒸馏烧瓶，置于 80 ℃恒温水浴减压蒸馏，至没有或者只有少量乙醇液体滴出为止(注意不要使溶液蒸干)。乙醇回收备用。

2. 干燥

用丙酮洗涤蒸馏烧瓶，少量多次，将洗涤液全部转入锥形瓶中。4 000 r/min 离心 20 min 收集沉淀，置于 70 ℃干燥，称重，即得较纯的卵磷脂(PC)产品。

三、注意事项

卵磷脂存放过程中易受光线、空气及温度的影响而变色，一般刚制备时为白色，放置后会变为黄色、棕褐色，因此，宜低温、棕色瓶密封储存。

实验十四　水稻总 RNA 的提取及 RT-PCR 扩增基因

一、实验目标导航

[知识目标]学习植物总 RNA 的提取、鉴定及 RT-PCR 扩增基因的实验思路，掌握植物总 RNA 提取、鉴定以及 RT-PCR 扩增基因的原理。

[能力目标]掌握从植物中提取总 RNA 及鉴定的方法，熟悉 RT-PCR 扩增基因的操作技术。

二、实验背景

RNA 是植物分子生物学研究的重要对象之一，RNA 的纯度和完整性对于 Northern blot、RT-PCR 和 cDNA 文库的构建等分子生物学实验都至关重要。

RT-PCR，即逆转录 PCR(reverse transcription PCR)或称为反转录 PCR，是以 RNA 为材料应用于 PCR 扩增中的一种实验方法。该技术把以 RNA 为模板的 cDNA 合成(即 RNA 的反转录)与 cDNA 的 PCR 结合在一起，先经反转录酶的作用从 RNA 合成 cDNA，再以 cDNA

为模板,扩增合成目的片段。在 RT-PCR 过程中,作为模板的 RNA 可以是总 RNA、mRNA 或体外转录的 RNA 产物。RT-PCR 技术具灵敏性和特异性,可用于检测基因表达水平、分析基因的转录水平、检测基因表达差异、克隆cDNA 等。

三、实验技术路线

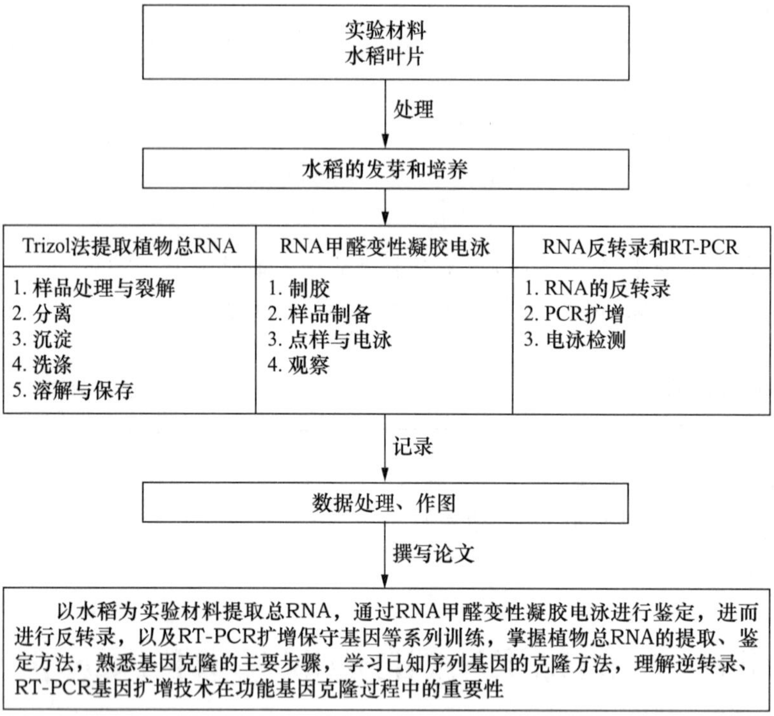

四、实验材料、器材与试剂

1. 材料

水稻种子置于培养皿中铺上 3 层纱布,28 ℃培养箱培养,12 h 光照培养,12 h 黑暗培养,10 d 后收集水稻幼苗待用。

2. 器材

电子天平,培养箱,离心机,超净工作台,恒温水浴锅,微波炉,通风柜,电泳设备,紫外灯,PCR 仪,紫外线透射仪,凝胶成像分析系统,移液器,研钵,量筒,离心管,Tip 头,锥形瓶,PCR 管。

3. 试剂

液氮,Trizol 试剂,氯仿,异丙醇,无水乙醇,DEPC(焦碳酸二乙酯),琼脂糖,10× TAE(Tris-乙酸-EDTA)缓冲液,EB,甲醛,加样运载缓冲液(50%甘油,pH 8.0 1 mmol/L EDTA,0.25%溴酚蓝,25%二甲苯青 FF),5×甲醛凝胶电泳缓冲液(pH 7.0 0.1 mol/L MOPS,40 mmol/L 乙酸钠,pH 8.0 5 mmol/L DETA),甲酰胺,M-MLV 逆转录酶,*Taq* 酶,Olig(dT)$_{18}$,RNasin,5×反转

录缓冲液，dNTP，10×PCR缓冲液，上引物（5′-TACCGTGCCCTTACTGTTCC-3′），下引物（5′-CGGTGGAATGTCACAGACAC-3′）。

五、实验内容

（1）Trizol法提取植物总RNA。
（2）RNA甲醛变性凝胶电泳。
（3）RNA反转录和RT-PCR。

六、实验结果处理与讨论

1. 实验结果处理

（1）记录RNA甲醛变性凝胶电泳图谱，并分析提取的植物总RNA质量。

（2）记录琼脂糖凝胶电泳结果，并根据DNA相对分子质量估计扩增条带的大小。

2. 讨论

（1）分析如何在兼顾实验的效率同时，针对植物组织中普遍存在次生代谢物质这一问题，提取总RNA时有效去除容易产生干扰的物质，从而获得高质量的RNA。

（2）引物的特异性决定PCR反应特异性，因此引物设计在实验中至关重要，分析阐述引物设计的原则策略。

（3）分析提高逆转录RT-PCR的灵敏度和特异性的途径。

Ⅰ　Trizol法提取植物总RNA

一、实验原理

植物总RNA提取目前最常用的有异硫氰酸法、SDS法、CTAB法和Trizol法等。实验采用Trizol法。Trizol是以异硫氰酸胍和酚配制而成的单相的快速抽提总RNA的试剂，可用于直接从细胞或组织中提取总RNA，其在破碎和溶解细胞使RNA释放出来的同时，能保护RNA的完整性。加入氯仿后，样品分成水相和有机相，RNA存在水相中。收集水相后，RNA可通过异丙醇沉淀来回收。在除去水样层后，样品中的DNA和蛋白质也能相继以沉淀的方式还原。乙醇沉淀能析出中间层的DNA，在有机层中加入异丙醇能沉淀出蛋白质。共纯化DNA对于样品间标准化RNA的产量十分有用。

Trizol试剂中的苯酚可有效地变性蛋白质，但不能完全抑制RNA酶活性，因此，Trizol试剂中还加入了8-羟基喹啉、β-巯基乙醇等来抑制内源和外源RNase（RNA酶），以避免RNA降解，提取高质量的RNA。

二、实验步骤

1. 样品处理与裂解

取 0.2 g 水稻叶片在液氮中磨成粉末，按组织：Trizol 试剂＝(50～100)：1(mg/mL)研磨，研磨液于室温放置 5 min。

2. 分离

按 Trizol 试剂：氯仿＝1：0.2(体积比)加入氯仿，盖紧离心管，用手剧烈摇荡离心管 15 s。

3. 沉淀

取上层水相于一新的离心管，按 Trizol 试剂：异丙醇＝1：0.5(体积比)加入异丙醇，室温放置 10 min 后，12 000 r/min 离心 10 min。

4. 洗涤

弃去上清液，按 Trizol 试剂：75％乙醇≤1：1(体积比)加入 75％乙醇(0.1％DEPC 配制)，涡旋混匀，4 ℃下 7 500 r/min 离心 5 min。

5. 溶解与保存

小心弃去上清液，于室温或真空干燥 5～10 min。将 RNA 溶于水中，必要时可在 55～60 ℃水浴 10 min。RNA 可进行 mRNA 分离，或贮存于 70％乙醇并保存于－70 ℃。

三、注意事项

(1)为了获取较多的 RNA，应根据实验目的选择样本相关区域，并优选幼嫩新鲜的样本组织。

(2)提取高质量的 RNA 样品是实验成功的关键，确保在提取过程中严格遵守操作要求，以防止 RNA 降解。

(3)提取研磨时，样品总体积不能超过所用 Trizol 试剂体积的 10％，研磨过程应迅速。

(4)提取时要应在超净工作台内操作，并在操作时戴一次性手套，小心、细致、晃动及每次移液动作要轻。

(5)0.1％ DEPC 可使 RNase 失活，实验所用塑料器皿、EP 管及 Tip 头等要用 0.1％DEPC 处理(0.1％DEPC 浸泡过夜后，高压蒸汽灭菌)。0.1％DEPC 的配制方法为：取 0.1 mL DEPC 加入 100 mL 去离子水中，充分振荡，37 ℃孵育 12 h 以上，121 ℃高压灭菌 20 min，于 4 ℃保存。

(6)Trizol 试剂、DEPC 是有毒物，接触皮肤会引起伤害，要做好防护。

(7)实验所用氯仿、异丙醇、75％乙醇等最好提前预冷，以维持低温环境，防止 RNA 被降解。

(8)室温或真空干燥时，不要干燥过分，以免降低 RNA 溶解度。

Ⅱ　RNA 甲醛变性凝胶电泳

一、实验原理

提取样品的总 RNA 后，一般根据 RNA 的凝胶电泳图来判断 RNA 的质量。非变性或变性凝胶电泳均可用于RNA的检测。在非变性电泳中，RNA可以进行分离，但无法确定其相对分子质量。只有在变性情况下，RNA分子完全伸展，其泳动率才与相对分子质量成正比。因此，常用甲醛变性胶来进行RNA电泳，以得到的电泳图来真实反映RNA的质量状况。

二、实验步骤

1. 制胶

准确称量2 g琼脂糖于250 mL锥形瓶中，加入20 mL 10×TAE(Tris-乙酸-EDTA)缓冲液、144 mL DEPC处理过的双蒸水，加热至琼脂糖完全溶解，冷却至50～60 ℃后加EB至终浓度≤0.5 μg/mL。于在通风柜中加入36 mL甲醛，并放置一段时间以减少甲醛蒸气。

在胶槽中灌制凝胶，插好梳子，水平放置待凝固后使用。

2. 样品制备

取DEPC处理过的离心管，加入10 μg RNA样品、4 μL 5×甲醛凝胶电泳缓冲液、3.5 μL甲醛、10 μL甲酰胺，混匀。95 ℃水浴变性2 min(或55 ℃ 水浴变性15 min)，取出后迅速置于冰浴冷却。加入2 μL无菌的DEPC处理的加样运载缓冲液。

3. 点样与电泳

将胶板浸没在1×甲醛凝胶电泳缓冲液中，5 V/cm预电泳5 min。取适量样品于凝胶点样孔内，同时点RNA相对分子质量标准品。打开电源开关，3～4 V/cm进行电泳。

4. 观察

电泳结束后，紫外灯下观察。

三、注意事项

(1)琼脂糖的浓度可根据实验需求进行调整，常用的琼脂糖浓度范围是0.5%～2%。

(2)实验操作时应戴手套，并注意时刻换新手套，防止RNase污染，避免RNA降解。

(3)实验器材用DEPC水冲洗处理，并灭菌。

Ⅲ　RNA反转录和RT-PCR

一、实验原理

RT-PCR是将RNA的反转录(RT)和cDNA的聚合酶链式扩增(PCR)相结合的技术。RT-PCR使用的逆转录酶来自逆转录病毒，是一种能按照碱基互补配对原则，以脱氧核糖核苷酸为底物，以寡聚dT为引物，把mRNA转换成相应DNA的酶。逆转录酶的效果与中心法则顺序相反，故有“逆转录”之称。逆转录反应使用了引物和模板，也是聚合酶链式扩增，故称为RT-PCR。RT-PCR作为一种基因表达检测、定量和cDNA克隆的快速灵敏的方法，是目前获得目的基因的一种重要手段。

二、实验步骤

1. RNA 的反转录

取 DEPC 处理过的离心管，于冰上按表 5-43 加入各组分。

表 5-43　RNA 的反转录(1)

组分	用量/μL
模板 RNA	2
$Olig(dT)_{18}$	1
DEPC 水	2

轻轻混匀，70 ℃水浴 2 min，立即放置到冰上 2 min。于冰上依次按表 5-44 加入各组分。

表 5-44　RNA 的反转录(2)

组分	用量/μL
RNasin	0.5
M-MLV	1
5×反转录缓冲液	2
10 mmol/L dNTP	1.5

42 ℃水浴反应 90 min。72 ℃ 10 min 终止反应。加入 15 μL 灭菌的 DEPC 水，使总体积达到 25 μL。

2. PCR 扩增

取灭菌的 PCR 管，按表 5-45 加入各组分，形成 PCR 反应体系。

表 5-45　PCR 扩增体系

组分	用量/μL
10×PCR 缓冲液	2.5
2.5 mmol/L dNTP	2
RT-PCR 产物	5
Taq 酶	0.5
10 μmol/L 上游引物	0.5
10 μmol/L 下游引物	0.5
灭菌 ddH_2O	14

轻轻混匀，按照下列条件进行 PCR。

94 ℃	5 min	30 个循环
94 ℃	30 s	
55 ℃	30 s	
72 ℃	1 min	
72 ℃	7 min	

3. 电泳检测

取适量 PCR 产物与上样缓冲液混合，点样，同时加入 DNA 相对分子质量标准品。打开电源开关，以 2 V/cm 的电压电泳 15～30 min。

电泳完毕，取出凝胶，轻轻地置于紫外线透射仪上观察电泳结果，或用凝胶成像分析系统拍照保存。根据 DNA 相对分子质量标准品估计扩增条带的大小。

三、注意事项

(1)设计合适的引物是 RT-PCR 能否成功的关键所在，用于反转录的引物可视实验的具体情况选择随机引物、Oligo(dT)及基因特异性引物中的一种。

(2)操作过程中应始终戴一次性橡胶手套和口罩，并经常更换。

(3)枪头、离心管等应高压灭菌，每次枪头用毕应更换，不要互相污染试剂。

(4)塑料器皿可用 0.1%DEPC 水浸泡或用氯仿冲洗。

实验十五　抗虫 *Bt* 基因载体构建与农杆菌转化

一、实验目标导航

[**知识目标**]学习抗虫 *Bt* 基因载体构建与农杆菌转化的实验设计思路及原理。

[**能力目标**]掌握抗虫 *Bt* 基因载体构建与农杆菌转化的实验方法。

二、实验背景

植物遗传转化是应用重组 DNA 技术、细胞组织培养技术或种质系统转化技术，有目的地将外源基因或 DNA 片段插入受体植物基因组中并获得新植株的技术。在植物基因工程的发展中，研究最清楚和应用最成功的是根癌农杆菌介导的遗传转化。农杆菌是一种天然的植物遗传转化体系。人们将目的基因插入经过改造的 T-DNA 区，借助农杆菌的感染实现外源基因向植物细胞的转移与整合，然后通过细胞和组织培养技术，再生出转基因植株。该技术与常规育种技术的充分结合，有助于培育多抗、优质、高产、高效新品种，大大提高品种改良效率。

三、实验技术路线

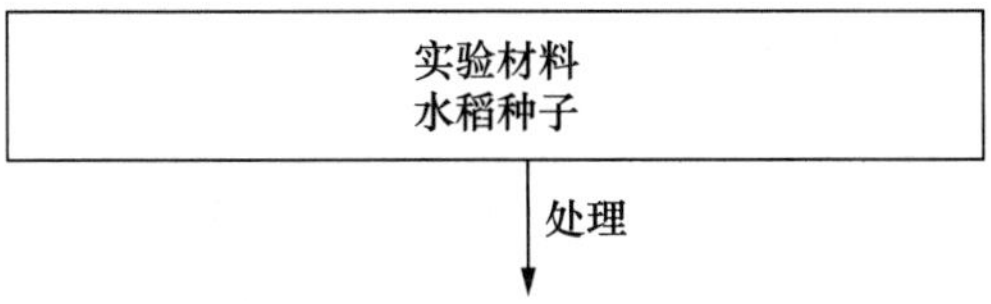

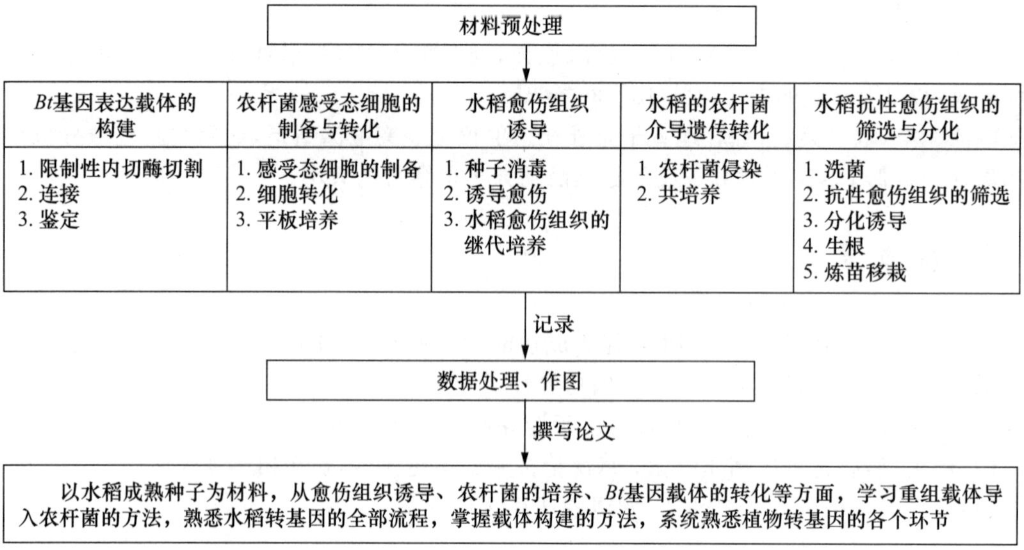

四、实验材料、器材与试剂

1. 材料

饱满成熟的水稻种子，人工脱去谷壳，注意保持胚完整。每组准备 40～50 粒去壳种子，备用。

2. 器材

台式高速离心机，微量移液器，电泳仪，电泳槽，冰箱，干式恒温仪，恒温水浴锅，超净工作台，恒温摇床，冷冻高速离心机，高压灭菌锅，−70 ℃超低温冰箱，分光光度计，培养箱，紫外灯，移液器，离心管，接种针，培养皿，试管，枪形镊，量筒，三角瓶，废液缸，标签纸。

3. 试剂

(1)LB 培养基(1 000 mL)　10 g 胰化蛋白胨，5 g 酵母提取物，10 g NaCl，pH 7.0。

(2)YEB 液体培养基(1 000 mL)　1 g 酵母提取物，5 g 牛肉膏，5 g 蛋白胨，5 g 蔗糖，0.5 g $MgSO_4 \cdot 7H_2O$，pH 7.0，高压灭菌。

(3)YEB 固体培养基　每升 YEB 液体培养基加 15 g 琼脂粉，高压灭菌。

(4)YEB 固体培养基平板(Kan 抗性)　灭菌后的 YEB 固体培养基待其温度降至 50 ℃时加入卡那霉素(Kan)和利福平(Rif)，至终浓度分别为 100 μg/mL 和 50 μg/mL，混匀后立即倒入培养皿，凝固后 4 ℃倒置保存。

(5)MS 培养基(20 倍)(1 000 mL)　38 g KNO_3，7.4 g $MgSO_4 \cdot 7H_2O$，33 g NH_4NO_3，8.8 g $CaCl_2 \cdot 2H_2O$，3.4 g KH_2PO_4。

(6)YN 培养基　N6 培养基+2.5 mg/L 2,4-D+500 mg/L 水解酪蛋白+300μg/L *L*-脯氨酸+3%蔗糖+0.3%植物凝胶，pH 6.0。

(7)YYN 培养基　N6 培养基+2 mg/L 2,4-D+800 mg/L 水解酪蛋白+0.15%蔗糖+0.15%葡萄糖+100 μmol/L AS(乙酰丁香酮)+0.6%植物凝胶，pH 5.6。

(8)NGN 培养基　N6 培养基+2 mg/L 2,4-D+1 000 mg/L 水解酪蛋白+0.15%蔗糖+

0.15%葡萄糖,pH 5.4。

(9)NGNM+AS 培养基 N6 培养基+2 mg/L 2,4-D+1 000 mg/L 水解酪蛋白+0.15%蔗糖+0.15%葡萄糖+100 μmol/L AS(乙酰丁香酮),pH 5.4。

(10)GN 培养基 N6 培养基+2 mg/L 2,4-D+1 000 mg/L 水解酪蛋白+0.15%蔗糖+0.15%葡萄糖+100 μmol/L AS(乙酰丁香酮)+0.6%植物凝胶,pH 5.6。

(11)N6D2S 培养基 N6 培养基+2 mg/L 2,4-D+500 mg/L 水解酪蛋白+500 mg/L Cn(羧苄青霉素)+50 mg/L Hn(潮霉素)+3%蔗糖+0.25%植物凝胶,pH 5.8。

(12)XFM 培养基 MS 培养基+2 mg/L 6-BA+2 mg/L KT+0.2 mg/L IBA+0.2 mg/L IAA+1 000 mg/L 水解酪蛋白+500 mg/L Cn(羧苄青霉素)+50 mg/L Hn(潮霉素)+3%蔗糖+0.6%植物凝胶,pH 6.0。

(13)GM 培养基 1/2MS 培养基+3%蔗糖+0.3%植物凝胶,pH 6.0。

(14)内切酶,pMT-bt 质粒,pCMABIA1301 载体,T4 DNA 连接酶,质粒提取试剂盒,琼脂糖,10×TAE(Tris-乙酸-EDTA)缓冲液,EB(溴化乙锭),土壤农杆菌 LBA4404 菌,Rif(利福平)贮液,$CaCl_2$,液氮,卡那霉素(Kan)贮液,无水乙醇,次氯酸钠,羧苄青霉素等。

五、实验内容

(1)*Bt* 基因表达载体的构建。

(2)农杆菌感受态细胞的制备与转化。

(3)水稻愈伤组织诱导。

(4)水稻的农杆菌介导遗传转化。

(5)水稻抗性愈伤组织的筛选与分化。

六、实验结果处理与讨论

1. 实验结果处理

(1)限制性内切酶切割的电泳图谱,并分析。

(2)统计水稻愈伤组织诱导中的污染率、愈伤组织诱导率。

$$污染率=\frac{污染种子数}{总种子数}\times 100\%$$

$$愈伤组织诱导率=\frac{出愈伤组织种子数}{总种子数}\times 100\%$$

取 3 组平行数值进行标准差分析,并绘制柱形图。

2. 讨论

(1)根据实验,分析基因表达载体构建的目的和方法,以及构建基因表达载体对限制酶的选择原则。

(2)分析愈伤组织是如何形成的,为什么愈伤组织又可以分化出植株,以及如何提高水稻愈伤组织的诱导率?

(3)分析影响感受态细胞制备及高效转化的主要因素。

(4)分析农杆菌可以吸收外源质粒的原因,以及质粒上的基因上进入水稻细胞的方式。

Ⅰ *Bt* 基因表达载体的构建

一、实验原理

基因表达载体的构建,即将目的基因插入携带该基因的载体中的过程。基因表达载体的构建在植物基因工程研究中占据重要地位,直接关系到目的基因的表达效果,其构建目的是使目的基因能在受体细胞中稳定存在,并且可以遗传给下一代,同时,使目的基因能够表达和发挥作用。比较常见的方法包括限制性内切酶切割和连接、基因片段的拷贝及粘接、片段的敲除与更换等。

本实验采用限制性内切酶切割和连接法,即用相同的限制性内切酶消化质粒和含有目的片段的 DNA,得到具有相同的黏性末端或平末端的线性 DNA,对酶切产物进行纯化后,再利用 DNA 连接酶将片段连入载体,得到重组质粒。

限制性内切酶特异性地结合于能被限制性内切酶识别的 DNA 序列之内或其附近的特异性位点上,并切割双链 DNA,得到带黏性末端或平末端的线性 DNA。DNA 连接酶催化双链 DNA 分子中相邻碱基的 5′-磷酸末端与 3′-羟基末端形成 3′,5′-磷酸二酯键。常用的 DNA 连接酶是 T4 DNA 连接酶。

二、实验步骤

1. 限制性内切酶切割

利用限制性核酸内切酶消化 pMT-bt 质粒 DNA,并采用琼脂糖凝胶电泳检查酶切效果。

利用限制性核酸内切酶消化 pCMABIA1301 载体,采用琼脂糖凝胶电泳,回收载体大片段。

2. 连接

取已灭菌的 0.2 mL 微量离心管,按表 5-46 配制 10 μL 反应体系。

表 5-46 连接反应体系

组分	用量/μL
回收 DNA 片段	4
酶切后回收的载体	1
T4 DNA 连接酶(350 U/μL)	0.5
连接酶缓冲液	1
ddH_2O	3.5

轻轻振荡后短暂离心,置于 16 ℃干式恒温仪(或 16 ℃水浴)中保温过夜(12~16 h)。

连接后的产物可以立即用来转化感受态细胞。

3. 鉴定

用无菌牙签分别挑取单菌落进行菌落 PCR，琼脂糖凝胶电泳检查片段大小，确定是否含有插入片段。

三、注意事项

(1)严格注意吸样量的准确性及全部放入反应体系中。

(2)酶切反应中的塑料器皿(Eppendorf 管、Tip 头等)应严防杂酶污染。

(3)紫外灯对人的皮肤和眼睛有照射损伤，使用时要特别注意避免直接受到照射。

(4)EB 是强诱变剂，且具有毒性，操作时要戴手套，注意防止 EB 污染桌面或地面。

Ⅱ　农杆菌感受态细胞的制备与转化

一、实验原理

农杆菌是生活在植物根表面，依靠由根组织渗透出来的营养物质生存的一类普遍存在于土壤中的革兰氏阴性细菌，主要有两种：根癌农杆菌和发根农杆菌。农杆菌能在自然条件下趋化性地感染大多数植物的受伤部位，并诱导植物产生冠瘿瘤或发状根。感受态细胞的制备和质粒的转化是实现植物遗传转化的必不可少的前提条件。

感受态是细菌细胞具有的能够接受外源 DNA 的一种特殊生理状态。农杆菌的感受态可用 $CaCl_2$处理而诱导产生。将正在生长的农杆菌细胞加入低渗的 $CaCl_2$溶液中，0 ℃下处理便会使细菌细胞膜的透性发生改变，此时的细胞呈现出感受态。制备好的感受态细胞需要被迅速冷冻保存，以保持其转化能力。质粒转化指将质粒 DNA 或以其为载体构建的重组 DNA 导入细菌体内，使之获得新的遗传特性的一种方法。在低温下，外源 DNA(质粒)可吸附到感受态细胞表面，诱导细胞吸收 DNA。在低温条件下，将感受态的农杆菌与重组 DNA 分子混合，外源 DNA 黏附于受体细胞表面，经过短暂的热刺激处理，外源 DNA 进入细胞。用 $CaCl_2$ 处理农杆菌，会改变其某些生理状态，因此，当重组质粒进入农杆菌，完成转化实验后，需加入液体培养基，置于摇床慢速培养一段时间，使 $CaCl_2$处理过的农杆菌恢复细胞的正常状态。

二、实验步骤

1. 感受态细胞的制备

挑取根癌农杆菌 LBA4404 单菌落于 3 mL 的 YEB 液体培养基(含 50 mg/L Rif)中，28 ℃振荡培养过夜。

取 1 mL 过夜培养菌液接种于 50 mL YEB 液体培养基(含 50 mg/L Rif)中，28 ℃振荡培养至 $A_{600\ nm}$为 0.5。

取 2 mL 菌液，13 000 r/min 离心 30 s，弃去上清液。加入 1 000 μL 20 mmol/L $CaCl_2$，使农杆菌细胞充分悬浮。置于冰浴 30 min 后，13 000 r/min 离心 30 s，弃去上清液。置于冰上，

加入 500 μL 预冷的 20 mmol/L $CaCl_2$ 后，充分悬浮细胞，于冰浴中保存，24 h 内使用，或液氮中速冻 1 min，置于 −70 ℃保存备用。

2. 细胞转化

取 2～6 μL pCAMBIA1301 质粒 DNA 加入 200 μL 感受态细胞中，于冰浴中 5 min，液氮中速冻 5 min。迅速转入 37 ℃水浴中，热激 5 min。加入 1 mL YEB 液体培养基，28 ℃慢速振荡培养 2～4 h。

3. 平板培养

取前述培养液，3 000 r/min 离心 4 min，留取 200 μL 菌液涂布于含有 50 μg/mL Kan 和 50 μg/mL Rif 的 YEB 平板。放置约 0.5 h，待水分干后，于 28 ℃培养约 24 h 至长出菌落。

三、注意事项

(1)实验所用玻璃仪器和离心管需在用前灭菌，灭菌条件为 120 ℃，15 min。

(2)液氮接触皮肤可能会导致冻伤，注意规范、安全操作。

(3)农杆菌的浓度和侵染时间会影响转化效率，具体以水稻品种的特性而定。

Ⅲ　水稻愈伤组织诱导

一、实验原理

水稻成熟种子具有发育成完整植物体的潜在能力，在合适的条件下可以被用来诱导愈伤组织。愈伤组织通过特定的培养条件，可以进一步分化形成不定芽或不定根的分生组织，甚至是胚状体，最终发育成完整的苗或植株。再生体系是水稻转基因研究的有效工具，为水稻的遗传改良和功能基因组学研究提供了重要的技术支持。

二、实验步骤

1. 种子消毒

在超净工作台上，取 40 粒去壳、胚完整的水稻种子放入 50 mL 无菌三角瓶中，用无菌水冲洗一遍后，加入 75%乙醇消毒，液面没过种子，摇瓶 30～60 s。用无菌水再洗一遍后，倒入 2%次氯酸钠，液面没过种子，不时搅拌 30 min。用无菌水冲洗 3 次，每次摇瓶 1 min，倒掉无菌水，将种子放入带无菌滤纸的培养皿中，分开排布，吸干。

2. 诱导愈伤

将吸干的种子胚朝上接入 YN 培养基。每瓶接 10 粒，标明日期、接种人等信息，于 25 ℃暗培养。1 周后调查计算污染率，2 周后调查计算愈伤组织诱导率。

3. 水稻愈伤组织的继代培养

在超净工作台上打开培养皿，用镊子挑取自然分裂的胚性愈伤组织(淡黄色，致密呈球状)置入 YYN 培养基中,于 28 ℃光照培养箱中继代培养 1 周(如不马上用于转化,需转移至暗处,于 25 ℃继续培养 1 周)。

三、注意事项

(1)不要挑取霉变的种子用于实验。

(2)操作过程注意消毒灭菌干净。

(3)种子消毒过程中使用 75%乙醇消毒时间过长会直接影响种子发芽率,建议消毒时间以不超过 1 min 为宜。

(4)种子消毒过程中产生的废液需倒入废液缸。

Ⅳ　水稻的农杆菌介导遗传转化

一、实验原理

农杆菌介导的基因转化是最早、最实用且应用成功实例最多的一种植物转基因方法,其利用根瘤农杆菌的 Ti 质粒(含 T-DNA)来介导外源目的基因导入受体细胞。农杆菌中含有 Ti 质粒和 Ri 质粒,其上的 T-DNA 区域是农杆菌介导转化技术的关键。通过农杆菌的感染,T-DNA 上的外源基因可以被导入植物细胞,并整合到受体细胞核基因组上,从而实现外源基因在植物体内的稳定遗传和表达。

二、实验步骤

1. 农杆菌侵染

在侵染前 3 d 挑取含有 *GUS* 基因的农杆菌接种到 3 mL LB 液体培养基中(25 mg/L 链霉素和 50 mg/L 卡那霉素),于 28 ℃、200 r/min 培养至对数晚期(18～24 h)。利用分光光度计测量菌液 $A_{600\ nm}$值大约在 0.6。

将前述菌液按 1∶100 接种到 50 mL 新鲜的 NGN 液体培养基(25 mg/L 链霉素和 50 mg/L 卡那霉素)中,于 28℃、200 r/min 培养至 $A_{600\ nm}$值为 0.5 左右(培养 5～6 h)。

将 50 mL 菌液转入 2 个 50 mL 离心管中,于 4 ℃、4 000 r/min 离心 10 min,弃去上清液,加等体积的 NGNM+AS 培养基重悬菌体。

向 50 mL 离心管中加入 40 mL NGN(注意:培养基上铺一层干净滤纸,取 800 μL 溶液滴加在 GN 培养基滤纸上)。

将长势良好的水稻愈伤组织浸入准备好的农杆菌中,侵染 20 min,在此期间要缓慢摇动。

2. 共培养

将侵染后的菌液倒入废液缸,用已灭菌的针管或枪头把残余的菌液吸净,再用滤纸小心地把愈伤组织吸干,置于准备好的 GN 培养基上。22 ℃黑暗培养 2 d。

三、注意事项

(1)实验中注意保持环境、器材和操作过程的无菌性。
(2)农杆菌适宜的侵染浓度和时间因外植体对侵染的敏感性不同而有很大差异。
(3)农杆菌在低温环境下(22 ℃)有利于目的基因转移。

V　水稻抗性愈伤组织的筛选与分化

一、实验原理

漂洗干净共培养后的胚性愈伤组织表面的农杆菌后,在选择培养基上筛选获得抗性愈伤组织,抗性愈伤组织进而分化出抗性植株,炼苗、移栽进一步获得转基因水稻。

二、实验步骤

1. 洗菌

将共培养的水稻愈伤组织用无菌水洗涤6次,用无菌水+羧苄青霉素(500 mg/L)洗涤2次(洗涤时要不停地摇晃50 mL离心管,每洗涤一次用针管把无菌水吸出),用无菌纸吸干后置于工作台吹30 min。

2. 抗性愈伤组织的筛选

将水稻愈伤组织置于N6D2S固体筛选培养基上,26 ℃黑暗培养,每2周继代一次,筛选4周。

3. 分化诱导

经2次筛选生长旺盛的抗性水稻愈伤组织转至XFM再生培养基上,分化培养4周以上,每2周继代一次。

4. 生根

将经过分化培养的水稻分化苗转至GM培养基上,于三角瓶中生根壮苗。

5. 炼苗移栽

待水稻幼苗长至10 cm左右时,打开封口膜,炼苗2～3 d,移入盆栽或者大田。

三、注意事项

(1)筛选培养时要选择色泽新鲜状态好的材料继代,剔除褐化或玻璃化的愈伤组织。
(2)若抗性愈伤组织在分化过程中有细菌污染,可适当加大羧苄青霉素的用量。

实验十六　人类 ABO 血型的基因型检测

一、实验目标导航

[知识目标]了解 ABO 血型的遗传学原理，掌握人类 ABO 血型基因型检测的原理。

[能力目标]掌握在 DNA 水平上鉴定 ABO 基因型的操作过程。

二、实验背景

ABO 血型是发现最早、应用最广泛的人类血型，根据红细胞表面有无特异性抗原（凝集原）A 和 B 把血液分为 A、B、AB、O 4 型。血型不仅在输血上有重要意义，而且在人种学、遗传学、法医学、移植免疫、疾病抵抗力（或易感性）等方面都有应用价值。最初 ABO 基因型的鉴定是通过血清学方法和家系调查来进行。ABO 血型物质广泛地分布在人体组织和体液中，随着分子生物学技术的发展，从头发中提取核酸，应用 PCR 扩增和等位基因异质性限制酶消化检测 ABO 基因型的方法，已成为法医学、遗传学常用的方法之一。

三、实验技术路线

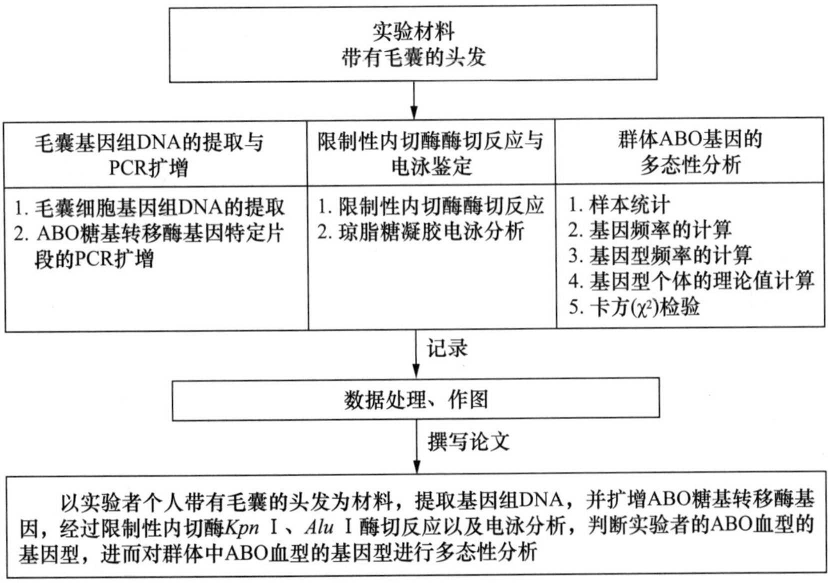

四、实验材料、器材与试剂

1. 材料

带有毛囊的头发6～7根。

2. 器材

电子天平，离心机，恒温水浴锅，PCR仪，电泳仪，电泳槽，微波炉，凝胶成像系统，冰箱，微量移液器，移液器枪头，PCR管，离心管。

3. 试剂

蛋白酶K，Triton X-100，TKM液，SDS，DTT，氯化钠，无水乙醇，TAE缓冲液，10×PCR缓冲液，*Taq* DNA聚合酶，*Taq* DNA聚合酶缓冲液，dNTP，*Kpn* Ⅰ，*Alu* Ⅰ，10×Buffer H，琼脂糖，6×上样缓冲液，DNA Green染料，DNA marker。

五、实验内容

(1)毛囊基因组DNA的提取与PCR扩增。

(2)限制性内切酶酶切反应与电泳鉴定。

(3)群体ABO基因的多态性分析。

六、实验结果处理与讨论

1. 实验结果处理

(1)对琼脂糖凝胶电泳结果使用凝胶成像系统进行拍照保存，分析实验者的ABO血型的基因型。

(2)统计群体内ABO血型的基因型分布，计算I^A、I^B、i基因频率。

(3)根据哈迪-温伯格(Hardy-Weinberg)定律，利用χ^2测验判断群体是否处于平衡状态。

2. 讨论

(1)分析根据琼脂糖凝胶电泳结果判断实验者的ABO血型的基因型的机理。

(2)分析影响群体遗传平衡的因素。

Ⅰ　毛囊基因组DNA的提取与PCR扩增

一、实验原理

毛发DNA含量极少，主要存在于毛根和鞘细胞周围。新拔毛发发根中约含0.5 μg总DNA。Triton X-100(聚乙二醇辛基苯基醚)是一种非离子型表面活性剂(或称去污剂)，能溶解脂质，以增加细胞膜对抗体的通透性。二硫苏糖醇(DTT)是一种小分子有机还原剂，高浓度的 DTT 可以打开毛发角蛋白结构中的二硫键，使 DNA 充分游离。

ABO 血型抗原是由 I^A、I^B、i 基因编码的特异性糖基转移酶催化合成的红细胞膜表面的糖蛋白和糖脂。ABO 基因座位于第 9 号染色体上，其 3 个等位基因 I^A、I^B、i 形成 4 种主要的血型 A、B、AB 和 O。其中 A 血型的基因型为 I^AI^A 或 I^Ai，B 血型的基因型为 I^BI^B 或 I^Bi，AB 血型的基因型为 I^AI^B，O 血型的基因型为 ii。

I^A 基因与 I^B 基因之间在 cDNA 上有 7 个单碱基替换：A294G、C523G、C654T、G700A、C793A、G800C 和 G927A。与 I^A 基因相比，i 基因只是 cDNA 的第 258 位的胞嘧啶缺失，出现框移突变，使第 352 位的 TTA 变成了 TAA(终止密码子)，提前终止了转移酶的合成，导致合成的转移酶没有活性区，所以在红细胞膜上没有 A、B 抗原的产生。

本实验根据 GenBank 上公布的 I^A、I^B、i 基因序列设计引物，扩增 ABO 糖基转移酶基因中的 2 个区段。引物序列为：

引物 1：5′-CACCGTGGAAGGATGTCCTC-3′

引物 2：5′-AATGTCCACAGTCACTCGCC-3′

引物 3：5′-GTGGAGATCCTGACTCCGCTG-3′

引物 4：5′-CACCGACCCCCCGAAGAA-3′

用 1、2 引物进行 PCR 扩增，等位基因 I^A、I^B 产物为 200 bp，等位基因 i(258 位 G 缺失)产物为 199 bp。

用 3、4 引物进行 PCR 扩增，等位基因 I^A、I^B、i 的产物均为 159 bp。

二、实验步骤

1. 毛囊细胞基因组 DNA 的提取

DNA 提取采用二硫苏糖醇(DTT)-裂解液法。

10×PCR 缓冲液稀释 10 倍，加入 Triton X-100 至含量为 1%，加入蛋白酶 K(PK)至 20 mg/L，加入 DTT 至 0.4 mol/L，所得即为裂解液。

在含毛根的离心管中加入 15 μL 裂解液，65 ℃保温 30 min。100 ℃保温 8 min。4 ℃保温 10 min。瞬时离心，取上清转移至新离心管中作为 PCR 模板，4 ℃保存，备用。

2. ABO 糖基转移酶基因特定片段的 PCR 扩增

取 PCR 管 2 个，按表 5-47 配制 25 μL 总体积的 PCR 反应体系。

表 5-47　PCR 反应体系

组分	用量	
	1 号管	2 号管
10×PCR 缓冲液/μL	2.5	2.5
PCR 模板 DNA/μL	3.0	3.0
引物 1/μL	1.25	
引物 2/μL	1.25	
引物 3/μL		1.25
引物 4/μL		1.25

续表 5-47

组分	用量	
	1 号管	2 号管
dNTPs/μL	0.5	0.5
ddH_2O/μL	16.2	16.2
Taq DNA 聚合酶/μL	0.3	0.3

将 2 个反应管同时置于 PCR 仪中扩增。

扩增参数为：94 ℃变性 5 min，94 ℃变性 50 s，60 ℃退火 30 s，72 ℃延伸 60 s，35 次循环，72 ℃延伸 10 min，4 ℃保温。

三、注意事项

(1)1% Triton X-100 有助于破坏细胞膜，但通常是先配制成 30%的 Triton X-100 贮备液，临用时稀释至所需浓度。

(2)规范使用微量移液器，保证加液的精确性。

(3)PCR 扩增操作时应仔细，避免加错或漏加试剂。

Ⅱ 限制性内切酶酶切反应与电泳鉴定

一、实验原理

1 号管中等位基因 I^A、I^B的产物为 200 bp，i 产物为 199 bp。用限制性内切酶 *Kpn* Ⅰ消化后，i 基因 199 bp 的 PCR 产物被切成 171 bp 和 28 bp 两段，I^A、I^B基因 200 bp 的 PCR 产物由于没有该酶切位点，依然是 200 bp，如表 5-48 所示。

2 号管中等位基因 I^A、I^B、i 的产物均为 159 bp。用限制性内切酶 *Alu* Ⅰ消化后，I^B基因 159 bp 的 PCR 产物被切出 118 bp 和 41 bp 两段，I^A、i 基因 159 bp 的 PCR 产物因没有该酶切位点依然是 159 bp，如表 5-48 所示。

表 5-48 酶切产物

等位基因	1 号管 *Kpn* Ⅰ酶切结果	2 号管 *Alu* Ⅰ酶切结果
I^A	200	159
I^B	200	118+41
i	171+28	159

限制性内切酶酶切反应可以使用琼脂糖凝胶电泳进行鉴定。

二、实验步骤

1. 限制性内切酶酶切反应

取 2 支离心管，分别编号。按表 5-49 配制 20 μL 总体积的反应体系。

表 5-49　酶切反应体系

组分	用量	
	1 号管	2 号管
1 号管 PCR 产物/μL	15	
2 号管 PCR 产物/μL		15
Alu Ⅰ 5 U/μL	0.5	
Kpn Ⅰ 5 U/μL		0.5
10×Buffer H/μL	2	2
ddH_2O/μL	2.5	2.5

将 1、2 号管混匀，置于 37 ℃酶切反应过夜。

2. 琼脂糖凝胶电泳分析

称量 1.5 g 琼脂糖倒入锥形瓶中，加入 100 mL 1×TAE 缓冲液。在锥形瓶的瓶口上盖上保鲜膜或牛皮纸，并在膜或纸上扎些小孔，于微波炉中加热溶解。使溶液冷却至 50～60 ℃，按照 1 μL /30 mL 的比例加入 DNA Green 染料，并充分混匀。将琼脂糖溶液倒入制胶模中，插上梳子，在室温下使胶凝固。

用移液枪吸取 2 μL 的 6×上样缓冲液于封口膜上，再加入 5 μL 样品，混匀后，小心加入点样孔。

加完样后，控制电压保持在 110 V，电流在 40 mA 以上进行电泳。当条带移动到距凝胶前沿约 2 cm 时停止电泳。凝胶成像系统观察并拍照。

三、注意事项

(1)实验中两个酶切反应管对应实验Ⅰ的两个反应管，应注意加样的准确性。

(2)TAE 缓冲液放置时间过久会沉淀，因此一次性不要配太多。工作用电泳缓冲液为 1×TAE 缓冲液，取 50×TAE 缓冲液贮存液稀释，现配现用。

(3)用于电泳的缓冲液和用于制胶的缓冲液必须统一。

(4)每加完一个样品要更换枪头，以防止互相污染。

(5)琼脂糖粉加热时，戴上防热手套，小心摇动锥瓶，使琼脂糖充分均匀溶解。

Ⅲ 群体 ABO 基因的多态性分析

一、实验原理

Hardy-Weinberg 定律是群体遗传学中的基本定律，又称为遗传平衡定律，描述了在满足特定条件的情况下，一个大的随机交配的群体中，基因频率和基因型频率在没有迁移、突变和选择等外界干扰的条件下，会保持不变，并且这种平衡状态会世代相传。

遗传平衡定律适用于人类，人的 ABO 血型系统遵循孟德尔遗传规律。设 I^A、I^B、i 基因频率分别为 p、q、r，若群体处于遗传平衡，基因频率与基因型频率有如下关系：

$[p(I^A)+q(I^B)+r(i)]^2 = p^2(I^AI^A)+q^2(I^BI^B)+r^2(ii)+2pq(I^AI^B)+2pr(I^Ai)+2qr(I^Bi)$

由表型频率可推知基因频率，假定 AA、BB、AB、O 分别表示 A、B、AB、O 型的表型频率，则有：

$AA=p^2+2pr$　　$BB=q^2+2qr$　　$AB=2pq$　　$O=r^2$

$r=(r^2)^{1/2}=O^{1/2}$　　$p=1-(q+r)=1-[(q+r)^2]^{1/2}=1-(BB+O)^{1/2}$

同理，$q=1-(AA+O)^{1/2}$。

通过调查统计实际人群中的血型分布，算出基因频率后，进而即可计算出各血型的理论频率及人数。

二、实验步骤

1. 样本统计

将班级中各位同学的 ABO 血型结果填入表 5-50。

表 5-50　样本统计

项目	ABO 血型			
	A	B	AB	O
人数				
合计				

2. 基因频率的计算

根据遗传平衡公式计算出各基因频率，并检验此群体是否处于平衡状态。

3. 基因型频率的计算

用所求得的基因频率，按 Hardy-Weinberg 定律公式计算基因型频率。

4. 基因型个体的理论值计算

将所求得的基因型频率与班级总人数相乘，即得班级中各基因型个体的预期理论人数。

5. 卡方(χ^2)检验

假设所在班级的群体是一个遗传平衡群体，检测各基因型的理论预期值与实际测得值之间的吻合程度进行验证。可用 χ^2 检验。

三、注意事项

(1)若实验Ⅱ结果较好,可直接统计班级同学的基因型频率及基因频率。若实验Ⅱ结果不好,可通过调查班级同学的血型表型,再计算基因型频率及基因频率。

(2)卡方检验对样本量有一定要求,总样本量通常应不小于 40。

实验十七　理化因素诱导蚕豆染色体变异

一、实验目标导航

[知识目标]了解理化因素对染色体变异的影响,掌握细胞分裂时微核效应的表现及细胞学鉴定方法的原理。

[能力目标]熟练掌握理化因素对蚕豆根尖细胞微核效应的研究方法,通过微核率的统计评估该处理下的环境污染情况。

二、实验背景

理化因素可以引起染色体在数量与结构上发生变化,从而使生物体的性状产生变异。染色体数目变异分为倍数性变异(单倍体和多倍体)和非倍数性变异(非整倍体),常见的结构变异有缺失、重复、易位、倒位等。染色体所产生的变异频率与物理化学因素的剂量相关,因而在致癌畸变物质的检测方面,可以运用染色体畸变分析法和微核测定法。

微核(micronuclei,MCN)是真核生物细胞中的一种异常结构,在间期呈圆形或椭圆形,游离于主核之外,大小应在主核的 1/3 以下。微核由有丝分裂后期丧失着丝粒的断片产生,一整条或好几条染色体也能形成。这些断片或染色体在细胞分裂末期被两个子细胞核所排斥,便形成了第三个核块。微核率与用药剂量或辐射累积效应呈正相关关系,因此可用简易的间期微核计数来代替烦杂的中期染色体畸变计数。目前,微核测试在国内外被广泛应用于科学研究、药品开发、食品安全等多个领域,成为评估遗传毒性的重要手段之一。

三、实验技术路线

实验材料
带有毛囊的头发

↓

物理因素诱导蚕豆染色体变异	化学因素诱导蚕豆染色体变异
1. 种子诱变处理 2. 浸种发芽 3. 固定材料 4. 解离 5. 染色 6. 制片 7. 镜检	1. 浸种发芽 2. 诱变处理 3. 根尖细胞恢复培养 4. 解离 5. 染色 6. 制片 7. 镜检

↓ 记录

数据处理、作图

↓ 撰写论文

采用物理、化学因素处理蚕豆种子，通过实验观察获得不同变异类型，训练用微核测试的方法来检测染色体畸变情况，探索生物体遗传特性的变化机制

四、实验材料、器材与试剂

1. 材料

蚕豆种子。

2. 器材

电子天平，光照培养箱，恒温箱或水浴锅，显微镜，冰箱，剪刀，镊子，载玻片，盖玻片，吸水纸，量筒，培养皿，青霉素小瓶，烧杯，纱布，白磁盘，培养皿，滤纸，^{60}Co γ 射线，紫外线。

3. 试剂

Carnoy 固定液(95%乙醇：冰乙酸=3：1)，无水乙醇，盐酸，改良苯酚品红染液，秋水仙碱，叠氮化钠。

五、实验内容

(1)物理因素诱导蚕豆染色体变异。

(2)化学因素诱导蚕豆染色体变异。

六、实验结果处理与讨论

1. 实验结果处理

(1)绘出经辐照或化学诱变后，实验材料染色体畸变(结构变异和数目变异)的各种类型及微核形态特征。

(2)计算各测试样品(包括对照组)微核千分率(MCN‰)。

$$\text{MCN‰}=\frac{\text{测试样品(或对照)观察到的微核数}}{\text{测试样品(或对照)观察到的细胞数}}\times 1\,000$$

如果对照本底 MCN‰为 10‰以下，可采用如下标准进行分析以确定样品的污染程度：MCN‰在 10‰以下，表示基本没有污染；MCN‰在 10‰～18‰，则表示有轻度污染；MCN‰在 18‰～30‰，则表示有中度污染；MCN‰在 30‰以上，则表示有重度污染。

2. 讨论

(1)分析根据观察结果判断染色体变异类型的机理。

(2)根据微核千分率判断污染程度，分析环境因素对生物体遗传稳定性的影响。

Ⅰ　物理因素诱导蚕豆染色体变异

一、实验原理

物理因素诱发植物染色体在结构上的变异，能够观察到细胞学变化，有丝分裂中期断片、后期桥及断片、后期落后染色体、环状染色体等，还可导致微核的产生。在减数分裂的前期，还能观察到各种染色体环(缺失环、重复环、倒位圈等)，后期还会出现染色质桥及断片。

二、实验步骤

1. 种子诱变处理

采用半致死剂量的 ^{60}Co γ 射线处理蚕豆种子。

2. 浸种发芽

将照射后的种子，按常规方法发芽、剪根。

3. 固定材料

洗净根尖，Carnoy 固定液固定 24 h。再放入 95%乙醇、80%乙醇依次脱水，最后换 70%乙醇，置于冰箱 4 ℃长期保存。

4. 解离

将供试材料根尖放入青霉素小瓶中水洗 3 遍，弃去水。再加入 1 mol/L 盐酸，放入 60 ℃恒温箱解离 10～15 min，弃去盐酸，水洗根尖 3 遍。

5. 染色

取一根尖于载玻片上，切取生长点部位，弃去其余部分。加 1 滴改良苯酚品红染液，边用镊子夹碎边染色 10～15 min，再加上盖玻片。

6. 制片

吸水纸包住盖玻片和载玻片，用镊柄轻敲盖玻片，至材料呈云雾状即可。

7. 镜检

观察细胞中的染色体断片、桥及微核。

三、注意事项

(1)使用^{60}Co γ射线处理蚕豆种子时,注意选择适当的辐射剂量,并确保操作安全。

(2)注意微核识别标准:在主核大小的1/3以下,并与主核分离的小核;小核着色与主核相当或稍浅;小核形态为圆形、椭圆或不规则形。

Ⅱ 化学因素诱导蚕豆染色体变异

一、实验原理

化学因素可诱发植物染色体在数目与结构上的变异。利用蚕豆根尖作为实验材料进行微核测试,能够准确地显示各种处理诱发畸变的效果,并用于污染程度的监测。

二、实验步骤

1. 浸种发芽

将实验用蚕豆种子按需要量放入盛有蒸馏水的烧杯中,在25 ℃下浸泡24 h。种子吸胀后,用纱布松散包裹置白磁盘中,保持湿度,在25 ℃恒温箱中催芽12～24 h,待初生根长出2～3 mm时,再取发芽良好种子,放入铺满滤纸的磁盘中,25 ℃继续催芽,经36～48 h大部分初生根长至1～2 cm,选取生长一致的进行检测。

2. 诱变处理

每一处理选取10粒初生根生长良好、根长一致的种子,放入盛有待测物溶液(一定浓度的待测污水、秋水仙碱、叠氮化钠等)的培养皿中,浸没根尖。用自来水作为对照,处理根尖6～24 h。

3. 根尖细胞恢复培养

将处理后的种子用蒸馏水浸洗3次,每次2～3 min。将洗净的种子再放入铺好滤纸的白磁盘内25 ℃恒温箱中恢复培养24 h。

4. 解离

将供试材料根尖放入青霉素小瓶中水洗3遍,弃去水。再加入1 mol/L盐酸,放入60 ℃恒温箱解离10～15 min,弃去盐酸,水洗根尖3遍。

5. 染色

取一根尖于载玻片上,切取生长点部位,弃去其余部分。加1滴改良苯酚品红染液,边用镊子夹碎边染色10～15 min,再加上盖玻片。

6. 制片

吸水纸包住盖玻片和载玻片,用镊柄轻敲盖玻片,至材料呈云雾状即可。

7. 镜检

观察细胞中的染色体断片、桥及微核。

三、注意事项

(1)各种诱发染色体变异的试剂具有一定的毒性，注意安全使用，防止污染环境。

(2)严重污染的水会对造成根尖死亡，应稀释后再使用。

(3)待测污水、秋水仙碱、叠氮化钠等实验材料的处理时间可视实验需要和被测液浓度而定。

实验十八　植物功能基因代谢工程菌株的构建与代谢产物分析

一、实验目标导航

[**知识目标**]了解植物次生物质的代谢工程研究的方法和意义，熟悉功能基因的代谢工程研究的一般思路，理解和掌握植物功能基因的代谢工程菌株的构建及代谢产物分析的实验流程和原理，掌握植物功能基因代谢工程的基本策略和步骤。

[**能力目标**]熟练掌握植物功能基因的代谢工程菌株的构建及代谢产物分析的实验方法，掌握植物功能基因的代谢工程菌株的构建及代谢产物分析的全过程技能。

二、实验背景

植物次生代谢物是植物在长期进化中与环境相互作用的结果，在植物的整个生命过程中有多种功能，其在商业和工业应用方面具有巨大潜力。近年来，随着次生代谢途径和调控机理研究的深入，代谢工程已成为提高次生代谢物产量的重要途径。植物类黄酮物质是植物体中极其重要的次生物质之一，不仅数量种类繁多，而且结构类型复杂多样。植物中类黄酮化合物生物合成途径，现已基本探明。利用已探明功能的类黄酮途径关键基因开展代谢工程研究是生物、化学、食品、医药等科研、生产的重要发展方向。本实验以植物 cDNA 为模板，采用 RT-PCR 技术，获得植物次生代谢关键基因的开放阅读框，并将该基因重组到表达载体上，在大肠杆菌 BL21 中进行原核表达；通过优化目标基因的原核表达体系，开展功能基因的代谢工程研究。

三、实验技术路线

实验材料
茶树cDNA

↓

次生代谢基因的生物信息学分析	植物功能基因的克隆及测序	植物功能基因的表达菌株的构建	表达菌株的诱导表达和产物检测
1. 植物次生代谢基因序列的获得 2. 功能基因的同源性分析 3. 相关同源基因的进化树分析	1. 引物设计 2. 靶基因的全长克隆 3. 阳性克隆筛选 4. 测序分析	1. 基因和载体的双酶切 2. T_4连接反应 3. 表达载体的构建 4. 阳性克隆筛选	1. 表达菌株诱导条件的优化 2. 目的蛋白检测 3. 酶活力测定

↓ 记录

琼脂糖凝胶电泳图谱、SDS-PAGE电泳图谱

↓ 撰写论文

从目标基因生物信息学分析、基因克隆、表达载体构建和表达菌株诱导表达和功能分析等方面探究植物次生代谢基因的功能，开展目标基因体外功能研究

四、实验材料、器材与试剂

1. 材料

茶树 cDNA。

2. 器材

功能基因的 CDS 序列，可连接网络的计算机，PCR 仪，恒温水浴锅，电泳仪，水平电泳槽，凝胶成像系统，制冰机，低温冰箱，摇床，SDS-PAGE 电泳系统，脱色摇床，离心机，超声波破碎仪，核酸蛋白定量检测仪，恒温水浴锅，旋转蒸发仪，分光光度计，培养皿。

3. 试剂

琼脂糖，Amp（氨苄青霉素），胶回收试剂盒，质粒回收试剂盒，T 载体，大肠杆菌 DH5α，PRSFDuet 载体，表达菌株 BL21，Kan（卡那霉素），IPTG（异丙基-*β*-*D*-硫代半乳糖苷），Acr，Bis，过硫酸铵，Tris，盐酸，SDS，磷酸氢二钠，磷酸二氢钠，NADPH，二氢槲皮素（DHQ）或二氢杨梅素（DHM），氯化钠，正丁醇，色谱甲醇，乙酸乙酯，甲酸。

五、实验内容

（1）次生代谢基因的生物信息学分析。

（2）植物功能基因的克隆及测序。

（3）植物功能基因的表达菌株的构建。

（4）表达菌株的诱导表达和产物检测。

六、实验结果处理与讨论

1. 实验结果处理

(1)记录并分析 PCR 产物、双酶切产物、菌落 PCR 的电泳图谱。

(2)记录表达菌株诱导表达的蛋白 SDS-PAGE 的电泳图谱。

(3)记录表达菌株代谢产物的薄层分析和分光光度计检测结果。

2. 讨论

(1)分析次生代谢基因的生物信息学分析的实践应用价值,解析其在代谢工程研究中的应用途径。

(2)分析在植物代谢工程研究中,植物次生代谢基因的克隆、表达载体构建对实现植物次生代谢产物产量进行人为调控,提高其在工业、医药等领域的应用价值的意义。

(3)讨论植物次生代谢基因的体外功能分析的策略。

Ⅰ 次生代谢基因的生物信息学分析

一、实验原理

利用生物信息学方法分析植物次生代谢基因及其编码蛋白的结构。利用 NCBI 的 BLAST 工具,进行功能基因的同源性比对分析,寻找近源物种基因序列。利用 Clustal X 软件进行不同物种基因的序列比对,并利用 MEGA 软件为比对序列构建进化树,分析基因的同源进化关系。

二、实验步骤

1. 植物次生代谢基因序列的获得

以植物类黄酮功能基因为目标基因,根据 GenBank 数据库中登录信息,获得的基因全长碱基和氨基酸信息(表 5-51)。

2. 功能基因的同源性分析

将获得的靶基因的氨基酸序列作为 query 序列,利用 NCBI 的信息库的 BLAST 工具(http://blast. st-va. ncbi. nlm. nih. gov/Blast. cgi)进行同源比对,获得与靶基因同源性较高的同源基因。

3. 相关同源基因的进化树分析

(1)利用 Clustal X 软件,对靶基因和其他物种的同源基因序列进行序列比对,比对后的序列用于后续进化树构建。

(2)将比对的序列输入 MEGA 软件中,选择默认设置,进行序列的两两比对和多序列比对。

表 5-51 植物类黄酮功能基因的汇总

基因名	底物	产物
苯丙氨酸解氨酶(PAL)	*L*-苯丙氨酸	反式肉桂酸
肉桂酸 4-羟化酶(C4H)	肉桂酸	*p*-香豆酸
4-香豆酰辅酶 A 连接酶(4CL)	*p*-香豆酸	4-香豆酰辅酶 A
查耳酮合成酶(CHS)	丙二酰辅酶 A 4-香豆酰辅酶 A	查耳酮
查耳酮异构酶(CHI)	查耳酮	柚皮素
黄烷酮-3-羟化酶(F3H)	黄烷酮	二氢黄酮醇
黄烷酮-3′-羟化酶(F3′H)	柚皮素	圣草酚
黄烷酮-3′,5′-羟化酶(F3′5′H)	柚皮素	圣草酚 五羟黄酮
黄酮醇合成酶(FLS)	二氢黄酮醇	黄酮醇
黄酮醇磺基转移酶(FST)	黄酮醇	磺基黄酮醇
二氢黄酮醇 4-还原酶(DFR)	二氢黄酮醇	无色花青素
无色花青素还原酶(LAR)	无色花青素	儿茶素
花青素合成酶(ANS)	无色花青素	花青素
花青素还原酶(ANR)	花青素	儿茶素
UDP-葡萄糖黄酮类 3-O-葡糖基转移酶 (UFGT)	花青素 黄酮醇	花青素-3-O-糖苷 黄酮醇-3-O-糖苷
咖啡酰辅酶 A 甲基转移酶(CCoAOMT)	咖啡酰辅酶 A	阿魏酰辅酶 A

(3)选择主界面中的 Phylogeny 菜单,利用 Bootstrap Test of Phylogeny 进行 Neighbor joining 进化树分析。

三、注意事项

(1)同源基因的选择应尽量具有代表性,尽量涵盖模式植物基因和已有文章发表的基因。

(2)在进行序列比对时,应确保比对结果中的物种信息准确无误。

Ⅱ 植物功能基因的克隆及测序

一、实验原理

植物类黄酮功能基因对植物体内儿茶素合成积累起到关键调节作用。本实验以植物 cDNA 为模板,利用靶基因的特异引物,完成靶基因的全长克隆。将回收的 PCR 产物连接到 T 载体,转化大肠杆菌 DH5α,获得阳性克隆。通过公司测序验证克隆序列的正确性。

二、实验步骤

1. 引物设计

根据靶基因的序列，利用 Primer Premier 软件进行序列的酶切位点分析和特异引物设计。

2. 靶基因的全长克隆

以茶树鲜叶提取的 RNA 合成 cDNA 一链为模板，利用高保真 DNA 聚合酶扩增目的基因，PCR 程序为：98 ℃预变性 30 s；98 ℃变性 15 s，63 ℃复性 20 s，72 ℃延伸 50 s，共计 30 个循环；最后 72 ℃延伸 10 min。目的条带经胶回收（方法参见胶回收试剂盒说明书）纯化后，连接到 T 载体上。

3. 阳性克隆筛选

将重组质粒转化到大肠杆菌 DH5α 中，利用氨苄青霉素抗性筛选获得阳性菌株。

(1)转化步骤　质粒 1 μL，DH5α 感受态细胞 25 μL，混合均匀后冰浴 30 min，然后 42 ℃热激 42 s，冰浴 2 min，加 200 μL LB 培养基培养 1 h，涂布含有 Amp LB 平板，37 ℃培养 12 h。

(2)菌落 PCR 程序　94 ℃预变性 3 min；94 ℃变性 30 s，55 ℃复性 30 s，72 ℃延伸 1.5 min，共计 30 个循环；最后 72 ℃延伸 10 min。

4. 测序分析

阳性克隆经过测序，并根据测序序列比对，获得序列正确的阳性克隆（靶基因-T 载体），利用质粒提取试剂盒提取质粒（其方法参见试剂盒说明书），−20 ℃贮藏备用。

三、注意事项

(1)抗性筛选平板应在 4 ℃贮藏，防止抗性失效。

(2)全长克隆引物应含有酶切位点，以便后续表达载体构建。

Ⅲ　植物功能基因的表达菌株的构建

一、实验原理

含有目的基因的 DNA 片段和载体 DNA 连接技术，其核心步骤是 DNA 片段之间的体外连接，涉及限制酶、连接酶等的酶促反应。利用同源重组技术，将目的条带连接到表达载体上，将重组质粒转化到大肠杆菌 DH5α 中，通过选择抗性筛选获得阳性菌株。利用质粒提取试剂盒提取质粒，通过重组质粒的转化和阳性表达菌株的鉴定构建表达菌株。

二、实验步骤

1. 基因和载体的双酶切

30 μL 双酶切体系：酶切缓冲液 3 μL，牛血清蛋白溶液 0.3 μL，*Nde* Ⅰ 1 μL，*Xho* Ⅰ 1 μL，胶

回收溶于 20 μL 水中(约 18 μL),超纯水 6.7 μL,37 ℃酶切过夜。

2. T_4连接反应

10 μL 连接体系:质粒 1 μL,PCR 回收产物 3 μL,10 倍 T_4缓冲液 1 μL,T_4连接酶 0.5 μL,超纯水 4.5 μL,室温下连接 1 h。

3. 表达载体的构建

将连接产物转化到大肠杆菌 DH5α 中,利用 Kan 抗性筛选获得阳性菌株。

(1)转化步骤　质粒 1 μL,DH5α 感受态细胞 25 μL,混合均匀后冰浴 30 min,然后 42 ℃热激 42 s,冰浴 2 min,加 200 μL LB 培养基培养 1 h,涂布含有 Amp LB 平板,37 ℃培养 12 h。

(2)菌落 PCR 程序　94 ℃预变性 3 min;94 ℃变性 30 s,55 ℃复性 30 s,72 ℃延伸 1.5 min,共计30 个循环;最后 72 ℃延伸 10 min。

(3)测序分析　阳性克隆通过测序,并根据测序序列比对,获得序列正确的阳性克隆菌株。

4. 阳性克隆筛选

将重组质粒转化到大肠杆菌 BL21 中,利用 Kan 抗性筛选获得阳性菌株。

三、注意事项

(1)为了提高双酶切的效果,可以适当延长酶切时间。

(2)限制性内切酶选择应根据基因序列和酶切效率进行选择,以降低表达载体构建难度。

Ⅳ　表达菌株的诱导表达和产物检测

一、实验原理

蛋白质是基因产物。实验的最终目的是外源基因的高效表达,获得有价值的蛋白质产品。大肠杆菌表达系统具有遗传背景清楚,目的基因表达水平高,培养周期短,抗污染能力强等特点,是生产重组蛋白质的首选表达系统。实验采用化学诱导的方法,向培养基中加入诱导物 IPTG(异丙基-*β*-*D*-硫代半乳糖苷,*β*-半乳糖苷酶底物的类似物)解除外源基因转录抑制,阻遏蛋白不能与操纵基因结合,外源基因大量转录并高效表达。

经过初步筛选获得阳性克隆的菌株,必须对其产物的功能和活力进行进一步鉴定。蛋白质在加热变性以后与 SDS 结合,形成带有负电荷的椭球形结构,在电场的作用下,向正极移动,按分子质量大小排列在胶板上。应用 SDS-PAGE 蛋白质电泳和考马斯亮蓝染色的方法,观察表达蛋白的分子质量及表达水平。

根据筛选的目的蛋白是一种酶,以酶对底物的反应设计蛋白质活力筛选检测方案。二氢槲皮素(dihydroquercetin,DHQ)和二氢杨梅素(dihydromyricetin,DHM)可在二氢黄酮醇4-还原酶(DFR)作用下分别生成无色矢车菊色素和无色飞燕草色素。无色花青素为 DFR 酶的反应产物,是花青素、原花青素及儿茶素合成的中间产物,具有无色和不稳定性,不利于检测，实验采用正丁醇：盐酸＝95：5（体积比）的混合溶液热解酶反应产物，可提高检测结果的可靠性，且便于观察。

本实验通过诱导时间、诱导 IPTG 浓度和诱导温度的优化，获得表达菌株最佳诱导条件。利用 SDS-PAGE 电泳检测目的蛋白的表达水平，对酶活产物进行定性和定量分析。

二、实验步骤

1. 表达菌株诱导条件的优化

（1）最佳诱导时间　将过夜培养的菌液以 1：50（体积比）转入 LB 液体培养基中继续培养，待菌液 $A_{600\ nm}$ 为 0.6 左右时，加入 IPTG 至终浓度为 1 mmol/L，置于 37 ℃摇床中振荡培养，每隔 1 h 取一次样，用 SDS-PAGE 检测重组蛋白表达情况。

（2）最佳诱导 IPTG 浓度　将过夜培养的菌液以 1：50（体积比）转入含氨苄青霉素（50 μg/mL）的 LB 液体培养基中继续培养，待菌液 $A_{600\ nm}$ 为 0.6 左右时，分别加入 IPTG 至终浓度为 0.1 mmol/L、0.2 mmol/L、0.5 mmol/L、1 mmol/L 和 2 mmol/L，置于 37 ℃摇床中振荡培养，5 h 后取样用于 SDS-PAGE 分析。

（3）最佳诱导温度　将过夜培养的菌液以 1：50（体积比）转入含氨苄青霉素（50 μg/mL）的 LB 液体培养基中继续培养，待菌液 $A_{600\ nm}$ 为 0.6 左右时，加入 IPTG 至终浓度为 1 mmol/L，分别置于 37 ℃、25 ℃和 15 ℃摇床中振荡培养，5 h 后取样用于 SDS-PAGE 分析。

2. 目的蛋白检测

选择合适的诱导时间、诱导温度、IPTG 浓度诱导目的蛋白表达，将菌液离心，收集菌体，用含 300 mmol/L 氯化钠的 0.2 mol/L pH 7.0 磷酸盐缓冲液重悬菌体，置于冰上超声破碎。超声破碎后 12 000 r/min，4 ℃离心 10 min，收集上清液，蛋白质表达情况利用 SDS-PAGE 检测，并用核酸蛋白定量检测仪检测纯化蛋白的浓度。

3. 酶活力测定

配制 3 mL 酶活测定体系，包括 0.1 mol/L pH 6.5 磷酸盐缓冲液、2 mmol/L NADPH、0.1 mmol/L 二氢槲皮素或二氢杨梅素、0.1 mg 纯化后的重组蛋白质，37 ℃反应 1 h，加入等体积的正丁醇：盐酸＝95：5（体积比）溶液终止反应，95 ℃水浴 1 h，分离正丁醇相，旋转蒸发后，用色谱甲醇定容至 0.25 mL。

用薄层层析的方法检测花青素产物，包括矢车菊色素（cyanidin，CYA）和飞燕草色素（delphinidin，DEL）。薄层层析条件：以硅胶为层析支持剂，以乙酸乙酯：甲酸：2 mol/L 盐酸＝85：6：9 为展开剂分离不同花青素产物，利用分光光度法对酶活产物进行定量分析。

三、注意事项

（1）蛋白质电泳时上槽电极缓冲液最好使用新鲜电极缓冲液，下槽电极缓冲液可重复利用 3～4 次。

（2）酶活力测定反应体系应严格注意加样量、反应温度以及反应时间。

实验十九　GSNOR 原核蛋白表达及其纯化

一、实验目标导航

[知识目标]掌握基因克隆、转化、表达等基因工程技术的原理，加深对基因工程技术的理解。

[能力目标]掌握基因克隆、转化、表达等基因工程技术的操作方法。

二、实验背景

原核生物(如大肠杆菌)具有简单的遗传背景和高效的表达系统，是常用的外源基因表达宿主。外源基因通过构建重组表达载体，被导入原核细胞后，在适当的诱导条件下实现高效表达。由于原核表达系统中可能同时存在多种蛋白质，需要通过纯化步骤将目的蛋白从混合物中分离出来。His 标签是目前重组蛋白纯化中使用最广泛的亲和纯化标签，可通过镍柱的氯化镍或者硫酸镍结合标签蛋白。蛋白质是否成功表达纯化可通过 SDS-PAGE 来检测。

实验以 GSNOR(即 S-亚硝基谷胱甘肽还原酶)为研究对象。GSNOR 在生物体内扮演着重要的角色，特别是在调控信号分子一氧化氮(NO)的代谢和平衡方面。通过原核表达和纯化实验，获得高纯度的 GSNOR 蛋白，对于研究其生物学功能、结构特征以及与其他蛋白质的相互作用等方面具有重要意义，可为进一步揭示 GSNOR 在植物生长、发育以及对环境因素的响应中的潜在作用提供支撑。

三、实验技术路线

实验材料
植物叶片

↓

扩增GSNOR1目的基因	表达载体的制备	构建重组表达载体	目的基因的连接、转化	诱导GSNOR蛋白表达	GSNOR蛋白的纯化与检测	GSNOR酶活力的检测
1. RNA的反转录 2. *GSNOR1*基因的扩增 3. 电泳检测 4. PCR产物的回收	1. 摇菌培养 2. 细胞裂解 3. 质粒DNA纯化	载体的酶切	1. 连接反应 2. 大肠杆菌转化及菌落PCR鉴定 3. pET28a(+)-GSNOR1载体转入BL21感受态细胞	1. 菌株活化与培养 2. IPTG诱导	1. 蛋白的纯化 2. 蛋白的检测	1. 蛋白质浓度测定 2. GSNOR酶活性测定

↓记录

数据处理、作图

↓ **撰写论文**

通过载体构建、转化、表达及纯化等系列内容，从大肠杆菌表达的蛋白质混合物中分离出高纯度的目的蛋白，去除其他杂质和非目的蛋白，为后续研究提供丰富的蛋白质样品，以便进一步探索目的蛋白的生物学功能、结构和相互作用等

四、实验材料、器材与试剂

1. 材料

植物叶片，含质粒 DNA pET28a(+)的大肠杆菌菌株。

2. 器材

冷冻离心机，离心机，PCR 仪，移液器，电泳仪，电泳槽，凝胶成像仪，恒温水浴锅，控温摇床，恒温培养箱，高压灭菌锅，超净工作台，紫外分光光度计，细胞破碎仪，酶标仪，制冰机，紫外灯，枪头，离心管，PCR 管，培养皿，锥形瓶，涂布棒，计时器等。

3. 试剂

(1)RNA 提取试剂盒，反转录试剂盒，2×HS Mix，上游引物，下游引物，模板(cDNA/质粒 DNA)，琼脂糖，胶回收试剂盒，卡那霉素，质粒提取试剂盒，无水乙醇，限制性内切酶，Cut-smart Buffer，同源重组酶(Cloning Mix)，IPTG(异丙基-*β*-*D*-硫代半乳糖苷)，PMSF(苯甲基磺酰氟)，5×上样缓冲液，NADH(还原型烟酰胺腺嘌呤二核苷酸)，GSNO(亚硝基谷胱甘肽)，Tris，盐酸，蛋白质浓度测定试剂盒，大肠杆菌感受态(DH5α)，BL21 感受态细胞。

(2)LB 培养基(1 000 mL)　5 g 酵母提取物，10 g 胰蛋白胨，10 g 氯化钠(固体培养基加 15 g 琼脂粉)，121 ℃高压蒸汽灭菌 20 min。

五、实验内容

(1)扩增 GSNOR1 目的基因。

(2)表达载体的制备。

(3)构建重组表达载体。

(4)目的基因的连接、转化。

(5)诱导 GSNOR 蛋白表达。

(6)GSNOR 蛋白的纯化与检测。

(7)GSNOR 酶活力的检测。

六、实验结果处理与讨论

1. 实验结果处理

(1)记录从 NCBI 等数据库中获取的目的基因的 CDS 序列，包括序列的 ID、长度、酶切位点等信息，绘制 PCR 扩增和酶切产物的电泳图谱。

(2)绘制转化后菌落 PCR 的电泳图谱,展示阳性克隆的鉴定结果,如有可能,绘制菌落生长曲线图,直观展示菌落的生长情况。

(3)绘制 SDS-PAGE 的电泳图谱,标注表达产物的位置和大小,如有必要,绘制表达产物的浓度曲线图或柱状图。

(4)绘制 SDS-PAGE 的电泳图谱,标注目的蛋白的位置和纯度,并绘制蛋白质浓度曲线图或柱状图,直观展示纯化过程中蛋白质浓度的变化。

(5)记录 GSNOR 酶活力的检测数据,并分析。

2. 讨论

(1)分析和讨论选择适合的表达载体及设计基因序列的酶切位点和引物的策略。

(2)分析优化表达条件以提高蛋白质产量的途径,并讨论检测蛋白质表达情况的方法。

(3)分析选择合适的纯化方法及优化纯化条件以获得高纯度蛋白质的方法。

(4)分析检测纯化后蛋白质质量和活性的意义及方法。

Ⅰ 扩增 GSNOR1 目的基因

一、实验原理

目的基因扩增的原理主要基于 PCR(聚合酶链式反应)技术,通过特定的温度循环,实现对目的基因的快速、高效扩增。PCR 技术通过高温变性、低温退火、中温延伸 3 个基本步骤实现目的基因的扩增,具有高效性、特异性、简便性的特点。

二、实验步骤

1. RNA 的反转录

从植物叶片中提取 RNA(RNA 提取试剂盒,操作步骤严格按照试剂盒说明书),将上述 RNA 反转录为 cDNA(反转录试剂盒,操作步骤严格按照试剂盒说明书)。

2. *GSNOR1* 基因的扩增

按照表 5-52 配制 PCR 的反应体系。

表 5-52 PCR 反应体系

组分	用量/μL
2×HS Mix	25
上游引物	1.5
下游引物	1.5
模板(cDNA/质粒 DNA)	2
ddH_2O	20

按照表 5-53 条件进行 PCR。

表 5-53　PCR 反应条件

条件	时间
98 ℃	40 s
98 ℃	10 s
58～60 ℃	30 s
72 ℃	10～30 s/kb
步骤 2～4 循环 35 次	
72 ℃	5 min
12 ℃	10 min

3. 电泳检测

配制 1%琼脂糖凝胶，取 50 μL 扩增产物进行电泳。100 V 恒压电泳 30 min。电泳结束后，在紫外灯下观察结果。

4. PCR 产物的回收

按照胶回收试剂盒操作。

(1)检查 Wash Solution 中是否已经加入无水乙醇。检查 Buffer B2 是否出现沉淀。将恒温水浴锅调至 50 ℃。

(2)用干净的手术刀片将含目的 DNA 片段的琼脂糖凝胶块切下，放入 1.5 mL 离心管中，称重。

(3)根据胶块的质量和浓度，按每 100 mg 琼脂糖(如胶块不足 100 mg 则用水补充至 100 mg)加 300～600 μL 的比例加入 Buffer B2。

(4)将离心管置于 50 ℃水浴 5～10 min，间或混匀，直至胶块完全溶化。对于小于 500 bp 的片段，加入 1/3 Buffer B2 体积的异丙醇。

(5)向吸附柱中加入 300 μL Buffer B2，12 000 r/min 离心 30 s。倒掉收集管中的液体，将吸附柱放入同一个收集管中。

(6)向吸附柱中加入 500 μL Wash Solution，12 000 r/min 离心 30 s。倒掉收集管中的液体，将吸附柱放入同一个收集管中。

(7)重复步骤(6)一次。

(8)将空吸附柱和收集管放入离心机，12 000 r/min 离心 1 min。

(9)将吸附柱放入一个干净的 1.5 mL 离心管中，在吸附膜中央加入 15～40 μL Elution Buffer，室温静置 1 min 后，离心 1 min。保存管中 DNA 溶液。

(10)测定 DNA 浓度，－20 ℃保存。

三、注意事项

(1)在添加各试剂时，如果试剂未完全溶化，要等其溶化并混合均匀后再添加。

(2)尽量将试剂加入 0.2 mL PCR 管的液体内，如果离心管管壁上有液滴，一定要先稍进行离心后再吸取下一试剂。

(3)取酶的操作必须严格在冰浴条件下进行，用完后立即放回。

(4)引物设计应符合一定的规则,否则可能会导致 PCR 扩增效率降低或扩增出非特异性条带。

Ⅱ 表达载体的制备

一、实验原理

表达载体是用来在受体细胞中表达外源基因的载体,原核表达载体通常为质粒。质粒提取的原理主要是基于质粒 DNA 与细菌基因组 DNA 在物理和化学性质上的差异,从而将质粒 DNA 从细菌中分离出来,并去除 RNA、蛋白质及其他杂质,以得到相对纯净的质粒。因此,质粒 DNA 的提取和纯化是进行基因工程的重要前提。提取质粒 DNA 的方法有很多,代表性的有碱裂解法、煮沸裂解法、小量一步提取法等。不同的提取方法各有优缺点,具体选择应根据实验需求和条件来确定。实验采用质粒提取试剂盒,基于碱裂解法裂解细胞,根据离心吸附柱在高盐状态下特异性地结合溶液中的 DNA 的原理特异性提取质粒 DNA。

二、实验步骤

1. 摇菌培养

取−80 ℃保存的 pET28a(+)大肠杆菌在含卡那霉素的固体 LB 培养基上划线,37 ℃倒置过夜培养。

次日,挑取单克隆鉴定后接种至 3 mL 含 50 mg/mL 卡那霉素的液体 LB 培养基活化菌株,于 37 ℃摇床充分振荡培养 12～16 h。

2. 细胞裂解

对于高拷贝质粒,取 1.5～5 mL 菌液,8 500 r/min 常温离心 2 min 收集菌体,倒尽或吸干培养基。

在菌体沉淀中加入 250 μL Buffer P1,吸打或振荡至彻底悬浮菌体。

加入 250 μL Buffer P2,立即温和颠倒离心管 5～10 次混匀,室温静置 2～4 min。

3. 质粒 DNA 纯化

加入 350 μL Buffer P3,立即温和颠倒离心管 5～10 次充分混匀。12 000 r/min 离心 5～10 min,将上清液全部小心移入吸附柱。12 000 r/min 离心 30 s,倒掉收集管中的液体,将吸附柱放入同一个收集管中。

在吸附柱中加入 500 μL 去蛋白液 Buffer DW1,12 000 r/min 离心 30 s,倒掉收集管中的液体,将吸附柱放入同一个收集管中。

向吸附柱中加入 500 μL Wash Solution,12 000 r/min 离心 30 s,倒掉收集管中的液体,将吸附柱放入同一个收集管中。

重复加入去蛋白液 Buffer DW1 步骤一次。

将空吸附柱和收集管放入离心机,12 000 r/min 离心 1 min。在吸附膜中央加入 50～100 μL

Elution Buffer，室温静置 1～2 min，12 000 r/min 离心 1 min。将所得到的质粒 DNA 溶液置于−20 ℃保存或用于后续实验。

三、注意事项

(1)在质粒提取过程中应尽量避免使用过于剧烈的方法，以免质粒 DNA 发生断裂。
(2)提取过程中需要去除 RNA、蛋白质及其他杂质，以获得高纯度的质粒 DNA。
(3)提取效率受多种因素影响，包括细菌种类、质粒拷贝数、裂解方法、纯化步骤等。

Ⅲ　构建重组表达载体

一、实验原理

为了获得带有黏性末端或平末端的特定 DNA 序列，便于后续质粒载体和目的基因的连接，需要对制备的表达载体质粒进行酶切。

酶切，又称为限制性酶切或限制性内切酶酶切，是一种利用限制性内切酶(restriction enzyme)对 DNA 分子进行特异性切割的技术。酶切的基本原理是限制性内切酶能够特异地结合于 DNA 分子中的特定核苷酸序列(即识别序列)，并在这些序列的特定位点处切割 DNA 双链，产生特定的 DNA 片段。限制性内切酶根据其切割方式和特性可分为不同类型，其中Ⅱ类限制性内切酶在分子克隆中得到了广泛应用。

酶切可以是单酶切也可以是双酶切。单酶切操作相对简单，但双酶切由于可能涉及两种酶的不同缓冲液成分和反应温度，操作起来更为复杂。在双酶切中，如果两种酶的最适条件不同，可以采取分步酶切或调整缓冲液成分等方法来克服这些困难。本实验中采用双酶切的方法。

二、实验步骤

载体的酶切使用 Takara 公司的内切酶，反应体系如表 5-54 所示。

表 5-54　酶切反应体系

组分	用量
Ⅱ中制备的载体	1 μg
Cutsmart Buffer	5 μL
内切酶 1	1 μL
内切酶 2	1 μL
ddH_2O	补至 50 μL

反应条件由所使用的内切酶决定，反应完成后，使用胶回收试剂盒(与实验Ⅰ实验步骤一致)，对酶切后的载体进行回收，回收后的载体可直接进行连接反应或−20 ℃保存备用。

三、注意事项

(1)确保 DNA 样品的纯度和完整性,杂质和降解的 DNA 会影响酶切反应的效果。

(2)选择合适的限制性内切酶,不同的限制性内切酶具有不同的识别序列和切割位点,需要根据实验目的进行选择。

(3)控制温度、时间、pH 等酶切反应的条件,这些条件会影响酶切反应的效率和特异性。

(4)在操作过程中要注意防止交叉污染,确保实验结果的准确性。

Ⅳ　目的基因的连接、转化

一、实验原理

连接、转化的实验原理主要涉及 DNA 分子之间的连接以及这种连接产物向宿主细胞中的转化过程。DNA 的连接是指在体外通过酶促反应将两个 DNA 片段连接起来,形成一条完整的 DNA 分子的过程。这一过程主要依赖于 DNA 连接酶的作用。DNA 的转化是指将外源 DNA(如连接产物)导入宿主细胞(如细菌、酵母或哺乳动物细胞)中,使宿主细胞能够获取并表达外源 DNA。这一过程的原理主要依赖于宿主细胞的摄取机制和细胞内的重组机制。

二、实验步骤

1. 连接反应

酶切后的载体及目的片段进行连接,反应体系如表 5-55 所示。

表 5-55　连接反应体系

组分	用量
目的片段(实验Ⅰ胶回收所得)	20～50 ng
酶切载体(实验Ⅲ所得)	50～100 ng
同源重组酶(Cloning Mix)	5 μL
ddH_2O	补至 10 μL

用移液器轻轻吹打混匀,再放入 PCR 仪中 50 ℃反应 30 min 进行连接。反应完后将连接产物迅速放到冰上冷却,之后可用于转化大肠杆菌或−20 ℃保存。

2. 大肠杆菌转化及菌落 PCR 鉴定

取−80 ℃保存的大肠杆菌感受态(DH5α),迅速插入冰中。待感受态融化后,在超净工作台加入 10 μL 连接产物并吹打混匀,于冰上静置 30 min。置于 42 ℃水浴热激 45～60 s 立即取出,迅速放回冰上静置 5 min。加入 700 μL 不含抗生素的 LB 液体培养基,于 37 ℃ 220 r/min 振荡培养 1 h。5 000 r/min 离心 2 min 收集菌体。在超净工作台弃去部分上清液,用剩余液体重悬菌体,涂布到含有相应抗生素的 LB 固体培养基上,37 ℃培养箱倒置培养

16～20 h。

挑取单克隆进行 PCR 鉴定，将鉴定结果为阳性的菌落活化后送公司测序，后经序列比对将结果正确的菌液部分用来提取质粒，剩余部分与 50％甘油等比例混合，保存在－80 ℃备用。上述所得到的即 pET28a(＋)-GSNOR1 载体。

3. pET28a(＋)-GSNOR1 载体转入 BL21 感受态细胞

将 pET28a(＋)-GSNOR1 载体在含卡那抗生素的固体 LB 培养基上划线，37 ℃倒置过夜培养。

次日，挑取单克隆鉴定后接种至 3 mL 含 50 mg/mL 卡那霉素的液体 LB 培养基活化菌株，于 37 ℃摇床充分振荡培养 12～16 h。提取质粒(与实验Ⅱ实验步骤一致)。

将上述所得到的 pET28a(＋)-GSNOR1 质粒转入 BL21 感受态细胞。步骤与大肠杆菌感受态(DH5α)一致。

次日，挑取单克隆进行鉴定，将鉴定结果为阳性的菌落活化后与 50％甘油等比例混合，保存在－80 ℃备用。

三、注意事项

(1)整个操作均需要在冰上进行，不能离开冰浴，否则细胞转化率将会降低。

(2)为防止污染，转化操作必须在超净工作台进行。

Ⅴ　诱导 GSNOR 蛋白表达

一、实验原理

蛋白质表达是一种利用原核表达系统、真核表达系统等来进行外源基因表达的分子生物学技术。具体指用模式生物表达外源基因蛋白，常见的模式生物有细菌、酵母、动物细胞或者植物细胞等。

原核细胞表达系统以大肠杆菌最为常用，原因是人们对大肠杆菌的遗传学、生物化学和分子生物学研究已经积累了大量知识。原核生物绝大多数的基因按功能相关性成簇地排列，且密集于染色体上，共同形成一个转录单位——操纵子，也称基因表达的协同单位。*E. coli* 的乳糖操纵子含 *Z*、*Y* 及 *A* 3 个结构基因，分别编码 *β*-半乳糖苷酶(*β*-galactosidase)、通透酶(permease)和乙酰基转移酶(transacetylase)。此外还有调控基因：操纵序列 *O*(operator)、启动序列 *P*(promoter)；而 *I*(编码 Lac 阻遏物，Lac repressor)不属于乳糖操纵子。

Lac 阻遏物是一种具有 4 个相同亚基的四级结构蛋白，都有一个与诱导剂结合的位点。在没有乳糖存在时，lac 操纵子(元)处于阻遏状态，Lac 阻遏物能与操纵基因 *O* 结合，阻碍 RNA 聚合酶与 *P* 序列结合，阻止了转录的路径，从而抑制转录启动。而当有诱导剂存在时，诱导剂可与阻遏蛋白结合，使阻遏蛋白构象发生变化，导致阻遏物从操纵基因 *O* 上解离下来，RNA 聚合酶不再受阻碍，启动子 P 开始发生转录，启动反应开始发生转录。在这个操纵子(元)体系中，真正的诱导剂并非乳糖本身。乳糖进入细胞，经 *β*-半乳糖苷酶催化，转变为半乳糖，即生理上的诱导剂。而在实验中，通常选用IPTG(异丙基-β-D-硫代半乳糖苷)作为诱导剂，IPTG是一种作用极强的诱导剂，不被细菌代谢而十分稳定，因此被实验室广泛应用。

二、实验步骤

1. 菌株活化与培养

取实验Ⅳ所得菌液鉴定后接种至3 mL含50 mg/mL卡那霉素的液体LB培养基活化菌株。

按照1∶100的比例接种至500 mL含50 mg/mL卡那霉素的液体LB培养基，37 ℃振荡培养。

2. IPTG诱导

待菌液浓度 $A_{600\ nm}=0.6\sim0.8$ 时，添加IPTG使其终浓度为0.2 mmol/L。于22 ℃ 120 r/min振荡培养16 h。加入诱导剂之前取1 mL作为对照。

三、注意事项

(1)IPTG配成水溶液后需进行过滤除菌。

(2)为提高目标蛋白的表达效率，应选择合适的诱导温度、诱导时间及IPTG浓度。

Ⅵ　GSNOR蛋白的纯化与检测

一、实验原理

常用的蛋白质纯化方法包括亲和层析、离子交换层析、凝胶过滤层析等，这些方法主要基于蛋白质的不同物理和化学性质进行分离。本实验采用His(组蛋白)标签蛋白纯化。

His标签蛋白纯化通常采用固定化金属离子亲和层析(IMAC)纯化的方法，主要利用介质配体螯合的金属离子吸附纯化表面带组氨酸残基的蛋白质。由于His标签可与多种金属离子(如Ca^{2+}、Mg^{2+}、Ni^{2+}、Cu^{2+}、Fe^{2+}等)发生特殊的相互作用，所以可利用蛋白质表面的特性，使之被吸附在凝胶柱上，从而达到分离纯化蛋白质的目的。组氨酸的残基上带有1个咪唑基团，可与Ni^{2+}、Co^{2+}等过渡金属离子形成配位键而选择性结合在金属离子上，这些金属离子能够用螯合配体固定在层析介质上，因此带有His标签的蛋白在经过装配了金属离子的层析介质时可以选择性结合在介质上，而其他杂质蛋白则不能结合或仅能微弱结合。结合在介质上的His标签蛋白可以通过提高缓冲液中咪唑浓度进行竞争性洗脱，从而得到纯度较高的His标签蛋白。His标签是由6～10个组氨酸残基组成的一种表位标签，很容易被标签特异性抗体识别。

His标签是蛋白质纯化和检测的常用标签之一，由于其相对分子质量小(只有0.84 kD)，融合到重组蛋白质后，不会影响标记蛋白质的结构和生化特性。His抗体可以用于检测和His标签融合表达蛋白的表达、细胞内定位，以及纯化、定性或定量检测His融合表达蛋白等,应用十分广泛。

二、实验步骤

1. 蛋白的纯化

将实验Ⅴ诱导后的菌液先取 1 mL 作为对照,剩余菌液于 4 ℃、6 000 r/min 离心 20 min,收集菌体。用 30 mL 裂解缓冲液重悬,加 30 μL 100 mmol/L PMSF,混匀,用细胞破碎仪将细胞破碎 30 min。于 4 ℃条件下 12 000 r/min 离心 30 min,收集上清液。

真空抽滤裂解缓冲液(20 mmol/L Tris-HCl、300 mmol/L NaCl,pH 7.6),洗涤缓冲液(20 mmol/L Tris-HCl、300 mmol/L NaCl、50 mmol/L 咪唑,pH 7.6),洗脱缓冲液(20 mmol/L Tris-HCl、300 mmol/L NaCl、250 mmol/L 咪唑,pH 7.6)和上清液;用 30 mL 裂解缓冲液平衡镍柱,1 mL/min。

将上清液加入镍柱中,控制流速 0.4 mL/min,得到样品洗脱液。

洗杂液 1:用 30 mL 裂解缓冲液清洗镍柱,控制流速 1 mL/min。

洗杂液 2:用 30 mL 洗涤缓冲液清洗镍柱,控制流速 1 mL/min。

洗脱液 1:用 10 mL 洗脱缓冲液清洗镍柱,控制流速 0.4 mL/min。

洗脱液 2:用 10 mL 洗脱缓冲液清洗镍柱,控制流速 0.5 mL/min。

洗脱液 3:用 10 mL 洗脱缓冲液清洗镍柱,控制流速 1 mL/min。

平衡镍柱:用 30 mL 裂解缓冲液平衡镍柱,控制流速 1 mL/min。

保存镍柱:30 mL 20%乙醇洗脱,控制流速 1 mL/min。

2. 蛋白的检测

在诱导前、诱导后、上清液、洗杂液、洗脱液中各加入 5×上样缓冲液,于 98 ℃变性处理 5 min,离心后取上清液。SDS-PAGE 后经考马斯亮蓝染色与脱色,检测纯化后的蛋白大小是否与日的蛋白大小一致。

三、注意事项

(1)在纯化过程中,要严格控制层析柱的流速、温度和 pH 等参数,以确保纯化效果。

(2)操作尽可能置于冰上进行,以保持低温环境,减少蛋白质的降解和变性。

(3)避免样品反复冻融和剧烈搅动,以防蛋白质的变性。

Ⅶ GSNOR 酶活力的检测

一、实验原理

GSNOR 是特异的 GSNO 降解酶,以 NADH(还原型烟酰胺腺嘌呤二核苷酸)为还原力催化 GSNO 最终形成氧化型谷胱甘肽(GSSG)和 NH_3。GSNOR 酶活力测定原理是通过检测 NADH 的分解,用紫外分光光度计在波长 340 nm 处检测吸光度值呈线性下降的变化趋势。常用的检测方法有分光光度法、荧光法和同位素标记法，具体方法可能因实验条件和目标不同而有所差异。本实验采用分光光度法测定 GSNOR 酶活。

二、实验步骤

1. 蛋白质浓度测定

将实验Ⅵ中纯化的 GSNOR 蛋白稀释 10 倍。

采用蛋白质浓度测定试剂盒测定 GSNOR 蛋白浓度。

2. GSNOR 酶活性测定

反应体系：840 μL 20 mmol/L Tris-HCl（pH＝8.0）、100 μL 样品、30 μL 2 mmol/L NADH、30 μL 4 mmol/L GSNO（避光保存）。将上述溶液混合均匀后，在波长 340 nm 处检测吸光度值呈线性下降的变化趋势。

以 ddH_2O 取代 GSNO 作为空白对照。

三、注意事项

（1）GSNO 见光易分解，在实验操作过程中严格避光。

（2）操作尽可能置于冰上进行，以保持低温环境，减少蛋白质的降解和变性。

（3）反应体系中样品的加样量应根据样品 GSNOR 酶活的高低来决定。

实验二十　种子衰老过程中细胞形态学特征及组织化学定位分析

一、实验目标导航

[知识目标]掌握种子衰老机理、种子贮藏、质量检验等相关基础理论知识。

[能力目标]掌握种子衰老的活性测定以及细胞形态学特征和组织化学定位的基本方法。

二、实验背景

种子作为植物遗传资源的有效保存体以及重要的种质创新原料，其质量和状态对于植物的生长和发育至关重要。当种子老化或劣变时，会发生一系列生理生化变化，这些变化直接影响到种子的发芽率、活力以及生活力，抑制种胚正常发育及幼苗生长，由此造成植物生产水平及其品质大幅度下降。

种子衰老是种子在生理成熟后所经历的活力下降的不可逆变化。种子寿命是由遗传和环境控制的，种子成熟后即开始进入衰老过程，其生命力的丧失是一个量变累积的过程。随着种子的贮藏，活力逐渐下降，出现衰老现象，这就是种子的衰老或老化，是种子贮藏中普遍存在的一种现象。在种子完全死亡之前，种子的形态结构及生理生化方面均发生了一系列的劣变。

三、实验技术路线

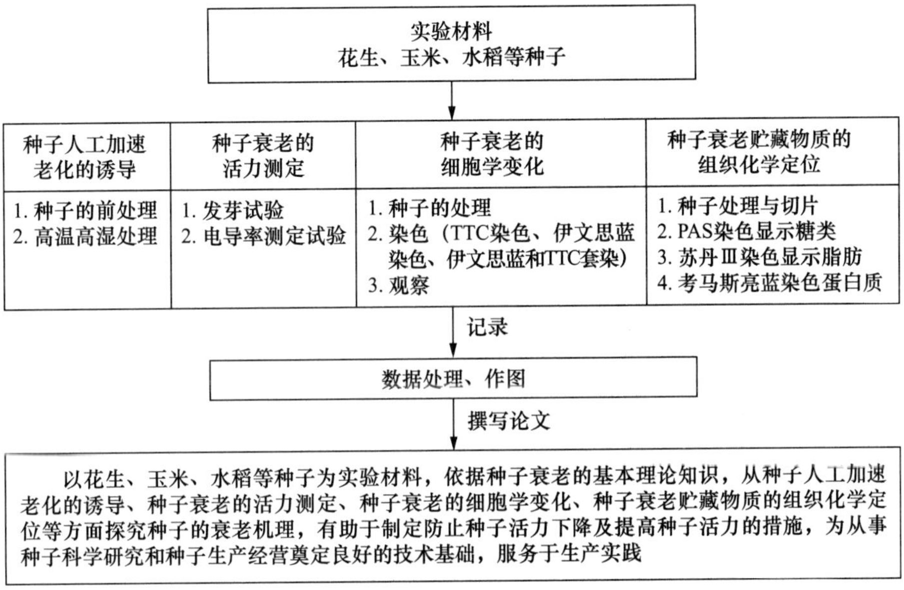

四、实验材料、器材与试剂

1. 材料

花生、玉米、水稻等种子。

2. 器材

电子天平，恒温箱，光照培养箱，干燥器，电导率仪，恒温水浴锅，体视显微镜及配套数码相机，尼龙网袋，网架，培养皿，滤纸，砂子，镊子，烧杯，具塞三角瓶，刀片。

3. 试剂

凡士林，伊文思蓝，TTC（氯化三苯基四氮唑），甲醛钙，碱性品红，偏重亚硫酸钠，高碘酸，苏木精染液，盐酸，乙醇，甘油，活性炭，乙酸，考马斯亮蓝 R-250，中性树胶。

五、实验内容

（1）种子人工加速老化的诱导。

（2）种子衰老的活力测定。

（3）种子衰老的细胞学变化。

(4)种子衰老贮藏物质的组织化学定位。

六、实验结果处理与讨论

1. 实验结果处理

(1)记录发芽试验中种子萌发状态和幼苗的生长量,包括高度及质量等。

(2)记录电导率测定试验各项数据,根据数据计算种子的相对电导率。

(3)观察、记录种子衰老的细胞学变化情况。

(4)观察、记录种子衰老对糖、脂肪和蛋白质的含量及分布变化的影响。

2. 讨论

(1)根据实验,分析各项种子活力指标,比较不同种子的活力水平。

(2)分析衰老对种子形态结构及对糖、脂肪和蛋白质的含量及分布影响。

Ⅰ　种子人工加速老化的诱导

一、实验原理

由于种子自然贮藏衰老所需时间较长,往往研究种子衰老或者评价种子贮藏性质时比较麻烦,在研究种子衰老时,通常采用人工加速老化的方法(artificial accelerated aging test)模拟自然衰老过程。目前常使用的方法有人工高温高湿的方法、50%甲醇溶液老化法和(58±1)℃热水老化法等。高温高湿的方法被普遍采用,其原理根据种子衰老受环境影响很大,其中温度和相对湿度是影响种子活力的两个关键因素。采用人工贮藏条件下的高温(40～50 ℃)和高湿(75%～100%RH)进行处理,能快速导致种子活力的丧失。高活力种子由于其内在的生理机制和较强的适应性,能够忍受高温高湿条件的处理,生活力下降较为缓慢;而低活力种子活力则下降很快,即使萌发,其形成的幼苗也多为不正常,甚至死亡。目前该方法主要用于评估种子的耐贮藏性和田间出苗率,从而为农业生产提供指导。

二、实验步骤

1. 种子的前处理

取含水量不同的花生、玉米、水稻等种子,放置于同一条件下平衡水分一段时间。同批次种子可直接去除霉、坏和破损粒,装入尼龙网袋,并小心放入干燥器网架中。

2. 高温高湿处理

将网架置于底部加入适量蒸馏水的干燥器内(蒸馏水保持高度约 10 cm)。将干燥器边缘涂上凡士林,盖上盖子,保持密闭后放入高温(40 ℃)、高湿(100%RH)的恒温箱中,记录放置时间。

老化不同时间后取出种子,放置室温条件下自然风干,备用。

三、注意事项

(1)种子在干燥器中需分布均匀,不能叠加,不能与水直接接触,确保种子受到的温度和湿度一致。

(2)老化前各批次种子应在同样的条件下进行水分平衡处理,含水量应保持一致。

Ⅱ 种子衰老的活力测定

一、实验原理

解除休眠后,在适宜的温度、水分、充足的氧气等条件下,有活力的种子便会开始萌发。

种子发芽程度和幼苗的生长势是种子活力最直观的表现。通过发芽试验法,可以在人工控制条件下,用发芽率、发芽势、发芽指数、活力指数、平均发芽日数等指标表示。高活力的种子,其发芽势、发芽指数、活力指数等较大,平均发芽日数较少,发芽速度快。

电导率法是基于当种子劣变时,细胞膜的结构和功能受到破坏,导致膜透性增加,种子内部的电解质和其他水溶性物质向外渗漏,增加溶液的电导率。通过测定种子电导率可有效反映种子活力的高低,一般两者之间呈负相关。因种子个体间存在差异,采用相对电导率来表示种子活力要比绝对电导率准确。

二、实验步骤

1. 发芽试验

选取不同活力水平的玉米、水稻、花生等种子各 50 粒,均匀排放在垫有双层滤纸的培养皿中,并加入适量蒸馏水。盖上培养皿盖,放置在所需要的最佳萌发温度条件下。

每天记录并拍照种子的萌发状态,记录正常发芽种子数(发芽缓慢的种子,可隔一日或数日记载)。发芽试验结束时(大约 1 周),测定萌发幼苗的高度或重量。

根据公式计算各种活力指标,比较不同种子的活力水平。

$$发芽势=(初次计数发芽数/发芽试验样品粒数)\times 100\%$$

$$发芽指数\ GI=\sum \frac{G_t}{D_t}$$

$$活力指数\ VI=GI\times S$$

式中:D_t 为发芽日数;G_t 为与 D_t 相对应的每天发芽种子数;S 为一定时期内正常幼苗单株长度或质量,cm 或 g。

2. 电导率测定试验

选不同活力、无破、大小基本一致的花生种子各 5 粒,重复 5 次,准确称重。

用去离子水冲洗后,滤纸充分吸干表面水分,分别装入 50 mL 三角瓶中,加入 30 mL 去离子水，测定初始电导率(d_0)。

20 ℃真空抽气后，种子浸泡静置 24 h，测定浸出液电导率(d_1)。

电导率测定后的种子及浸出液置于沸水浴 30～40 min，补充离子水至原来溶液的体积，并冷却至 20 ℃，测定煮沸后种子浸出液的绝对电导率(d_2)。

按下式计算种子的相对电导率。

$$种子的相对电导率=\frac{d_2-d_0}{d_1-d_0}\times 100\%$$

三、注意事项

(1)种子发芽试验应设置 3～4 次重复。

(2)种子发芽试验时，培养皿中加水不要太多，对于种子比较小的，一般以滤纸充分湿润即可，花生等较大体积的种子，加水量可以适当增加。或者在萌发前预先浸种。

(3)种子萌发以胚根突破种皮 0.5 cm 视为发芽。活力指数中幼苗长度也可以测量地上部分长度，或者根长。

(4)若萌发过程中发现种子轻微发霉的，拿出用清水冲洗后放回原处继续发芽，对于霉变较多的，则需更换滤纸。

(5)电导率法测定时，因在浸泡和煮沸过程中种子水分会散失，应补充去离子水保持浸泡液的体积一致。

(6)电导率法测定时宜按照种子人工老化时间由短到长进行，每一活力水平种子测定完毕后，必须用去离子水彻底清洗电极并用滤纸吸干表面水分。

Ⅲ 种子衰老的细胞学变化

一、实验原理

种子衰老在细胞组织水平表现为细胞的衰老和死亡。细胞死亡的数量越多、分布的范围越广，种子的活力和生活力就越低。尤其是分生组织如胚芽、胚根尖和形成层细胞发生死亡则将直接影响种子的萌发。

氯化三苯基四氮唑(TTC)溶液渗入种胚的活细胞后，可被种内的脱氢酶作为受氢体，使之还原而将细胞组织染成红色。对活力高的种子，反应快，染色深；反之，则反应慢，染色浅甚至不着色。故通过观察种胚染色的部位或染色的深浅程度，可以判断种子的生命力状态。

伊文思蓝(Evans blue)是一种非膜渗透性的染料，当质膜受损时，它能进入细胞质和细胞核，从而将其染成蓝色，可用来检测细胞活力。该染料染色反应灵敏，染料颗粒分布均匀，对于种子和幼苗的染色效果良好。

也可同时使用 2 种染料进行套染，同时观察。

二、实验步骤

1. 种子的处理

取不同生活力(分为高活力、中等活力和低活力)的种子,用刀片进行横切和沿种胚中央准确纵切,取每粒种子的一半备用。

2. 染色

(1)TTC染色 把切好的种子置于培养皿中,加0.05%TTC溶液,以浸没种子为宜。放入约37 ℃的恒温箱内避光保温20 min,倒出染液,用自来水冲洗2~3次。

(2)伊文思蓝染色 把切好的种子置于培养皿中,加0.5%伊文思蓝溶液,以浸没种子为宜。染色3~5 min,待充分着色后,迅速弃去伊文思蓝溶液,放入蒸馏水中浸洗20~60 min(视脱色程度而定,时间太长容易使已经染色的细胞脱色)。

(3)TTC和伊文思蓝套染 先按照上述TTC法进行染色后,再用伊文思蓝进行套染。

3. 观察

在体视显微镜下观察,并拍照。

三、注意事项

(1)TTC不易直接溶于水,可先加少量乙醇,溶解后再加水定容即可。该试剂最好现配现用,也可放置冰箱保存,如果溶液变红则不可继续使用。

(2)测定不同作物种子生活力时,染色剂的浓度和染色时间等需根据不同的作物种类有所调整。

Ⅳ 种子衰老贮藏物质的组织化学定位

一、实验原理

种子贮藏过程中,种子内部的贮藏物质会不断分解,为种子提供生命活动所需的能量,促使有机体内生化反应和生理活动正常进行。劣变种子的贮藏物质动员受阻,种子无法有效利用贮藏物质来维持生命活动。对于油料作物,脂肪的积累和变化对于种子寿命有着重要的影响。通过对不同活力干种子及萌发种子进行PAS染色(高碘酸席夫反应)、苏丹Ⅲ染色、考马斯亮蓝染色,定性定位糖、脂肪和蛋白质的含量及分布变化。

二、实验步骤

1. 种子处理与切片

取经人工老化获得的不同活力水平的花生、玉米、水稻等种子,其中,高活力和低活力的花生种子萌发 0 d、2 d、4 d，不同活力的玉米、水稻萌发 0 d、2 d、4 d，待用。

分离花生子叶和去子叶胚，或者玉米、水稻种胚和胚乳，做徒手切片的横切和纵切。对于获得的薄片，用 10%甲醛钙固定 24 h，去离子水漂洗 2 遍。

2. PAS 染色显示糖类

(1)席夫试剂的配制　称取 0.5 g 碱性品红于 100 mL 沸水中，振荡，100 ℃水浴 5 min，溶解冷却至 50 ℃过滤，滤液加入 10 moL/L 盐酸，冷却至 25 ℃时，加入 0.5 g 偏重亚硫酸钠，振荡充分，密封，室温放置 2～3 d，颜色退黄，加入活性炭，用力振荡 1 min，过滤，滤液呈现无色，冰箱保存。

(2)高碘酸溶液的配制　称取 0.5 g 高碘酸，溶于 100 mL 70%乙醇溶液中，4 ℃冰箱避光保存。

(3)染色　切片经含 0.5%～1%高碘酸溶液染色氧化 5～10 min，流水冲洗 5 min。席夫试剂避光染色 10～30 min，0.5%偏重亚硫酸钠清洗 2 遍，每次 1～2 min，流水冲洗 5～10 min。苏木精染液染色 2～5 min，自来水洗，1%盐酸乙醇溶液分化，再用水充分冲洗，温水返蓝，以核染色稍浅为好，流水冲洗，甘油封片。

3. 苏丹Ⅲ染色显示脂肪

选取薄片放置在干净的载玻片上，滴入几滴苏丹Ⅲ染色 3 min，用 1 滴 50%乙醇洗去浮色，再用水漂洗，盖上盖玻片，镜检拍照。

4. 考马斯亮蓝染色蛋白质

用 7%乙酸配制 1%考马斯亮蓝 R-250 溶液，置于 60 ℃恒温箱中待完全溶解后备用。

切片经 7%乙酸浸泡 1～2 min，转至 1%考马斯亮蓝 R-250 溶液中 20 min，水洗 5 min，干燥，中性树胶封片。

三、注意事项

(1)为了减少切片染色的一致性问题，确保材料被放置在同一张载玻片上。

(2)所有样本在染色过程中被均匀覆盖，以避免因染色不均导致的视觉差异。

实验二十一　枯草芽孢杆菌胞外淀粉酶高产菌株的选育

一、实验目标导航

[知识目标]掌握微生物分离、纯化的一般步骤及相关原理，熟悉紫外诱变育种的方法，并掌握分光光度法测定液化型淀粉酶活力的基本原理。

[能力目标]掌握产胞外淀粉酶芽孢杆菌分离、高产淀粉酶突变体筛选等方法。

二、实验背景

枯草芽孢杆菌(*Bacillus subtilis*)是一种好氧、产内生芽孢的革兰氏阳性菌。枯草芽孢杆菌在增殖过程中能产生大量的淀粉酶、蛋白酶、脂肪酶等胞外酶,将大分子有机物分解成有机酸、氨基酸等小分子物质,提高饲料的利用率。此外,枯草芽孢杆菌还能合成对病原菌有抑制作用的拮抗物质,具有杀灭病原菌、增强动植物免疫功能等作用,在食品、饲料、肥料等领域发挥着重要作用。

淀粉酶是指能催化分解淀粉分子中糖苷键的一类酶,包括 α-淀粉酶、β-淀粉酶、糖化酶和异淀粉酶。其存在于动植物和微生物中,而以微生物产生的胞外酶因来源广泛、产量高、生产成本低、便于利用基因工程技术提高酶的质量和产量而得到广泛的研究。

微生物育种的目的就是要人为地使某些代谢产物朝人们所希望的方向加以引导,或者促使细胞内发生基因的重新组合优化遗传性状,获得所需要的高产、优质和低能的菌种。为达到这一目的,必须对微生物进行诱变处理。紫外线是一种最常用有效的物理诱变因素,其诱变效应主要是由其引起 DNA 结构的改变而形成突变型。

实验从自然环境中分离产胞外淀粉酶的枯草芽孢杆菌,利用紫外线诱变枯草芽孢杆菌菌株,筛选产量提高的产淀粉酶菌株。

三、实验技术路线

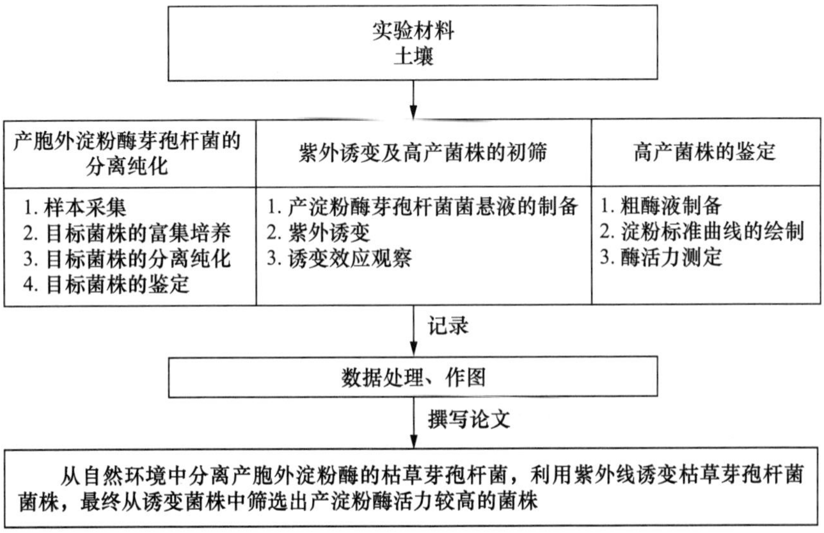

四、实验材料、器材与试剂

1. 材料

土壤样品。

2. 器材

电子天平，高压灭菌锅，超净工作台，显微镜，恒温水浴锅，摇床，培养箱，烘箱，紫外诱变箱，离心机，分光光度计，pH 计，移液器，酒精灯，量筒，烧杯，三角瓶，培养皿，试剂瓶，玻璃棒，涂布棒，接种环，血球计数板，EP 管，试管及试管架，pH 试纸。

3. 试剂

碘化钾，碘，可溶性淀粉，蛋白胨，酵母膏，氯化钠，琼脂，磷酸氢二钠，柠檬酸，乙酸等。

五、实验内容

(1)产胞外淀粉酶芽孢杆菌的分离纯化。

(2)紫外诱变及高产菌株的初筛。

(3)高产菌株的鉴定。

六、实验结果处理与讨论

1. 实验结果处理

(1)利用碘液对分离纯化的菌落进行染色，测量菌落周围透明圈直径与菌落直径比值(HC 值)，选取 HC 比值最大的菌株制片，显微镜镜检观察菌体形态、芽孢，并记录。

(2)计数紫外线处理不同时间平板上的菌落数，并计算致死率。

$$致死率=\frac{对照每毫升活菌数-处理后每毫升活菌数}{对照每毫升活菌数}$$

(3)对紫外诱变后的单菌落进行碘液染色，测量 HC 值，并与野生型菌株的 HC 值进行比较。

(4)计算突变体菌株淀粉酶的酶活力。

2. 讨论

(1)分析利用紫外诱变育种的原理及应注意的因素。

(2)讨论诱变育种后要挑选 HC 比值最大者开展后续实验的原因。

(3)分析实验中开展高产菌株鉴定的原理和方法。

Ⅰ　产胞外淀粉酶芽孢杆菌的分离纯化

一、实验原理

芽孢是某些细菌在其生长发育后期在细胞内形成的一个圆形或椭圆形、折光性强的抗逆性内生孢子。芽孢具有非常复杂的多层结构，包括孢外壁、孢子衣、皮层、芽孢壁和芽孢细胞质等。由于芽孢的特殊结构，其具有很强的抗高温、低温、辐射、化学药物和静水压等不良环境条件的能力，特别是抗热性很强，而一般细菌的营养细胞在 60 ℃下短时间即被杀死。由于芽孢的抗热性，将样品置于 80 ℃水浴中 10 min，杀死营养细胞，可使芽孢得到富集。

淀粉酶是指能催化分解淀粉分子中糖苷键的一类酶，包括 α-淀粉酶、β-淀粉酶、糖化酶和异淀粉酶。在只用淀粉充当碳源的选择培养基中，只有能产生淀粉酶的菌体能成为优势菌种。在淀粉选择培养基中，产淀粉酶的菌种可以得到富集。

在含有淀粉的鉴别培养基的平板上，具有产淀粉酶能力的芽孢杆菌，水解淀粉生成小分子糊精和葡萄糖，在淀粉平板上菌落周围出现水解圈，但肉眼不易分辨，滴加碘液，未水解的淀粉呈蓝色，水解圈无色。

二、实验步骤

1. 样本采集

取 5 g 土样于 45 mL 蒸馏水中，转移至摇床，30 ℃、180 r/min 条件下振荡 10 min，制成土壤悬浮液。

2. 目标菌株的富集培养

(1)富集培养基的配制　10 g 可溶性淀粉，10 g 蛋白胨，3 g 酵母膏，2 g 氯化钠，蒸馏水定容至 1 000 mL，pH 7.0。

(2)加热杀死非芽孢微生物　将上述土壤悬浮液置于 80 ℃水浴中 10 min，杀死营养细胞，使芽孢得到富集。

(3)富集培养　吸取上述悬浮液 0.2 mL 于富集液体培养基中，37 ℃，200 r/min 振荡培养 24 h。

3. 目标菌株的分离纯化

(1)稀释涂布法　将培养液分别稀释成 10^{-2}、10^{-3}、10^{-4}、10^{-5}和 10^{-6}，分别取 100 μL 稀释液(10^{-4}、10^{-5}和 10^{-6})均匀涂布在含淀粉的培养基上，37 ℃培养 2 d。

(2)平板划线法　用接种环蘸取培养液，在含淀粉的培养基上进行分区划线，37 ℃培养 2 d。

4. 目标菌株的鉴定

(1)碘液染色　称取 22 g 碘化钾，加少量蒸馏水溶解，加入 11 g 碘，溶解后定容至 500 mL，贮于棕色瓶中，此即为碘原液。在培养基表面长出的单菌落周围滴加碘原液，观察有无透明圈，如有透明圈表明该菌落能产生淀粉酶。测量菌落的透明圈直径与菌落直径，计算透明圈直径与菌落直径的 HC 比值。

(2)镜检观察　选取 HC 比值最大的单菌落制片并进行芽孢染色，油镜下观察菌体形态及芽孢。

三、注意事项

(1)正确使用油镜镜头，使用后进行“三擦”。

(2)为了做好微生物的分离、纯化，在分离工作的每一个操作环节上，都要严格按照无菌操作的要求进行。

Ⅱ 紫外诱变及高产菌株的初筛

一、实验原理

在以微生物为材料的遗传学研究中，诱变处理微生物，使其基因发生突变，可能导致微生物提高或丧失合成某一物质的能力。诱变剂的作用是提高突变频率，其分为物理、化学和生物3类。物理诱变剂常用的有X射线、紫外线、快中子、γ射线等。诱变处理首先是选择诱变剂，微生物诱变中最常用的物理诱变剂是紫外线。

用诱变剂处理微生物，一般要求呈单核的单细胞或单孢子的悬浮液，分布均匀，这样可以避免出现不纯的菌落。用于诱变处理的微生物一般处于对数生长期，处于该期的细菌对诱变剂最敏感。

必须选择合适的剂量进行诱变处理。剂量的表示有绝对剂量和相对剂量2种，一般用相对剂量表示。相对剂量与3个因素有关：诱变源和处理微生物的距离、诱变源的功率、处理的时间。前2个因素是固定的，所以可通过处理时间控制诱变剂量。

二、实验步骤

1. 产淀粉酶芽孢杆菌菌悬液的制备

(1)挑取实验Ⅰ中HC比值较大的芽孢杆菌单菌落，接种到淀粉液体培养基中，37 ℃、200 r/min振荡培养12～24 h。

(2)超净工作台上取少量菌液(或稀释10倍)放入血球计数板中用显微镜直接计数，计算获得培养液的菌浓度。

(3)用无菌水对菌液进行稀释，调整细胞浓度为1万～2万个/mL。

2. 紫外诱变

(1)培养基配制　10 g可溶性淀粉，10 g蛋白胨，3 g酵母膏，2 g氯化钠，蒸馏水定容至1 000 mL，pH 7.0。

(2)分别取上述制备的菌悬液100 μL均匀涂布于淀粉培养基上，共涂7个平板。

(3)将紫外线灯开关打开预热约20 min，将含菌板置于紫外灯下分别照射0 s、10 s、20 s、30 s、40 s、50 s和60 s，紫外线照射后立刻放入纸盒避光，置于37 ℃培养箱培养48 h。

3. 诱变效应观察

(1)计数并计算致死率。

(2)分别向菌落数为5～6个的平板内加入碘液数滴，在菌落周围出现透明圈，分别测量透明圈直径与菌落直径并计算其HC值，与对照平板进行比较。

三、注意事项

(1)紫外线穿透性弱，因此紫外线照射时，应移除培养皿皿盖。

(2)紫外线处理后,避光培养,以防光复活修复作用。

Ⅲ 高产菌株的鉴定

一、实验原理

淀粉酶是指能催化分解淀粉分子中糖苷键的一类酶,包括 α-淀粉酶、β-淀粉酶、糖化酶和异淀粉酶。

淀粉遇碘呈蓝色,这种淀粉-碘的复合物在波长 660 nm 处有较大的吸收峰,可以用分光光度计测定。随着酶的不断作用,淀粉长链被切断,生成小分子糊精,使其对碘的蓝色反应逐渐消失,因此可以一定时间内蓝色消失的程度为指标测定 α-淀粉酶的活力。

二、实验步骤

1. 试剂准备

(1)比色用稀释碘液 取 2 mL 碘原液,加 20 g 碘化钾,用蒸馏水定容至 500 mL,贮于棕色瓶中。

(2)2%可溶性淀粉 称取 2 g 可溶性淀粉,用少量蒸馏水混合调匀,缓慢加入煮沸的蒸馏水中,边加边搅拌,煮沸 2 min 后冷却,加水定容至 100 mL,需当天配制。

(3)磷酸氢二钠-柠檬酸缓冲液(pH 6.0) 称取 4.523 g 磷酸氢二钠,0.807 g 柠檬酸,用水溶解后定容至 100 mL。

2. 粗酶液制备

(1)从斜面培养基上挑选生长状况良好的菌株在无菌操作下转移到淀粉培养基中,37 ℃、200 r/min 振荡培养 24 h。

(2)将发酵液 8 000 r/min 离心 10 min,留上清液。

(3)吸取 5 mL 上清液,加入 5 mL 磷酸氢二钠-柠檬酸缓冲液(pH 6.0),制成粗酶液。

3. 淀粉标准曲线的绘制

将可溶性淀粉分别制备成 0、0.2%、0.4%、0.6%、0.8%和 1.0%的稀释液。

取 2 mL 各梯度稀释液于第 1 批试管中,并加入 1 mL 磷酸氢二钠-柠檬酸缓冲液(pH 6.0),于 40 ℃保温 5 min 后加入 1 mL 无菌水,于 40 ℃继续保温 30 min,加入 10 mL 0.5 mol/L 乙酸溶液,配成反应液。

取第 2 批试管 6 支,仍分别标记为 0、0.2%、0.4%、0.6%、0.8%和 1.0%淀粉。依次加入 1 mL 反应液,10 mL 碘液(在棕色玻璃瓶中)(加入后显示颜色:第 1 支棕色、第 2~6 支蓝色渐深),混匀(表 5-56)。

以 0 淀粉试管溶液为空白,以分光光度计于波长 660 nm 处测定吸光度值。每个样本重复检测 3 次,取平均值。

表 5-56　淀粉标准曲线的绘制

项目	管号					
	0	1	2	3	4	5
淀粉稀释液浓度/%	0	0.2	0.4	0.6	0.8	1.0
淀粉稀释液/mL	2	2	2	2	2	2
磷酸氢二钠-柠檬酸缓冲液(pH 6.0)/mL	1	1	1	1	1	1
	40 ℃水浴保温 5 min					
蒸馏水/mL	1	1	1	1	1	1
	40 ℃水浴保温 30 min					
0.5 mol/L 乙酸溶液/mL	10	10	10	10	10	10
吸取上述反应液/mL	1	1	1	1	1	1
碘液/mL	10	10	10	10	10	10
$A_{660\ nm}$						

以淀粉含量为横坐标，以测量的吸光度值为纵坐标，绘制标准曲线。

4. 酶活力测定

按表 5-57 操作，测定粗酶液管的吸光度值。

表 5-57　酶活力测定

项目	管号			
	0	1	2	3
淀粉稀释液浓度/%	0	1.0	1.0	1.0
淀粉稀释液/mL		2	2	2
蒸馏水/mL	2			
磷酸氢二钠-柠檬酸缓冲液(pH 6.0)/mL	1	1	1	1
	40 ℃水浴保温 5 min			
待测酶液/mL		1	1	1
蒸馏水/mL	1			
	40 ℃水浴保温 30 min			
0.5 mol/L 乙酸溶液/mL	10	10	10	10
吸取上述反应液/mL	1	1	1	1
碘液/mL	10	10	10	10
$A_{660\ nm}$				

酶活力单位的定义为：在 40 ℃、pH 6.0 的条件下，1 mL 酶液每小时分解淀粉的毫克数，表示为 U/mL，由此算出粗酶液中的淀粉酶活力。

三、注意事项

(1)淀粉一定要用少量冷水调匀，再倒入热水中溶解，若直接加到热水中，会溶解不均匀，甚至结块。淀粉液应当天配制，配好的淀粉液应是透明澄清的，不能有颗粒状物质存在。

(2)酶液应该进行适当稀释。

(3)测定酶活力的试剂要在 40 ℃恒温水浴中预热。

实验二十二　大肠杆菌营养缺陷型菌株的诱变筛选和鉴定

一、实验目标导航

[**知识目标**]了解营养缺陷型突变菌株的选育原理。

[**能力目标**]学习并掌握大肠杆菌营养缺陷型菌株的诱变、筛选与鉴定方法。

二、实验背景

在以微生物为材料的遗传学研究中，野生型菌株经某些物理(化学)因素处理后，由于编码合成代谢途径中某些酶的基因突变而丧失合成某一物质(如氨基酸、维生素、核苷酸等)的能力，它们不能在基本培养基上生长，必须补充某些物质才能生长。这样从野生型经诱变筛选得到的菌株，称为营养缺陷型。筛选营养缺陷型菌株一般必须经过以下几个步骤：诱变处理、淘汰野生型、检出缺陷型、鉴定缺陷型。营养缺陷型菌株是一种生化突变株，是研究基因结构与功能的常用材料，在遗传学、食品生物技术、微生物代谢等领域的研究中均具有重要作用。

三、实验技术路线

四、实验材料、器材与试剂

1. 材料

大肠杆菌(*Escherichia coli*)$K_{12}SF^{+}$。

2. 器材

紫外灯，培养箱，培养皿，枪头(5 mL、1 mL、200 μL)，离心管，试管，三角烧瓶。

3. 试剂

(1)生理盐水氯化钠 0.85 g，蒸馏水 100 mL，0.1 MPa 高压灭菌 15 min。

(2)完全液体培养基(CM)　牛肉膏 0.5 g，蛋白胨 1 g，氯化钠 0.5 g，蒸馏水 100 mL，pH 7.2，0.1 MPa 高压灭菌 15 min。

(3)完全液体培养基(2×CM)　牛肉膏 0.5 g，蛋白胨 1 g，氯化钠 0.5 g，蒸馏水 50 mL，pH 7.2，0.1 MPa 高压灭菌 15 min。

(4)完全固体培养基　琼脂 2 g，完全液体培养基 100 mL，pH 7.2，0.1 MPa 高压灭菌 15 min。

(5)基本液体培养基　K_2HPO_4 0.7 g(或 $K_2HPO_4 \cdot 3H_2O$ 0.92 g)，KH_2PO_4 0.3 g，三水柠檬酸钠 0.5 g，$MgSO_4 \cdot 7H_2O$ 0.01 g，$(NH_4)_2SO_4$ 0.1 g，葡萄糖 2 g，蒸馏水 100 mL，pH 7.0，0.06 MPa 高压灭菌 15 min。

(6)基本固体培养基　琼脂 2 g，基本液体培养基 100 mL，pH 7.0，0.06 MPa 高压灭菌 15 min。

(7)无 N 基本液体培养基 MM(−N)　K_2HPO_4 0.7 g(或 $K_2HPO_4 \cdot 3H_2O$ 0.92 g)，KH_2PO_4 0.3 g，柠檬酸钠 · $3H_2O$ 0.5 g，$MgSO_4 \cdot 7H_2O$ 0.01 g，葡萄糖 2 g，蒸馏水 100 mL，pH 7.0，0.06 MPa 高压灭菌 15 min。

(8)2N 基本液体培养基 MM(2N)　K_2HPO_4 0.7 g(或 $K_2HPO_4 \cdot 3H_2O$ 0.92 g)，KH_2PO_4 0.3 g，三水柠檬酸钠 0.5 g，$MgSO_4 \cdot 7H_2O$ 0.01 g，$(NH_4)_2SO_4$ 0.2 g，葡萄糖 2 g，蒸馏水 100 mL，pH 7.0，0.06 MPa 高压灭菌 15 min。

(9)氨基酸、维生素和核苷酸溶液　精确称取一定量的氨基酸、维生素和核苷酸，溶于重蒸水，氨基酸终浓度 2.5 mg/mL，维生素和核苷酸终浓度 2.5 μg/mL，用 0.22 μm 无菌滤膜过滤除菌，−20 ℃贮存备用。

(10)青霉素。

五、实验内容

(1)紫外线诱变。

(2)营养缺陷型菌株的筛选。

(3)营养缺陷型菌株的鉴定。

六、实验结果处理与讨论

1. 实验结果处理

(1)详细记录营养缺陷型浓缩效果。

(2)根据实验，详细做好营养缺陷型的检出记录。

(3)根据实验，分析、统计营养缺陷型鉴定结果。

2. 讨论

(1)分析经紫外线诱变后的培养物需避光培养的原因。

(2)分析青霉素浓缩营养缺陷型的机理。

(3)分析讨论在进行营养缺陷型筛选和鉴定时，点样的顺序应为先基本培养基后完全培养基的原因。

Ⅰ　紫外线诱变

一、实验原理

诱变剂是指能提高生物体突变频率的因素，包括物理诱变剂、化学诱变剂。物理诱变剂有 X 射线、紫外线、快中子、γ 射线等，微生物诱变中最常用的物理诱变剂是紫外线。

紫外线的波长在 200～380 nm，但对诱变最有效的波长仅为 253～265 nm。紫外线诱变的主要生物学效应是由 DNA 变化造成的。DNA 对紫外线有强烈的吸收作用，尤其是碱基中的嘧啶，紫外线能使同链 DNA 分子的相邻嘧啶间形成胸腺嘧啶二聚体，结构发生改变，阻碍碱基正常配对，阻碍 DNA 的复制或引起碱基排列顺序的变化，导致遗传基因发生变异，从而引起微生物突变或死亡。

经紫外线损伤的细胞若立即暴露在可见光下可出现光复活现象，因此，经紫外线照射后样品需进行避光培养。

二、实验步骤

1. 菌液制备

实验前，用接种环挑取少量实验菌种，接种于盛有 4 mL 完全液体培养基(CM)的试管中，置于 37 ℃培养过夜。添加 4 mL 新鲜的完全液体培养基(CM)，充分混匀后，分装成 2 支试管，继续培养 5 h。取 4 mL 菌液倒入离心管中，3 500 r/min 离心 10 min。弃去上清液，打匀沉淀，加入 4 mL 生理盐水。

2. 诱变处理

处理前先开紫外灯稳定 30 min，吸上述菌液 4 mL 于培养皿内，将待处理的培养皿连盖放在 15 W 的紫外灯下灭菌 1 min，距离 28.5 cm，然后开盖处理 1 min。照射完毕先盖上皿盖，再关紫外灯。

倒 4 mL 完全液体培养基(2×CM)到上述处理后的培养皿中。置于 37 ℃培养箱内,避光培养 12 h 以上。

三、注意事项

(1)皮肤暴露在紫外线下可致皮肤癌,因此,紫外诱变操作时需戴手套。

(2)经紫外线诱变处理的细胞需避光培养,避免光复活效应。

Ⅱ 营养缺陷型菌株的筛选

一、实验原理

经诱变剂处理以后的菌株,缺陷型细胞比例仍旧较小,必须设法淘汰野生型细胞,以达到浓缩营养缺陷型细胞的目的。细菌中常用的浓缩法是青霉素法。青霉素能够抑制细胞壁的形成,只杀死生长的细胞,而对不生长的细胞没有致死作用,所以在含有青霉素的基本培养基中野生型细胞被杀死,而营养缺陷型细胞不能生长被保存得以浓缩。

检出营养缺陷型细胞的方法有逐个测定法、夹层培养法、限量补给法、影印培养法。逐个测定法是将经过浓缩的菌液接种在完全培养基上,待长出菌落后将每一菌落分别接种在基本培养基和完全培养基上,在基本培养基上不能生长而在完全培养基上能长的菌落可以初步确定是营养缺陷型。

二、实验步骤

1. 青霉素法淘汰野生型

吸 4 mL 经紫外线诱变的大肠杆菌(*Escherichia coli*)$K_{12}SF^{+}$ 菌液于已灭菌的离心管,3 500 r/min 离心 10 min。弃去上清夜,打匀沉淀,加入 4 mL 生理盐水,离心,共洗涤 3 次,加生理盐水到原体积。吸取经离心洗涤的菌液 0.05 mL 于 2.5 mL 无 N 基本培养液,37 ℃培养。

培养 12 h 后,加入 2N 基本培养液 2.5 mL,加入青霉素,使青霉素在菌液中的最终浓度约为 100 μg/mL,再放入 37 ℃培养箱中培养。

取熔化并冷却到约 50 ℃的基本培养基及完全培养基倒平板,冷凝待用。分别从培养 18 h、24 h的菌液中各取 0.1 mL 菌液涂平板,注明组号、取样时间。37 ℃培养箱中培养。

2. 营养缺陷型的检出

以上平板培养 36~48 h,进行菌落计数。选用完全培养基上长出的菌落数大大超过基本培养基的那一组,用接种环挑取完全培养基上长出的菌落约 50 个,分别点种于基本培养基与完全培养基平板上(务必先点种在基本培养基上,然后再点种在完全培养基上),依次点种,于 37 ℃培养箱培养。

培养 18 h 后，选在基本培养基上不生长、而在完全培养基上生长的菌落(可能的营养缺陷型突变株)，再在基本培养基的平板上划线复证，37 ℃培养箱培养 24 h 后不生长的可能是营养缺陷型。

三、注意事项

(1)实验过程中要严格进行无菌操作，单菌落的挑取、划线培养、菌悬液的吸取等环节中任何一步的污染都会对最终实验结果产生严重影响。

(2)营养缺陷型筛选时点样的顺序为先基本培养基后完全培养基，以防完全培养基上的营养成分带入基本培养基中，影响实验结果。

Ⅲ　营养缺陷型菌株的鉴定

一、实验原理

初步确定为营养缺陷型的菌用分类生长法进行鉴定。在一个培养皿中加入一种营养物质，以测定多株缺陷型菌株对该生长因子的需求情况。

二、实验步骤

1. 突变菌株的培养与收集

取经诱变筛选获得的可能是大肠杆菌营养缺陷型菌株，接种于盛有 4 mL 完全培养液的离心管中，37 ℃培养 14～16 h。

培养 16 h 后，取少量菌液于离心管中，3 500 r/min 离心 10 min，弃去上清液，加入生理盐水，打匀沉淀，离心洗涤 2 次后，加生理盐水到原体积。

2. 鉴定

分别取 200 μL 的氨基酸、维生素至不同的灭菌培养皿中，每皿一种药品。取熔化后冷却至约 50 ℃的基本培养基 18 mL 倒入，摇匀放平，待凝，共做 20 皿，每皿中氨基酸的浓度为 25 μg/mL，维生素 25 ng/mL。

将培养皿的皿底等分 20 格，依次用接种环接入洗涤过的不同菌株，然后放 37 ℃培养箱培养 24～48 h，观察生长情况，并确定各个待鉴定菌株的营养缺陷型类型。

三、注意事项

营养缺陷型鉴定时点样的顺序为先基本培养基后完全培养基，以防完全培养基上的营养成分带入基本培养基中，影响实验结果。

实验二十三　食用菌菌丝的分离、原生质体制备及再生

一、实验目标导航

[知识目标]掌握组织分离法制备食用菌菌种以及食用菌原生质体再生的基本原理。
[能力目标]掌握食用菌菌丝分离、真菌转接、原生质体制备的方法。

二、实验背景

食用菌是可食用的、具有肉质或胶质子实体的大型真菌，因其味道鲜美、营养丰富而深受广大消费者的喜爱。我国是世界上最大的食用菌生产国，也是全球食用菌的主要出口国。我国食用菌常规栽培种类有70～80种，具有一定生产规模的近30种，市场常见的食用菌有双孢蘑菇、平菇、金针菇、黑木耳等。食用菌的生产发展很大程度上依赖于菌种，选育优质高产、适应食用菌产业化生产需要的菌种显得尤为重要。

除直接购买外，食用菌菌种还可以通过组织分离法、孢子分离法及菇木分离法等获得。利用组织分离法获取食用菌菌种是一种操作方便、比较常用的菌种获取技术。以原生质体融合技术培育杂种新菌株的典型优势是打破生殖隔离，实现远缘杂交育种，可有目的地选育具有优良性状的新型菌种等，利用该技术已选育出在生产中广泛应用的优良食用菌新品种。

三、实验技术路线

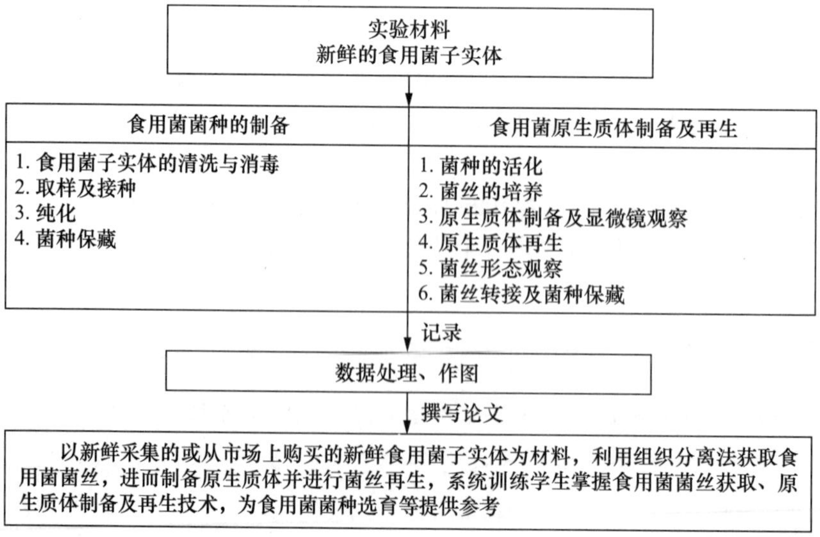

四、实验材料、器材与试剂

1. 材料

采集的或市场上购买的新鲜食用菌。

2. 器材

高压灭菌锅，恒温培养箱，显微镜，电磁炉，小刀，解剖刀，培养皿，纱布，酒精灯，血球计数板，注射器，EP管。

3. 试剂

(1)PDA培养基　取去皮马铃薯200 g，切成小块，加水1 000 mL煮沸30 min，滤去马铃薯块，将滤液补足至1 000 mL，加葡萄糖20 g，琼脂15 g，溶化后分装，121℃灭菌30 min，备用。

(2)再生培养基的组成

①RE1培养基：蛋白胨2%，葡萄糖2%，琼脂2%，KH_2PO_4 0.3%，$MgSO_4$ 0.15%，维生素B_1 0.003%，KCl 0.6 mol/L，酵母膏1%。

②RE2培养基：马铃薯20%，葡萄糖2%，琼脂2%，KH_2PO_4 0.3%，$MgSO_4$ 0.15%，维生素B_1 0.003%，KCl 0.6 mol/L，酵母膏1%。

③RE3培养基：蔗糖2%，葡萄糖2%，琼脂2%，KH_2PO_4 0.3%，$MgSO_4$ 0.15%，维生素B_1 0.003%，KCl 0.6 mol/L，酵母膏1%。

④RE4培养基：马铃薯20%，葡萄糖2%，琼脂2%，KCl 0.6 mol/L，酵母膏1%。

⑤RE5培养基：蔗糖2%，葡萄糖2%，琼脂2%，KCl 0.6 mol/L，酵母膏1%。

⑥RE6培养基：马铃薯20%，葡萄糖2%，琼脂2%，KH_2PO_4 0.3%，$MgSO_4$ 0.15%，维生素B_1 0.003%，KCl 0.6 mol/L。

(3)去除真菌细胞壁所需的酶(类)　起始实验一般可采用0.6 mol/L KCl作为稳渗剂配制纤维素、蜗牛酶、溶壁酶等分解酶(在此基础上进一步优化稳渗剂的种类浓度)。

(4)无水乙醇。

五、实验内容

(1)食用菌菌种的制备。

(2)食用菌原生质体制备及再生。

六、实验结果处理与讨论

1. 实验结果处理

(1)观察并记录组织分离法获得的真菌菌丝及其菌落形态。

(2)观察、记录不同酶解时期菌丝及原生质体形态。

(3)利用血球计数板统计并计算原生质体产率，根据再生菌落数量计算原生质体再生率，绘制图表。

2. 讨论

(1)结合实验,分析比较组织分离法、孢子分离法及菇木分离法的特点及应用场景。

(2)根据实验,分析菌龄、渗透压等对食用菌原生质体制备的影响。

Ⅰ 食用菌菌种的制备

一、实验原理

实验采用组织分离法制备食用菌菌种。组织分离法是利用食用菌子实体或菌丝体组织进行培养,获得纯菌丝体的方法。组织分离法可以获得具有特殊性状的菌种。将食用菌部分子实体表面消毒后转接到合适的固体培养基上,在一定条件下经过一段时间的培养,加以筛选鉴定后可能获得纯培养的、优良的食用菌菌种。

二、实验步骤

1. 食用菌子实体的清洗与消毒

取食用菌子实体,先用自来水洗去表面的灰尘、污物等。晾干后,用75%的乙醇擦拭表面,再用无菌蒸馏水冲洗3次,最后用消毒的干纱布擦干表面。

2. 取样及接种

分别从食用菌菌柄和伞盖处切取小块组织用于培养菌丝(尽量取内部组织)。

(1)菌柄处取样 用烧灼过的解剖刀将菌柄表面一层切去,并小心在内部切下3~5块长宽3~5 mm、厚度1~2 mm的小组织块,置入事先灭菌过的培养皿。向培养皿中加入适量无菌水进行漂洗,将组织块置入另一个灭过菌的培养皿再次漂洗。漂洗3~5次之后,将冲洗过的组织块置于灭过菌的培养皿中备用。

(2)伞盖处取样 用烧灼过的解剖刀从伞盖外缘向内5 mm处开始向内侧切取边长5 mm左右的伞盖组织。切去该组织块伞盖最上端的部分得到多片分开的菌褶。将菌褶置入灭过菌的培养皿中重复菌柄组织的漂洗步骤。洗涤后的组织块置于灭过菌的培养皿中备用。

将制备的组织块接入PDA培养基。接种标记后放入28 ℃恒温培养箱中培养。

3. 纯化

每隔1 d检查一次培养情况,并及时将感染杂菌的移除。

第7天时,取出无杂菌的,并以相应菌丝作为母种再次接种。每个母种边缘部位的菌丝接种几个小块分别到新培养基,并重复之前的纯化步骤2~3次,确保菌种中没有杂菌。根据生物学特征对每次分离转接的菌丝进行初步鉴定。

4. 菌种保藏

取纯化后长势良好的菌丝接种到PDA试管斜面上,置于4 ℃进行保藏,定期转接。

三、注意事项

(1)选择的子实体应该是正处于旺盛生长期的幼嫩、圆整、健壮、无病害的子实体。

(2)环境、用具需严格消毒,分离转接时要严格遵守无菌操作要求。

(3)保持培养箱内空气干净,并定期消毒,当有其他霉菌污染时,应及时将污染的培养皿取出。

(4)制作切片时,谨慎操作。

Ⅱ 食用菌原生质体制备及再生

一、实验原理

原生质体是指在人为条件下,去除原有细胞壁或抑制新生细胞壁后所得到的仅有一层细胞膜包裹着的圆球状对渗透敏感的细胞(真菌、细菌的细胞等)。原生质体是一种特殊的细胞状态,它通常通过使用溶菌酶除尽细菌等微生物原有的细胞壁,或者在细胞培养过程中使用青霉素抑制新生细胞壁的合成来获得。由于原生质体缺乏细胞壁的保护作用,需要配制合适渗透压的溶液或培养基加以保护。

食用菌原生质体制备主要通过收集菌丝,然后利用单一分解酶或分解酶类组合在等渗溶液中去除细胞壁,游离出大量的呈圆形的单一无壁细胞。将原生质体接种在合适的等渗培养基上进行一段时间的培养即可再生出食用菌菌丝。原生质体制备及再生受菌丝菌龄、温度、分解酶种类浓度、渗透剂种类浓度、再生培养基组成等多种因素的影响。对于不同种类的食用菌,其原生质体制备及再生条件可能不同,需要摸索条件加以优化。

二、实验步骤

1. 菌种的活化

将分离或者保藏的食用菌菌丝接种到 PDA 固体培养基,28 ℃培养 5～7 d。

2. 菌丝的培养

从 PDA 固体培养基边缘挑取少量菌丝置于 PDA 液体培养基,28 ℃ 150 r/min 培养。

3. 原生质体制备及显微镜观察

收集 0.2 g 湿菌丝,无菌水洗涤 2 次,0.6 mol/L KCl 稳渗剂洗涤 3 次。加入 1 mL 20 mg/mL 溶壁酶液,30 ℃静置酶解 4 h。用灭菌的 4 层擦镜纸包裹的注射器过滤,将所得的滤液放入一个无菌的 EP 管中用于再生。

接种菌丝于 PDA 液体培养基,28 ℃分别培养 3 d、4 d、5 d、6 d,分析菌龄对原生质体制备的影响。

分别用 0.4 mol/L、0.5 mol/L、0.6 mol/L、0.7 mol/L KCl 溶液作为稳渗剂,分析渗透压

对原生质体制备的影响。

显微镜下观察统计球形原生质体得率并显微拍照，根据破碎情况确定最适等渗浓度。

4. 原生质体再生

取 100 μL 上述原生质体，分别轻轻涂布于 RE1、RE2、RE3、RE4、RE5、RE6 等 6 种再生培养基上，以不含稳渗剂的低渗培养基为对照，计算再生率，寻找较为合适的再生培养基。28 ℃培养，第 7 天后每隔 1 d 计数一次。观察菌丝生长速度、菌丝密度等生物学特征。

5. 菌丝形态观察

根据原生质体再生菌落特征，初步区分再生菌种与培养过程中的污染菌，显微镜观察进一步确认。

6. 菌丝转接及菌种保藏

挑取单菌落，分别转接到 PDA 培养基，观察生物学特征。具有优良特性的个体作为候选菌种进行保藏，用于以后进一步的食用菌栽培验证实验。

三、注意事项

(1)环境、用具需严格消毒，分离转接时要严格遵守无菌操作要求。

(2)保持培养箱内空气干净，并定期消毒，当有其他霉菌污染时，应及时将污染的培养皿取出并加以处理。

实验二十四　玉米根际促生细菌的分离筛选及其生物学特性

一、实验目标导航

[知识目标]掌握根际细菌分离、纯化、保藏及菌株生物学特性研究的一般方法、步骤及相关原理，了解促生细菌的促生机制。

[能力目标]掌握根际细菌分离、纯化、菌种保藏及菌株生物学特性研究的一般思路及方法。

二、实验背景

植物根际一般指离根系几毫米(约 2 mm)范围内，受根系活动影响的区域。植物根际的根系分泌物使得大量微生物能够定殖于此，构成特有的根际微生物区系。植物根际存在各种微生物，2%～5%的细菌能通过某些途径或机制促进植物生长发育，增加作物产量，被称为根际促生细菌(plant growth promoting rhizobacteria，PGPR)。玉米根际促生细菌的研究对开发玉米专化型微生物菌剂，促进玉米的丰产增收具有重要意义。

本实验以玉米根际土壤为材料，利用选择性培养基结合稀释涂平板法分离玉米根际细菌，以促生特性和平皿促生实验筛选高效促进玉米生长的菌株，采用生理生化特性对菌株进行初步鉴定，以期筛选到玉米高效促生细菌。

三、实验技术路线

实验材料
不同地点采集的玉米植物根际土壤样品

↓

玉米根际细菌的分离与纯化	分离细菌的菌种保藏	分离菌株的促生特性	分离菌株的生理生化特性	根际细菌对幼苗生长的影响
1. 土壤稀释液的制备 2. 稀释涂布平板 3. 平板划线分纯	1. 斜面菌种保藏 2. 甘油冷冻保藏	1. 溶磷圈大小测定 2. 菌株液体溶磷能力的测定 3. ACC脱氨酶特性	1. 革兰氏染色 2. 葡萄糖氧化发酵试验 3. VP试验 4. 吲哚试验 5. 明胶液化试验 6. 淀粉水解试验 7. 甲基红试验 8. 接触酶试验	1. 种子催芽 2. 菌悬液的制备 3. 平皿促生 4. 生长指标测定

↓ 记录

数据处理、作图

↓ 撰写论文

分析比较所分离的不同根际细菌菌株在促生特性、生理生化特性及对幼苗生长等方面的差异，筛选高效促生菌株，并对其进行初步鉴定，为农业生产中利用根际细菌促进作物生长提供理论依据和实践指导

四、实验材料、器材与试剂

1. 材料

采集自不同地点的玉米根际土壤样品。

2. 器材

电子天平，摇床，高压灭菌锅，超净工作台，恒温培养箱，冰箱，超低温冰箱，分光光度计，移液器，显微镜，灭菌培养皿（9 cm），灭菌三角烧瓶（250 mL），灭菌枪头（蓝、黄），无菌过滤器及滤膜，接种环，接种针，涂布棒，量筒，冻存管，1.5 mL 离心管，试管，玻璃棒，酒精灯，载玻片，吸水纸，擦镜纸，牛皮纸，纱布，直尺，pH 试纸。

3. 试剂

（1）NBRIP 培养基　葡萄糖 10 g，$Ca_3(PO_4)_2$ 5 g，$MgCl_2 \cdot 6H_2O$ 5 g，$MgSO_4 \cdot 7H_2O$ 0.25 g，KCl 0.2 g，$(NH_4)_2SO_4$ 0.1 g，H_2O 1 000 mL，pH 7.0，115 ℃灭菌 20 min。

（2）NBRIP-P 培养基　将 NBRIP 培养基配方中的 $Ca_3(PO_4)_2$ 改为磷酸二氢钠 1 g，其余不变。

（3）牛肉膏蛋白胨培养基。

(4)DF 培养基

①微量元素：硼酸 10 mg，$MnSO_4 \cdot H_2O$ 11.19 mg，$ZnSO_4 \cdot 7H_2O$ 124.6 mg，MoO_3 10 mg，$CuSO_4 \cdot 5H_2O$ 78.22 mg 溶于 100 mL 无菌水中，可在冰箱中保存。

②$FeSO_4 \cdot 7H_2O$ 溶液：$FeSO_4 \cdot 7H_2O$ 100 mg 溶于 10 mL 无菌水中，可在冰箱中保存。

③DF 培养基：KH_2PO_4 4.0 g，Na_2HPO_4 6 g，$MgSO_4 \cdot 7H_2O$ 0.2 g，葡萄糖 2 g，葡萄糖酸 2 g，柠檬酸 2 g，微量元素 0.1 mL 和 $FeSO_4 \cdot 7H_2O$ 溶液 0.1 mL 定溶于 1 000 mL 蒸馏水中，pH 7.2，115 ℃灭菌 20 min。

(5)ADF 培养基　吸取过滤除菌后的 ACC 溶液加入 DF 培养基中，使 ACC 终浓度约为 3 mmol/L，即得到以 ACC 为唯一氮源的 ADF 培养基。

(6)NDF 培养基　在 DF 培养基中加入$(NH_4)_2SO_4$作为唯一氮源，使$(NH_4)_2SO_4$终浓度为 0.2%。

(7)葡萄糖蛋白胨水液体培养基(VP 试验或 MR 试验)　蛋白胨 5 g，葡萄糖 5 g，氯化钠 5 g，水 1 000 mL，pH 7.2。

(8)1%胰胨培养基(吲哚试验)　胰蛋白胨 10 g，水 1 000 mL，pH 7.2。

(9)明胶培养基　蛋白胨 5 g，明胶 150 g，水 1 000 mL，pH 7.2。

(10)淀粉培养基　牛肉膏 3 g，蛋白胨 5 g，淀粉 2 g，水 1 000 mL，pH 7.2。

(11)休-利夫森二氏半固体培养基。

(12)50 mg/mL 制霉菌素　精确称量 1 g 制霉菌素，溶解于无水乙醇，并定容至 20 mL，在超净工作台内用 0.22 μm 滤膜过滤除菌到无菌容器中，然后分装于 1.5 mL 无菌离心管中，保存于－20 ℃冰箱中备用(为避免污染和反复冻融，建议分装成小规格的，如 500 μL)。

(13)60%甘油　取 60 mL 甘油加入 40 mL 水中，用玻璃棒充分搅拌混合均匀，高压蒸汽灭菌后使用。

(14)钼锑抗贮存液　将 181 mL 浓硫酸缓缓加入约 700 mL 水中(若硫酸钼锑抗酸度为 3.75 mol/L，应加 208.3 mL)，然后将 20.00 g 钼酸铵溶于此温热的酸溶液中；另称 0.5 g 酒石酸锑钾，用少量水溶解后并入上述钼酸铵溶液中，冷至室温，定容至 1 000 mL，此即为钼锑贮存液(酸度为 3.25 mol/L 硫酸)，棕色瓶内冷藏可放置 2 个月以上。

临用当天，称取 1.5 g 左旋抗坏血酸，溶于 100 mL 钼锑贮存液中，混匀，即得浅黄色的钼锑抗显色剂(此配制方法可避免水中可溶性硅的干扰)。

(15)0.9 mol/L ACC(1-氨基环丙烷-1-羧酸)溶液　ACC 相对分子质量 101.10。称取 1.82 g ACC 溶解于 20 mL 无菌水中，再用无菌滤膜过滤除菌，即得 0.9 mol/LACC 溶液。吸取过滤除菌后的 0.9 mol/LACC 溶液 200 μL 加入 1.8 mL 无菌水，即被稀释 10 倍，得 0.09 mol/L ACC 溶液。

(16)吲哚试剂　对二甲基氨基苯甲醛 8 g，95%乙醇 760 mL，浓盐酸 160 mL。

(17)甲基红试剂　甲基红 0.02 g，95%乙醇 60 mL，蒸馏水 40 mL。

(18)VP 试剂　甲液：40%氢氧化钠(40 g 氢氧化钠溶解于 60 mL 水中，置于小瓶中保存备用)，乙液：6% α-萘酚乙醇溶液(称取 6 g α-萘酚溶解于 100 mL 无水乙醇中)。

(19)2,4-二硝基酚，氢氧化钠，浓硫酸，抗坏血酸，结晶紫染色液，番红染色液，香柏油，二甲苯，凡士林，液体石蜡，乙醚，3%过氧化氢，95%乙醇，无水乙醇，浓盐酸，碘液。

五、实验内容

(1)玉米根际细菌的分离与纯化。
(2)分离细菌的菌种保藏。
(3)分离菌株的促生特性。
(4)分离菌株的生理生化特性。
(5)根际细菌对幼苗生长的影响。

六、实验结果处理与讨论

1. 实验结果处理

(1)拍照并测定分离菌株促生特性实验中溶磷圈及菌落直径大小,计算溶磷效率;测定菌株在液体发酵液中的溶磷能力,研究菌株溶磷能力与菌株产酸能力间的关系;记录菌株在ADF 和 DF 培养基中的生长状况,以 $A_{600\ nm}$ 表示。

(2)拍照并记录菌株的革兰氏染色、VP 试验、吲哚试验、明胶液化试验、淀粉水解试验、甲基红试验(MR)、接触酶试验(过氧化氢酶)结果,分析其生理生化特性。

(3)记录接菌处理及对照处理下,玉米的发芽率、根长、茎长、根数量、鲜重或干重等数值。采用软件 SPSS,按 Turkey 多重比较方法分析实验数据的差异显著性,并利用 Excel 或其他软件作图。

2. 讨论

(1)分析筛选具有促生作用的优良根际细菌菌株的方法。
(2)分析、讨论不同菌株的促生特性和生理生化特性差异。
(3)分析菌株促生特性与植物幼苗生长之间的关联。

Ⅰ　玉米根际细菌的分离与纯化

一、实验原理

自然条件下,不同种类微生物的混合体形成群落。为了研究某种微生物的特性,或者大量培养和利用某一种微生物,必须事先从有关的生态环境中分离出所需的菌株,获得纯培养。纯培养是指从自然界或已混有杂菌的培养体中分离出生产或科学实验所需要的单一的微生物个体,进行培养,产生大量的后代。获得纯培养的方法,称为微生物的纯系分离法(微生物的分离和纯化)。获得纯培养常用方法有稀释平板分离法、划线分离纯化法、选择性培养基分离法等。

二、实验步骤

1. 土壤稀释液的制备

称取 1 g 根际土或附着一定土的植物根，放入 100 mL 无菌水中，于摇床中 150 r/min 振荡 10 min 左右，以使土壤中的微生物细胞均匀分散于水中，即得到 10^{-2} 的土壤悬液。取 0.5 mL 上述土壤悬液加入 4.5 mL 无菌水中，轻轻摇动并吹吸使之充分混合均匀，即得 10^{-3} 土壤稀释液。同法依次进行 10 倍梯度的系列稀释，则分别得 10^{-4}、10^{-5}……的土壤稀释液。

2. 稀释涂布平板

分别吸取 0.1 mL 10^{-2}～10^{-5} 的土壤稀释液，加入提前倒好的含制霉菌素的 NBRIP 平板表面，用无菌涂布棒涂布均匀，做好标记，于 28 ℃倒置培养 72 h。

3. 平板划线分纯

对 NBRIP 分离平板上产溶磷圈或生长势较好的单菌落进行菌株编号，用接种环分别无菌操作挑取菌落于新的 NBRIP 固体平板上，采用三分区或四分区划线法进行划线分纯。

划线完毕，做好菌株编号、样品来源、接种时间等标记。将划线的平板于 28 ℃恒温培养箱倒置培养 72 h。经 2～3 次分区划线培养，直至平板上菌落形态一致。

三、注意事项

(1)实验需要严格的无菌操作，以防止外界杂菌的污染。

(2)在稀释涂布平板时，应按照稀释倍数从低到高的顺序依次向平板中加入稀释土壤悬液。涂布时也是如此。

(3)在划线分离微生物的操作过程中，每次划线之前都需要将接种环上的剩余残留菌物烧死，并等待其冷却。

Ⅱ 分离细菌的菌种保藏

一、实验原理

菌种保藏是指保持微生物菌株的生活力和遗传性状的技术。菌种保藏目的是确保从自然界分离到的野生型或经过人工选育得到的变异型纯种能够存活、不丢失、不污染杂菌、不发生或少发生变异，防止优良性状丢失，从而保持菌种原有的各种特征和生理活性，随时为生产和科研提供优良菌种。

菌种保藏基本原理是根据菌种的生理和生化特性，人工创造条件，使微生物菌种处于代谢不活跃或生长繁殖受到抑制的休眠状态，以减少菌种变异，达到长期保存的目的。保藏时，要挑选优良纯种，一般利用菌种的休眠体(孢子、芽孢等)，创造最有利于休眠状态的环境条件，如低温、干燥、隔绝空气或氧气、缺乏营养物质等，以降低菌种的代谢活动，减少菌种变异，达到长期保存的目的。在实际操作中，常用的菌种保藏方法包括斜面保藏法、冷冻干燥保藏法、甘油悬液保藏法、液氮保藏法、液体石蜡封藏法、砂土管保藏法、琼脂穿刺保藏法等。

二、实验步骤

1. 斜面菌种保藏

挑取实验Ⅰ中分离纯化好的单菌落，采用无菌操作技术划线接种于试管斜面内，28～37 ℃培养 1～3 d 后，牛皮纸包扎硅胶塞或棉塞部位，置于 4 ℃冰箱保存。保藏期一般 1～6 个月。

2. 甘油冷冻保藏

(1)挑取分离纯化好的单菌落，接种于液体培养基内，摇床振荡培养至对数期后期或稳定期前期，吸取 0.5 mL 菌液加入含 0.5 mL 60%～80%甘油的冻存管内，移液器反复吹吸，使细胞与保存液充分融合混匀，甘油终浓度达到 30%(10%～40%也可)，做好菌株编号标记，置于超低温冰箱－70 ℃或－20 ℃保存。保藏期一般 2～4 年。

(2)挑取单菌落(若菌落较小，可连续挑取或刮取多个单菌落，以保证菌种保存液浓度不小于 3～4 麦氏比浊度)，然后接种至含 30%～40%甘油的冻存管内，盖上盖子，上下颠倒，充分振荡，使菌种与保存液充分融合，做好菌株编号标记，置于超低温冰箱－80～－70 ℃或－20 ℃保存。

三、注意事项

(1)微生物的保藏是研究和应用微生物的重要环节，使用纯种进行保藏可以确保微生物的纯度和稳定性，避免杂菌的干扰。

(2)微生物菌种保藏优先利用微生物的休眠体，如芽孢、孢子等进行保藏，其次是营养体细胞保藏。

(3)保藏所用的菌种要在新鲜的斜面上生长丰满，生长时间不宜过长。

(4)甘油冷冻保藏时，菌液浓度要高，菌体细胞处于对数期或稳定期前期。

(5)菌种应按照菌种的特性和要求选择合适的保存方法，标签清晰明确，注明菌株编号、菌种名称、保存日期等信息。

(6)为防止菌种退化，及时采用有效方法复壮。

Ⅲ 分离菌株的促生特性

一、实验原理

能够自由生活在植物根际土壤的一类以直接或间接方式促进植物生长的有益细菌被称为植物根际促生细菌(PGPR)。PGPR 能够通过多种途径促进植物生长，主要包括产生植物生长激素等物质、促进植物对营养元素的吸收利用、提高植物抑制病虫害等的生防能力、减少胁迫环境下乙烯的累积等。

一些微生物能够通过代谢产酸，在以难溶性磷酸盐（磷酸钙）为唯一磷源的平板上生长形成透明的溶磷圈，这类微生物能促进土壤中难溶性磷转化为可溶性磷，增加植物对磷的吸收，被称为解磷微生物。有的微生物能够分泌 ACC 脱氨酶，分解 ACC（1-氨基环丙烷羧酸，乙烯合成前体），促进植物生长、提升植物抗性和环境修复。不同微生物通过解钾、固氮、产生铁载体、吲哚乙酸、抗生素等方式，直接（间接）促进植物生长，或增强植物的抗逆性来帮助植物更好地适应环境变化。植物根际土壤中具促生特性菌株的分离筛选，可以获得具有特定功能的微生物资源，为微生物肥料的生产提供优良菌种资源。

二、实验步骤

1. 溶磷圈大小测定

将纯化的菌株采用点接法接种到 NBRIP 固体平板上，每一菌株做 3 个重复，28 ℃倒置培养 72 h 后，观察是否有溶磷圈产生并测量记录溶磷圈及菌落直径大小，计算菌株的溶磷效率。

$$\text{溶磷效率(P-solubilization efficiency)} = \frac{\text{溶磷圈直径}}{\text{菌落生长直径}}$$

2. 菌株液体溶磷能力的测定

（1）种子液的制备　取溶磷培养液分装至小试管中（直径为 1.5 cm），115 ℃灭菌 25 min，冷却备用。将待测菌株依次接种至 NBRIP-P 培养液中，于 28 ℃ 160 r/min 培养 1～2 d，以获得对数生长期的菌液，备后续接种用。

（2）磷标准曲线的绘制　在分析天平上称取经 105 ℃烘至恒重的磷酸二氢钾 1.098 5 g，加约 200 mL 水溶解，加 5 mL 浓硫酸（防腐），用水定容至 1 000 mL，此溶液为浓度 250 mg/L 的磷母液，可长期保存。将一定量磷母液稀释 10 倍得浓度为 25 mg/L 的磷标准工作液。

分别吸取上述磷标准工作溶液 0、100 μL、200 μL、300 μL、400 μL、500 μL、600 μL、700 μL、800 μL、900 μL、1 000 μL，加水稀释至约 4 mL，滴入 2 滴 2,4-二硝基酚作为显色剂，再滴入几滴 4 mol/L 氢氧化钠使溶液调至刚出现黄色，接着用 2 mol/L 硫酸调至无色。加 1 000 mL 钼锑抗显色试剂（含抗坏血酸），并补水定容至 10 mL，摇匀后静置反应 30 min，于分光光度计波长 700 nm 处测定吸光度值。以测得的吸光度值为纵坐标，以磷浓度（μg/mL）为横坐标，绘制成磷标准曲线。

（3）培养及测定　将活化好的菌株依次接种至 NBRIP 培养液中，于 28 ℃ 160 r/min 培养 5～7 d。取 4 mL 菌液，8 000 r/min 离心 10 min，取上清液 100 μL，再依次加入 4 mL 重蒸水，滴入 2 滴 2,4-二硝基酚作为显色剂，再滴入几滴 4 mol/L 氢氧化钠使溶液调至刚出现黄色，接着用 2 mol/L 硫酸调至无色。加 1 000 mL 钼锑抗显色试剂（含抗坏血酸），并补水定容至10 mL，摇匀后静置反应 30 min，于分光光度计波长 700 nm 处测定吸光度值。同时以未接种的空白培养基进行相应处理的作为对照。通过磷标准曲线，可查出接菌处理各培养液中可溶性磷的浓度。

（4）培养液 pH 的测定　用 pH 计检测并记录培养液 pH，以研究菌株溶磷能力与菌株产酸能力间的关系。

3. ACC 脱氨酶特性

将纯化的菌株同时接种于含 3 mL DF、ADF、NDF 液体培养基中，摇床 150 r/min 振荡培养 72 h 后，观察同一菌株分别于 DF、ADF、NDF 3 种不同培养基中的生长情况，并用分光光度计于波长 600 nm 处测定菌株长势。当菌株于 ADF 培养基中的生长势明显好于 DF 培养基时，说明该菌株能够以 ACC 为唯一氮源进行生长，即该菌株能够产生 ACC 脱氨酶。

三、注意事项

(1)钼锑贮存液要盛放于棕色瓶中，避光存放。钼锑抗显色剂要现用现配。

(2)ACC 溶液需过滤除菌。

Ⅳ　分离菌株的生理生化特性

一、实验原理

生理生化特征是细菌分类鉴定中经典且不可或缺的主要步骤与特征。不同的微生物具有不同的酶系统，其新陈代谢类型就不同。细菌代谢类型的多样性，具体表现在生理生化反应多样性，生理生化反应用于测定不同微生物对营养物质的利用，以及其代谢产物的异同，作为细菌分类鉴定的重要依据。

通常采用的生理生化方法主要有：

(1)VP 试验　在葡萄糖蛋白胨水培养基中，某些微生物能将葡萄糖分解为丙酮酸，丙酮酸缩合、脱酸转变成乙酰甲基甲醇。强碱条件下，乙酰甲基甲醇与氧产生二乙酰，二乙酰与蛋白质中的含胍基成分作用，生成红色化合物的为 VP 试验阳性反应，无红色化合物则为 VP 试验阴性反应。

(2)吲哚试验　微生物中含有的色氨酸酶能将蛋白胨中的色氨酸分解成吲哚，无色的吲哚加入对二甲基氨基苯甲醛后，形成红色的玫瑰吲哚。

(3)明胶液化试验　细菌蛋白酶(胞外酶)可将明胶水解，由原来的固态变为液态，即为明胶液化(20 ℃以下也不凝固)，据此可判断其有无分解蛋白质的能力。常用穿刺法和平板法进行该试验。

(4)淀粉水解试验　微生物如能产生淀粉酶(胞外酶)，可将培养基中的淀粉水解为麦芽糖、葡萄糖等，再被细胞吸收利用。淀粉水解后，遇碘不再变蓝。依此可以判断某细菌有无分解淀粉的能力。

(5)甲基红试验(MR)　一些细菌能发酵葡萄糖，在分解葡萄糖过程中产生丙酮酸，进一步由于糖代谢途径不同，可产生乳酸、琥珀酸、乙酸、甲酸等大量酸性产物，可使培养基 pH 下降至 4.5 以下，使甲基红指示剂变红。

(6)接触酶试验(过氧化氢酶)　具有过氧化氢酶的细菌，能催化过氧化氢生成水和新生态氧，继而形成分子氧出现气泡。

二、实验步骤

1. 革兰氏染色

(1)制片　在一张载玻片上，涂布待检测菌株制成涂片后，干燥、固定。为保证染色结果的准确性，可同时在同一载玻片上，分别涂布枯草杆菌和大肠杆菌作为标准对照组制成涂片后，干燥、固定。

(2)染色　待玻片冷却后按下列步骤进行染色。

①初染：结晶紫染色 1 min→水洗。

②媒染：碘液 1 min→水洗。

③脱色：95%乙醇脱色 30～40 s→水洗。

④复染：番红染色 2～3 min 或苯酚复红染色 30 s～1 min→水洗→干燥。

(3)镜检　在油镜下观察，被染成紫色者即为革兰氏阳性(G^+)，被染成红色者是革兰氏阴性 G^-)。

2. 葡萄糖氧化发酵实验

用接种针无菌操作挑取少量菌苔，穿刺接种于休-利夫森二氏半固体培养基，每株菌株接种 4 支。其中 2 支用灭菌的凡士林液体石蜡(熔化的 2/3 凡士林中加入 1/3 液体石蜡)封盖，0.5～1 cm 厚，以隔绝空气为闭管(注意：培养基内部中不要混有空气，否则会干扰观察发酵产酸的结果)。另 2 支不封油为开管。同时还要有不接种的闭管和开管作为对照。适温(28～37 ℃)培养 3～14 d 观察结果。只有开管产酸变黄者为氧化型；开管和闭管均产酸变黄者为发酵型。

3. VP 试验

取葡萄糖蛋白胨水液体培养基 2 支，用接种环无菌操作，接种分离菌株，并注明菌株编号、日期、实验者，放恒温培养箱培养 2 d。取培养液 1 mL，加入几滴 VP 试剂甲液，再加约等量的 VP 试剂乙液，用力振荡，15 min 后观察实验结果。出现红色为 VP 试验阳性。记录实验结果。

4. 吲哚试验

取 1%胰胨培养基 2 支，无菌操作，接种分离菌株，并注明菌株编号、日期、实验者，放恒温培养箱培养 2 d。取出，在培养液中先加入乙醚 1 mL(使呈明显的乙醚层)，充分振荡，使吲哚溶于乙醚中，静置片刻，使乙醚浮到上面。再沿管壁加入吲哚试剂 5 滴，有红色环出现者为阳性。记录实验结果。

5. 明胶液化试验

取培养 18～24 h 的幼龄菌株穿刺接种于明胶液化培养基中，以不接种作为对照，于 20 ℃恒温箱培养。2 d 后取出，观察菌株的生长情况及培养基是否液化、液化形状等。

6. 淀粉水解试验

取熔化了的淀粉培养基，无菌操作倒平板，等冷凝后，用接种环无菌操作，挑取少许分离菌株点接于平板中，并于平皿底上注明菌株编号、实验日期、实验者等信息，37 ℃恒温箱倒置培养 2～3 d。打开平皿盖，滴加碘液，轻轻摇转平皿，使碘液均匀铺满整个平皿，如果在菌落周围出现无色透明圈，说明淀粉水解阳性，即淀粉被水解。

7. 甲基红试验

取葡萄糖蛋白胨水液体培养基 2 支，用接种环无菌操作，接种分离菌株，并注明菌株编号、日期、实验者，放恒温培养箱培养。2 d 后取出培养液，沿管壁加入甲基红试剂 1～2 滴，若由原来的橘黄色变为红色则为阳性反应。记录实验结果。

8. 接触酶试验

将培养 24 h 的分离物，以铂丝接种环取一小环涂抹于已滴有 3%过氧化氢的载玻片上，如有气泡产生则为阳性，无气泡则为阴性。

三、注意事项

(1)吲哚试验中加入吲哚试剂后不再摇动，否则液体界面被混合，红色环不明显。

(2)淀粉水解试验中透明圈大小表明菌株对淀粉水解能力的大小。

(3)明胶液化试验中，由于室温下明胶培养基呈液状，在观察结果时，应将其放置于4 ℃的冰箱中 30 min 后拿出观察。

V　根际细菌对幼苗生长的影响

一、实验原理

根际促生细菌通过多种机制促进植物生长，可提高种子萌发率和幼苗的生长速度，并进而增加作物产量。本实验以玉米为研究材料，研究所分离根际细菌对玉米种子发芽率、根长、茎长等指标的影响，进一步评价所分离菌株对玉米幼苗的促生长作用。

二、实验步骤

1. 种子催芽

将玉米种子冷水浸泡 0.5 h 后，用湿纱布包裹放置于 25～28 ℃恒温培养箱中催芽，待种子露白后用。

2. 菌悬液的制备

挑取分离筛选到的解磷菌株，无菌操作划线接种到 NBRIP 平板上，于 28 ℃培养 24～48 h，刮取 5～6 环 NBRIP 平板上的菌苔重悬于 10 mL 无菌水中，轻轻振荡使之混合均匀得菌悬液。

3. 平皿促生

每一无菌平皿中(含滤纸)放置经挑取的饱满且发芽一致的玉米种子约 6 粒，并加入菌悬液 3 mL，再补 10 mL 无菌水，以加等量(13 mL)无菌水的处理作为对照，25～28 ℃培养 4～7 d。培养期间定期加入定量的无菌水，以维持种子正常发芽生长，每一菌株设置至少 3 个平皿重复。

4. 生长指标测定

(1)玉米种子发芽率、根长、茎长、根数及干鲜重的测定。

(2)生物量测定　将整株玉米幼苗从花盆中取出，用水冲净后，置于 80 ℃烘箱中烘48 h后，称重。

实验二十五　农药降解菌的分离、鉴定及其性能分析

一、实验目标导航

[知识目标]掌握农药降解菌分离、鉴定及降解性能分析的一般步骤及相关原理。

[能力目标]掌握富集法筛选农药降解菌、菌株分离与分子生物学鉴定以及菌株降解性能分析的操作方法。

二、实验背景

农药是农用药剂的简称，是人类施用于自然环境中数量最大的一类化学物质，分为杀虫剂、除草剂、杀菌剂、植物生长调节剂等。农药的使用是农业生产中不可或缺的一部分，但农药的不合理使用与流失对环境和人体健康造成了严重的影响。据统计，施用于农作物的农药中，仅有约 10％能够附着在作物上，而大部分农药在施用过程中则进入了土壤、水体，造成污染，影响农产品的品质与安全，威胁生存环境和身体健康。作为应对，一方面是开发高效低毒低残留的化学(生物)农药，另一方面则是找到高效、快速降解农药残留的制剂。微生物在生态系统中对农药的分解起着重要作用，能够高效、快速地降解农药残留。因其成本低廉、高效、无二次污染等特点，利用微生物降解环境中农药残留逐渐成为有机农药残留物生物修复的研究热点。

三、实验技术路线

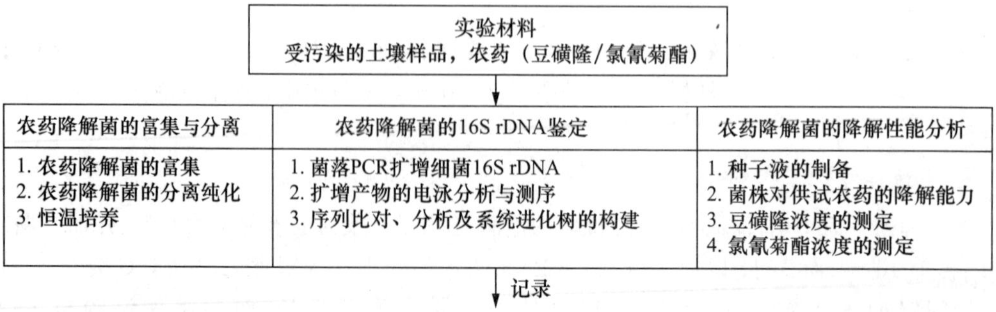

数据处理、作图
↓ 撰写论文

以土壤为材料，采用富集培养结合稀释涂布平板、划线法，分离筛选农药降解菌，利用16S rDNA测序的方法分析高效菌株的分类地位，分析比较不同菌株对农药降解效率的差异，为进一步扩大农药降解菌的菌种资源提供参考

四、实验材料、器材与试剂

1. 材料

受污染的土壤样品，农药(豆磺隆/氯氰菊酯)。

2. 器材

恒温摇床，培养箱，恒温水浴锅，电泳槽，电泳仪，紫外成像仪，紫外分光光度计，移液器，无菌枪头(1 mL、200 μL、10 μL)，无菌培养皿，接种环，涂布棒，PCR管，无菌牙签，容量瓶，生物信息学软件。

3. 试剂

(1)富集培养基(LB)　蛋白胨 10 g，氯化钠 5 g，酵母膏(粉)5 g，蒸馏水 1 000 mL，pH 7.0。

(2)基础培养基　葡萄糖 5.0 g，KH_2PO_4 0.5 g，K_2HPO_4 0.5 g，氯化钠 0.2 g，$MgSO_4 \cdot 7H_2O$ 0.2 g，$CaCl_2$ 0.1 g，蒸馏水 1 000 mL，pH 7.0。

(3)牛肉膏蛋白胨培养基。

(4)PCR引物　采用细菌 16S rDNA 通用引物，引物序列为：27F：5′-AGAGTTTGATCCTGGCTCAG-3′；1492R：5′-TACGGCTACCTTGTTACGACTT-3′。

(5)无水乙醇，PCR缓冲液，$MgCl_2$，*Taq* 酶，dNTPs，琼脂糖，二氯甲烷。

五、实验内容

(1)农药降解菌的富集与分离。

(2)农药降解菌的 16S rDNA 鉴定。

(3)农药降解菌的降解性能分析。

六、实验结果处理与讨论

1. 实验结果处理

(1)观察记录富集与分离过程中菌落的培养特征。

(2)拍照记录 1.0%琼脂糖凝胶电泳检测 16S rDNA 的 PCR 扩增结果，并分析。

(3)测序的 16S rDNA 序列在 NCBI 网站进行网上数据库比对，并下载相近序列，利用 MEGA6.0 软件构建系统进化树。

(4)计算所分离的细菌对特定农药的降解率并分析。

2. 讨论

(1)分析筛选具有农药降解功能的优良菌株的方法。

(2)分析影响菌株农药降解效率的外界因素,讨论其可能机理。

(3)讨论常见农药降解菌的分类地位。

Ⅰ 农药降解菌的富集与分离

一、实验原理

富集培养是一种从微生物混合群开始的培养方法,旨在通过特定措施使原本数量很少的特定种微生物的数量比例不断增高,最终引导至纯培养。在适于目标微生物生长而不适于其他微生物生长的条件下继续培养,则目标微生物将成为优势种而得到富集培养。通过将农药作为唯一碳源对样品进行富集培养,待底物完全降解后,再以一定接种量转接到新鲜的含农药的富集培养液中。如此连续移接培养数次。同时在每次转接时将农药的浓度逐步提高,便可得到降解该农药占优势的菌株培养液。

采用稀释涂布法或平板划线法进一步分离培养,便可得到能降解高浓度农药的微生物。平板划线分离法是指把混杂在一起的微生物或同一微生物群体的不同细胞用接种环在固体平板培养基表面通过分区划线稀释而得到由单个细胞经培养生长形成的单菌落,通常把这种单菌落当作待分离微生物的纯种。有时这种单菌落并不都是由单个细胞繁殖而来的,故必须反复划线分离多次才可得到纯种。划线的形式有多种,可将一个平板分成 4 个不同面积的小区进行划线,第一区(A 区)面积最小,作为待分离菌的菌源区,第二和第三区(B、C 区)是逐步稀释的过渡区,第四区(D 区),则是关键区,使该区出现大量单菌落以供挑选纯种用。为了得到较多的典型单菌落,平板上四区面积的分配应是 D>C>B>A。

二、实验步骤

1. 农药降解菌的富集

取经常使用豆磺隆的菜园土壤 2.0 g(或者以取自烟嘧磺隆农药生产厂污水处理系统中的活性污泥作为最初的接种物 5 g),于 100 mL 富集培养基中,豆磺隆浓度为 100 mg/L,置于 30 ℃,180 r/min 摇床培养。以后每隔大约 1 周,以接种量 10% 接入新鲜培养液中,并逐渐提高豆磺隆用量,至培养液中的豆磺隆浓度达到 500 mg/L,并在每次转接提高农药浓度时,吸取定量富集液稀释涂布平板,然后用基础培养基代替富集培养基,每隔 1～2 周移种一次,豆磺隆的浓度仍为 500 mg/L。如此驯化 2 周以上,最后用平板划线法在含豆磺隆 100 mg/L 的基础培养基上分离好氧性降解菌。

2. 农药降解菌的分离纯化

(1)培养基、平皿准备　取牛肉膏蛋白胨琼脂培养基放入水浴中加热至熔化。待培养基冷却至 50 ℃左右,按无菌操作法倒 2 只平板(每皿 15～20 mL),平置,待凝固。

在皿底将整个平板划分成 A、B、C、D 4 个面积不等的区域，各区之间的交角应为 120°左右（平板转动一定角度约 60°），以便充分利用整个平板的面积，而且采用这种分区法可使 D 区与 A 区划出的线条相平行，并可避免此两区线条相接触。

(2)平板划线分离　选用平整、圆滑的接种环，按无菌操作法挑取少量菌种。

将平板倒置于酒精灯旁，左手拿出皿底并尽量使平板垂直于桌面，有培养基一面向着酒精灯（皿盖朝上，仍留在酒精灯旁），右手拿接种环先在 A 区划 3～4 条连续的平行线。划完 A 区后应立即烧掉环上的残菌，以免因菌过多而影响后面各区的分离效果。在烧接种环时，左手持皿底并将其覆盖在皿盖上方（不要放入皿盖内），以防止杂菌的污染。

将烧灼残菌后的接种环在平板培养基边缘冷却一下，并使 B 区转到上方，接种环通过 A 区（菌源区）将菌带到 B 区，随即划数条致密的平行线。再从 B 区作 C 区的划线。最后经 C 区作 D 区的划线，D 区的线条应与 A 区平行，但划 D 区时切勿重新接触 A、B 区，以免该两区中浓密的菌液带到 D 区，影响单菌落的形成。随即将皿底放入皿盖中。烧灼接种环上的残菌。

3. 恒温培养

将划线平板倒置，于 37 ℃（或 28 ℃）培养 48 h 后，观察记录菌落的培养特征。

三、注意事项

(1)农药有毒，务必注意安全。

(2)平板划线分离过程中要严格无菌操作，防止杂菌污染。

(3)平板划线时线条多少应依挑菌量的多少而定。

Ⅱ　农药降解菌的 16S rDNA 鉴定

一、实验原理

16S rDNA 鉴定（16S ribosomal DNA identification）是指利用细菌 16S rDNA 序列测序的方法对细菌进行种属鉴定。主要步骤包括细菌基因组 DNA 提取、16S rDNA 特异引物 PCR 扩增、扩增产物纯化、DNA 测序、序列比对等步骤，是一种快速获得细菌种属信息的方法。原核生物 rRNA（核糖体 RNA）按沉降系数分为 3 种，分别为 5S、16S 和 23S rRNA，其核苷酸数分别为 120、1 540、2 900 个。16S rDNA 是细菌染色体上编码 16S rRNA 相对应的 DNA 序列，存在于所有细菌染色体基因中。16S rDNA 是细菌系统分类研究中最有用的和最常用的分子钟。

选用 16S rRNA 作为生物进化和系统分类研究具有以下优点：①16S rRNA 普遍存在于原核生物中，在细胞中的含量较高、较易提取，且相对分子质量大小适中，约 1 540 个核苷酸，所包含的信息量大，便于序列分析，适用于各级分类单元，是测量各类生物进化和亲缘关系的良好工具，已被广泛应用于微生物系统分类和进化研究。②16S rRNA 核苷酸序列高度保守，在进化过程中变化很慢，既含有高度保守的序列区域，又有中度保守和高度变化的序列区域，因而适用于进化距离不同的各类生物亲缘关系的研究，可作为生物演变的时间钟。③可变区序列因细菌不同而异，恒定区序列基本保守，可利用恒定区序列设计引物，将 16S rDNA 片段扩增出来，利用可变区序列的差异来对不同菌属、菌种的细菌进行分类鉴定。

二、实验步骤

1. 菌落 PCR 扩增细菌 16S rDNA

以分离筛选的培养至对数生长期的菌体细胞为材料，按照表 5-58 构建 25 μL 总体积的 PCR 扩增体系。

表 5-58 PCR 扩增体系

组分	用量/μL
少许菌体作为模板	0.5
10×PCR 缓冲液	2.5
2.5 mmol/L dNTP	2
25 mmol/L $MgCl_2$	2
10 μmol/L Primer F	1
10 μmol/L Primer R	1
5 U/μL *Taq* 酶	0.2
ddH_2O	15.8

PCR 反应程序为：94 ℃ 4 min；94 ℃ 30 s，55 ℃ 1 min，72 ℃ 90 s 共 30 个循环；72 ℃ 10 min；4 ℃终止反应。

2. 扩增产物的电泳分析与测序

PCR 产物用 1%的琼脂糖凝胶电泳进行检测是否产生 1.5 kb 的条带，送公司测序。

3. 序列比对、分析及系统进化树的构建

PCR 产物完成测序后，在 NCBI（http://blast.ncbi.nim.gov/Blast.cgi/）数据库进行比对，再从 RDP 数据库（http://rdp.cme.edu/seqmatch/seqmatch_intro.jsp）中下载相近的模式菌株序列，运用 Clustal X1.83 进行多重序列比对分析后，用 MEGA6.0 构建系统进化树。判断细菌种类。使用软件 Sequin 将测序序列提交到 NCBI，获取 GenBank 登录号。

三、注意事项

（1）16S rDNA 鉴定是基于 PCR 的鉴定方法，PCR 过程中容易污染，获得假阳性结果，应注意做好阴性对照。

（2）细菌 16S rDNA 片段扩增比较容易，很多细菌进行鉴定时可以直接使用菌落 PCR 或者菌液 PCR 获得扩增产物，一般可以不用制备基因组 DNA。只有 PCR 扩增遇到障碍时，才需制备纯度较高的基因组 DNA。

Ⅲ　农药降解菌的降解性能分析

一、实验原理

微生物降解农药的方式主要包括两种：一种是利用农药作为唯一的碳源、氮源和能源，从而加速农药的降解；另一种是通过共代谢作用，即微生物从其他化合物获得碳源和能源，使农药转化甚至完全降解。

本实验通过含供试农药的培养基中接种分离的供试菌株，研究菌株对农药降解能力。

二、实验步骤

1. 种子液的制备

在 LB 液体培养基中接种分离筛选的菌株，摇床 150 r/min 振荡培养 24 h 后，以备后续实验接种用。

2. 菌株对供试农药的降解能力

向液体培养基中加入供试农药，使农药终浓度为 100 mg/L。将培养好的种子液用移液枪按 5%的接种量接种入含农药的液体培养基中，同时以添加 5%无菌培养基的作为对照处理。接菌处理与对照处理各设 3 个重复，30 ℃摇床振荡培养 5～7 d，取样测定接菌处理和对照处理各培养液中的农药残留量。

3. 豆磺隆浓度的测定

(1)豆磺隆标准曲线的制作　称取 0.004 0 g 豆磺隆标准品至 100 mL 容量瓶中，以 1.5～2 mL二氯甲烷助溶解并用水稀释定容，即得浓度为 40 μg/mL 的母液。分别取 4 μg/mL 的母液 0、312 μL、625 μL、936 μL、1 250 μL、1 875 μL、2 500 μL、5 000 μL，并依次补足水至总体积 5 mL，即得浓度分别为 0、2.5 μg/mL、5 μg/mL、7.5 μg/mL、10 μg/mL、15 μg/mL、20 μg/mL 的豆磺隆系列稀释液。于紫外分光光度计波长 235 nm 处测其吸光度值，并以浓度(c)对吸光度值(A)作标准曲线。

(2)样品中农药浓度测定　吸取 5 mL 培养液，8 000 r/min 离心 10 min。取出上清液，调 pH 约 7.0 后，用紫外分光光度计于波长 235 nm 处比色测定。或离心后用等体积的二氯甲烷(5 mL)萃取培养液，取有机相液体 4 mL 用于测定。根据标准曲线，计算测定样品中的豆磺隆浓度，并计算降解率。

$$\text{降解率}=\frac{\text{未接种的空白样品农药残留量}-\text{接种样品农药残留量}}{\text{未接种的空白样品农药残留量}}\times 100\%$$

4. 氯氰菊酯浓度的测定

(1)氯氰菊酯标准曲线的制作　称取 0.010 g 氯氰菊酯加入容量瓶中，并用二氯甲烷作为有机溶剂定容至 100 mL，即得到浓度为 100 mg/L 的氯氰菊酯母液。分别取 100 mg/L 的氯氰菊酯母液 0、0.5 mL、1 mL、2 mL、3 mL、4 mL、5 mL，并依次补足二氯甲烷至总体积5 mL，得到一系列梯度浓度为0、10 mg/L、20 mg/L、40 mg/L、60 mg/L、80 mg/L、100 mg/L的氯氰菊酯二氯甲烷溶液，用紫外分光光度计于波长278 nm测定吸光度值，并以浓度(c)对吸光度值(A)作标准曲线。

将待测样品测定的吸光度值带入上述线性回归方程，计算测定样品中的氯氰菊酯浓度，并计算降解率。

(2)样品中农药浓度测定　吸取5 mL培养液，8 000 r/min离心，取上清液3～4 mL。以二氯甲烷作为萃取剂，将吸取的培养液上清液加入等体积二氯甲烷，涡旋振荡1 min后，室温静置约1 h，分层后弃去上清液，保留下层有机相。用紫外分光光度计于波长278 nm测定吸光度值。

根据标准曲线，计算测定样品中的氯氰菊酯浓度，并计算降解率。

三、注意事项

(1)实验中应设置未接种的空白样品作为对照。

(2)制作豆磺隆、氯氰菊酯标准曲线时，加样量要准确。

实验二十六　液体制剂及薄荷油包合物的制备

一、实验目标导航

[知识目标]掌握芳香水剂和低分子溶液剂、高分子溶液剂、混悬液型液体药剂的概念与特点，学习和掌握芳香水剂、胃蛋白酶合剂的制备中常用附加剂的正确使用、作用机制及常用量，掌握混悬液型液体药剂的制备和质量检查的原理。

[能力目标]学习和掌握芳香水剂、胃蛋白酶合剂的制备方法、质量标准及检查方法，熟悉和掌握饱和水溶液法制备薄荷油包合物的工艺及使用薄层层析法(TLC)验证包合物形成的方法，掌握混悬液型液体药剂的一般制备方法以及助悬剂在混悬剂中的应用和混悬剂的质量评定方法。

二、实验背景

低分子溶液剂是指小分子药物以分子或离子状态分散在溶剂中制成的均匀分散的、供内服或外用的真溶液。芳香水剂是低分子溶液剂的一种，是指芳香挥发性药物(多为挥发油)的饱和或近饱和的水溶液。高分子溶液剂是指高分子化合物溶解于溶剂中制成的均相液体制剂。包合物是指一种药物分子被全部或部分包入另一种物质的分子腔中而形成的独特形式的特殊复合物，一般具有可增加药物溶解度和生物利用度、掩盖药物的不良气味、减少挥发性成分的挥发损失、增加稳定性等特点。混悬液型液体药剂是指难溶性固体药物以细小颗粒分散于液体分散介质中形成的非均相液体药剂，通常称为混悬剂。

三、实验技术路线

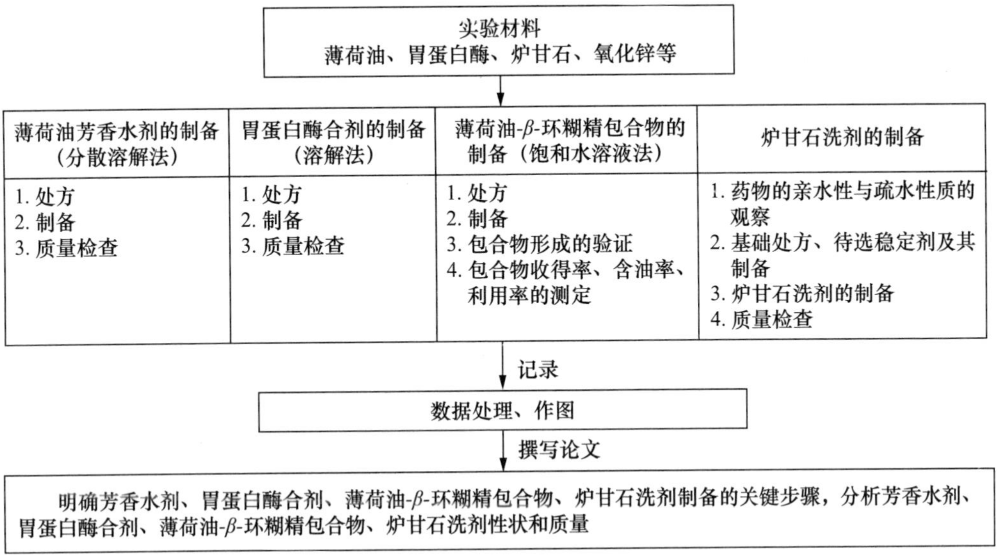

四、实验材料、器材与试剂

1. 材料

薄荷油，胃蛋白酶，牛奶，β-环糊精，炉甘石。

2. 器材

电子天平，冰箱，pH 计，恒温水浴锅，循环水真空泵，干燥器，烘箱，挥发油提取器，冷凝管，烧杯，量筒，移液管及移液管架，洗耳球，具盖细口瓶，研钵，玻璃漏斗，精密 pH 试纸，滤纸，层析缸，点样毛细管，硅胶 G 板，喷瓶，锥形瓶，布氏漏斗，圆底烧瓶，120 目药筛，试管及试管架，具塞量筒，玻璃棒，滴管。

3. 试剂

滑石粉，活性炭，轻质碳酸镁，乙酸，氢氧化钠，盐酸，甘油，无水乙醇，95%乙醇，香草醛，硫酸，石油醚，乙酸乙酯，轻质氧化锌，羧甲基纤维素钠，聚山梨酯-80，三氯化铝，枸橼酸钠，硫酸钡，硫黄。

五、实验内容

(1)薄荷油芳香水剂的制备(分散溶解法)。

(2)胃蛋白酶合剂的制备(溶解法)。

(3)薄荷油-β-环糊精包合物的制备(饱和水溶液法)。

(4)炉甘石洗剂的制备。

六、实验结果处理与讨论

1. 实验结果处理

(1)对制备的薄荷水进行性状检查(pH、嗅味、澄明度),记录结果并进行比较。

(2)活力实验考察,比较用两种方法制备胃蛋白酶合剂的质量。

(3)将薄荷油-β-环糊精包合物干燥,称重,计算收率,并以薄层层析法验证,计算包合物的收得率、含油率、利用率。

$$包合物收得率=\frac{包合物的质量(g)}{\beta\text{-}环糊精(g)+薄荷油投入量(g)}\times 100\%$$

$$包合物的含油率=\frac{包合物中实际含油量(g)}{包合物质量(g)}\times 100\%$$

$$包合物中薄荷油的利用率=\frac{包合物中实际含油量(g)}{投油量(g)}\times 100\%$$

(4)记录药物(氧化锌、硫酸钡、硫黄、炉甘石)的亲水性与疏水性质,测定制备 5 种炉甘石混悬剂沉降体积比,判断各炉甘石洗剂的优劣和分析各种添加剂的作用。

2. 讨论

(1)分析制备薄荷水时加入滑石粉、活性炭的作用,并探讨还可选用哪些具有类似作用的物质。

(2)分析影响胃蛋白酶活力的因素及预防措施。

(3)分析薄荷油包合物的制备选用 β-环糊精为主分子的原因,说明 β-环糊精的特点,并讨论除饱和水溶液法外,还有哪些制备包合物的方法以及各自特点。

(4)分析亲水性药物与疏水性药物在制备混悬液时的差异,并讨论优良的混悬剂应达到的质量要求。

Ⅰ　薄荷油芳香水剂的制备(分散溶解法)

一、实验原理

低分子溶液剂系制备方法主要有溶解法、稀释法和化学反应法,其中溶解法最为常用。如以挥发油作为原料时多采用溶解法和稀释法制备。低分子溶液剂除要求澄明外,还需具有与原料药物相同的气味,不得有异臭、沉淀或杂质。

在芳香水剂的制备过程中,分散剂的选择很重要。挥发油在水中的溶解度很小(约为0.05%),分散剂可将挥发油分散得更细,有利于溶解,同时兼有助滤剂与吸附剂的作用。制备时加固体分散剂不仅可增加溶质与水的接触面积,且可在滤器上形成滤床以起到助滤作用,吸附多余的挥发油及杂质,使溶液澄明。通过选择合适的分散剂,可以有效提高芳香水剂的澄明度和稳定性,从而保证产品的质量和效果。适合的分散剂可通过实验确定。

二、实验步骤

1. 处方

【处方】薄荷油 0.2 mL，滑石粉 1.5 g，活性炭或轻质碳酸镁 1.5 g，蒸馏水加至 100.0 mL。

2. 制备

称取 1.5 g 滑石粉置于干燥研钵中，加 0.2 mL 薄荷油，充分研匀。量取蒸馏水 95 mL，分次加到研钵中，先加少量，待研匀后再逐渐加入其余部分的蒸馏水，每次都要研匀，最后留下少量蒸馏水。将混合液移入锥形瓶中，用余下的蒸馏水将研钵中的滑石粉冲洗入锥形瓶，保鲜膜封口，剧烈振摇 10 min。用润湿过的滤纸反复过滤至滤液澄明，再通过滤器添加适量蒸馏水至 100 mL，即得。

另用活性炭或轻质碳酸镁 1.5 g 按上法制备薄荷水剂。

3. 质量检查

记录用不同分散剂制得薄荷水的性状，填入表 5-59。

表 5-59　用不同分散剂制得薄荷水的性状

分散剂	pH	澄明度	嗅味
滑石粉			
活性炭			
轻质碳酸镁			

三、注意事项

(1)薄荷油饱和水溶液体积浓度约为 0.05%，处方用量为溶解量的 4 倍，配制时不能完全溶解。

(2)滑石粉等分散剂，应与薄荷油充分研匀，以利于发挥作用，加速溶解过程。所用滑石粉不宜过细，以免影响成品的澄明度。

Ⅱ　胃蛋白酶合剂的制备(溶解法)

一、实验原理

高分子溶液剂制备均要经过有限溶胀和无限溶胀过程，有限溶胀静置即可完成，无限溶胀则需搅拌或加热。高分子溶液剂的制备需要根据药物自身的性质选择适合的办法。胃蛋白酶等高分子药物，其有限溶胀和无限溶胀过程都很快，宜采用分次撒布于水面或将药物黏附于已湿润的器壁上，使之迅速地自然溶胀而胶溶。此外胃蛋白酶活力易受破坏，制备中要采取相应措施加以保护。制备的胃蛋白酶合剂其活力可通过消化牛乳进行测定，胃蛋白酶活力越强，凝固牛乳越快。

二、实验步骤

1. 处方

【处方】胃蛋白酶 1.20 g，稀盐酸 1.20 mL，甘油 12.0 mL，蒸馏水加至 60.0 mL。

2. 制备

Ⅰ法：取稀盐酸与处方量约 2/3 的蒸馏水混合后，将胃蛋白酶撒在液面使其膨胀溶解，必要时轻加搅拌，加甘油混匀，并加蒸馏水至足量，即得。

Ⅱ法：取胃蛋白酶加稀盐酸研磨，加蒸馏水溶解后加入甘油，再加水至足量混匀，即得。

3. 质量检查

(1)成品观测　观测成品外观、性状，成品 pH 为 1.5～2.5。

(2)活力实验　比较用两种方法制备的合剂质量，可用活力实验考察，记录活力实验中分别凝乳时间，计算相应活力单位。

精密吸取 0.1 mL 本品置试管中，另用吸管加入 5 mL 牛乳乙酸钠混合液，迅速加完，混匀，计时(从开始加入时)，记录凝固牛乳所需的时间(25 ℃进行)。

测定时所用乙酸钠缓冲液为取 92 g 乙酸和 43 g 氢氧化钠，分别溶于适量蒸馏水中，将两液混合，并加蒸馏水稀释至 1 000 mL(pH 为 5)所得。牛乳乙酸钠混合液为取等体积的乙酸钠缓冲液和鲜牛奶混合均匀所得，可于室温密闭贮存 2 周。

规定凡胃蛋白酶能使牛乳液在 60 s 末凝固时的活力强度称为 1 活力单位，最后可换算到每 1 mL 供试液的活力单位。

三、注意事项

(1)乙酸钠缓冲液配制时，注意检测 pH。

(2)胃蛋白酶极易吸潮，因此在称取操作时应迅速进行，以避免其吸潮影响活力。

(3)胃蛋白酶的消化力应为 1∶3 000，若用其他规格，则用量应按规定折算。

(4)溶解胃蛋白酶时，应将其撒在溶媒上，静置使其充分吸水膨胀，再缓缓摇匀，避免使用热水或强力搅拌，以防失去活力。

(5)胃蛋白酶合剂活力测定过程是先加入牛乳乙酸钠混合液，然后再加制备的胃蛋白酶合剂，并迅速混匀计时。

Ⅲ　薄荷油-β-环糊精包合物的制备(饱和水溶液法)

一、实验原理

常用的 β-环糊精包合物的制备方法有饱和水溶液法、溶液搅拌法、研磨法、冷冻干燥法、混合溶剂法、共沉淀法等，本实验采用饱和水溶液法制备薄荷油包合物。饱和水溶液法是一种常用的包合技术，通过将主分子的饱和溶液与客分子相混合，使客分子进入主分子的空穴中，再降低温度，使包合物从水中析出，便于分离。

β-环糊精(β-CD)是由淀粉经微生物酶作用后提取制成的由7个葡萄糖残基以β-1,4-糖苷键结合构成的环状物，具有高度的选择性、不具毒性、为可食性、不吸湿性、化学稳定性佳及易于分离等优点，可与多种化合物形成包结复合物，使其稳定、增溶、缓释、乳化、抗氧化、抗分解、保温、防潮，并具有掩蔽异味等作用。β-环糊精具有特殊的环状中空圆筒形结构，空穴内部呈疏水性，开口处为亲水性，可将一些体积和形状适合的药物分子或部分基团包合在疏水区内，形成呈分子状超微结构的包合物，对药物起到稳定或提高溶解度等作用。挥发油经包合后不仅增加了制剂稳定性，而且可防止挥发性成分逸散，延长药效和保质期，且液体药物变为粉末状，便于加入基质，可制成多种剂型。薄层层析法是易于实现的一种包合物鉴别方法。

二、实验步骤

1. 处方

【处方】薄荷油 1 mL，β-环糊精 4 g，无水乙醇 5 mL，蒸馏水 50 mL。

2. 制备

(1)β-环糊精饱和水溶液的制备　称取 4 g β-环糊精，置于 100 mL 具塞锥形瓶中，加入蒸馏水 50 mL，加热溶解，降温至 50 ℃，备用。

(2)包合物的制备　量取 1 mL 薄荷油，缓慢滴入到 50 ℃β-环糊精饱和水溶液中，待出现浑浊逐渐有白色沉淀析出，恒温搅拌 2.5 h 后冷却。冷藏 24 h，待沉淀完全。抽滤，用 5 mL 无水乙醇洗涤沉淀 3 次至表面近无油渍。将包合物置干燥器中干燥，称重，计算收率。

3. 包合物形成的验证

采用薄层层析法(TLC)。

(1)硅胶 G 板的制作　硅胶 G：0.3％羧甲基纤维素钠水溶液＝1 g：3 mL，混合调匀，铺板，110 ℃活化 1 h，备用。

(2)样品的制备　取 0.5 g 薄荷油-β-环糊精包合物，加 2 mL 95％乙醇溶解，过滤，滤液为样品 a；另取薄荷油 2 滴，加 2 mL95％乙醇溶解，得样品 b。

(3)点样与展层　取各约 10 μL 样品 a、b，点于同一硅胶 G 板上，以石油醚：乙酸乙酯(85：15)为展开剂上行展开。

(4)显色　取出硅胶 G 板，晾干后喷以 1％香草醛硫酸液，105 ℃烘至斑点清晰。

(5)分析　绘制 TLC 图谱，说明包合前后的特征斑点与 R_f 值的情况。

4. 包合物的收得率、含油率、利用率的测定

将包合物置 250 mL 圆底烧瓶中，加 150 mL 水，用挥发油提取器提取出薄荷油，记录体积(1 mL 薄荷油约重 0.9 g)，计算包合物的收得率、含油率、利用率。

三、注意事项

(1)制备薄荷油饱和水溶液的蒸馏水应是新沸放冷的。

(2)实验采用饱和水溶液法制备包合物,主分子 β-环糊精在 25 ℃时水中溶解度为 1.85%,但在 50 ℃时溶解度可增加至4.0%。故在实验过程中,应控制好温度,包合过程结束后,通过降低温度使包合物从水中析出沉淀。

(3)包合率取决于环糊精的种类、药物与环糊精的配比量以及包合时间,应按照实验内容要求进行操作。

(4)加入薄荷油后,锥形瓶上应以适当物品覆盖,以防薄荷油过度挥发。

Ⅳ 炉甘石洗剂的制备

一、实验原理

混悬液型液体药剂是一种非均相的液体制剂,分散质点一般在 0.5～10 μm,但有的可达 50 μm 或更大。优良的混悬剂其药物颗粒应细腻均匀、沉降缓慢、其速度不影响剂量的正确量取;沉降后的微粒不结块,稍加振摇即能均匀分散;黏度适宜,易倾倒,且不粘瓶壁;外用混悬剂应易于涂布,不易流散,能快速干燥,干后能形成不易擦掉的保护膜。为安全起见,剧、毒药不应制成混悬剂。

由于重力的作用,混悬剂中微粒在静置时会发生沉降,其沉降速度服从 Stokes 定律,即混悬剂中微粒的沉降速度与微粒半径成正比,与微粒和液体介质的密度差成正比,与黏度成反比。由此可知,为制备沉降缓慢的混悬剂,应减小颗粒粒径,减小微粒与液体介质密度差或增大分散溶媒黏度,因此制备混悬剂,应先将药物研细,并加入助悬剂,以增加黏度,降低沉降速度。如羧甲基纤维素钠等除使分散介质黏度增加外,还能形成一个带电的水化膜包在微粒表面,防止微粒聚集。此外还可加入表面活性剂降低微粒的表面自由能,使体系稳定,表面活性剂又可以作为润湿剂,有效使疏水性药物被水润湿,克服微粒由于吸附空气而漂浮的现象。也可采用加絮凝剂、反絮凝剂的方法来增加混悬剂的稳定性。

混悬剂的制备方法主要有分散法与凝聚法。本实验中采用分散法,是将固体药物粉碎成微粒,再根据主药的性质混悬于分散介质中,并加入适宜的稳定剂的方法。亲水性药物可先干磨至一定细度后,加蒸馏水或高分子溶液。用水性溶液加液研磨时,通常药物和分散介质的比例以 1∶(0.4～0.6)为宜;遇水膨胀的药物配制时不采用加液研磨;疏水性药物可加润湿剂或高分子溶液研磨,使药物颗粒润湿,在颗粒表面形成带电的吸附膜,最后加水性分散介质稀释至足量,混匀即得。

二、实验步骤

1. 药物的亲水性与疏水性的观察

取试管加少量蒸馏水后,分别加入少许氧化锌、硫酸钡、硫黄、炉甘石,观察其与水接触的现象,分辨哪些是亲水性的,哪些是疏水性的,并将记录填入表 5-60。

表 5-60　药物的亲水性与疏水性

结果	氧化锌	硫酸钡	硫黄	炉甘石
现象				
亲水性				

2. 基础处方、待选稳定剂及其制备

(1)基础处方

【基础处方】

炉甘石(120 目)　　5.0 g

氧化锌(120 目)　　2.5 g

甘油　　2.5 mL

稳定剂(待选)

蒸馏水　　加至 50 mL

(2)待选稳定剂

①羧甲基纤维素钠　　0.25 g

②聚山梨酯-80　　1.0 g

③三氯化铝　　0.06 g

④枸橼酸钠　　0.25 g

(3)待选稳定剂的制备

①羧甲基纤维素钠:称取 0.25 g 羧甲基纤维素钠,加 35 mL 蒸馏水,加热溶解而成胶浆。

②聚山梨酯-80:称取 1.0 g 聚山梨酯-80 配成 10%的水溶液备用。

③三氯化铝:配成 0.36%的水溶液,取用 10 mL。

④枸橼酸钠:称取 0.25 g 枸橼酸钠,加蒸馏水 10 mL 溶解备用。

3. 炉甘石洗剂的制备

以基础处方及基础处方加入待选稳定剂,共制备 5 种混悬剂。

采用加液研磨法制备。先加炉甘石、轻质氧化锌置乳钵中,加甘油研磨至糊状,再按处方量加入稳定剂或蒸馏水,最后加水至全量,研磨均匀即得 5 种炉甘石洗剂。

4. 质量检查

(1)沉降体积比的测定　将 5 种炉甘石洗剂分别倒入有刻度的具塞量筒中,密塞,用力振摇 1 min,记录混悬液的开始高度 H_0,并放置,按 5 min、15 min、30 min、60 min、120 min 分别测定沉降物的高度 H,按式(沉降体积比 $F=\dfrac{H}{H_0}$)计算各个放置时间的沉降体积比,计入表 5-61。沉降体积比在 0～1,其数值越大,混悬剂越稳定。

(2)重新分散试验　将装有炉甘石洗剂具塞量筒放置 48 h 或 1 周后(也可依条件而定),使其沉降,然后将具塞量筒倒置翻转(一反一正为一次),统计沉降物分散完全所需翻转次数于表 5-62 中。所需翻转的次数越少,则混悬剂重新分散性越好。若始终未能分散,表示结块,也应记录。

表 5-61 沉降体积比的测定

时间/min	1	2	3	4	5
5					
15					
30					
60					
120					

表 5-62 重新分散试验

项目	1	2	3	4	5
重新分散					
翻转次数					

三、注意事项

(1)氧化锌有重质和轻质两种,以选用轻质的为好。

(2)氧化锌和炉甘石为典型的亲水性药物,可以被水润湿,先加入适量甘油研磨成糊状,使粉末在水中分散,可防止颗粒聚集,振摇时易于悬浮。

(3)羧甲基纤维素钠应先用少量蒸馏水溶胀后,70 ℃以下加热至完全溶解成为胶浆后使用。

(4)各处方配制时注意同法操作,与第一次加液量及研磨力尽可能一致。

(5)比较用具塞刻度试管或量筒,尽可能大小粗细一致,记录高度用“mL”。

(6)炉甘石洗剂属于混悬型制剂,如配制不当或助悬剂使用不当,则不易保持良好的悬浮状态,重分散性差,且涂用时会有沙砾感,久贮颗粒聚结。可通过采用高分子物质作为助悬剂或通过控制絮凝的方法来改进。

实验二十七 阿司匹林的合成、精制与分析

一、实验目标导航

[知识目标]学习用乙酸酐作为酰化剂制备阿司匹林的原理,了解重结晶的意义,掌握重结晶、洗涤等基本原理,了解阿司匹林的性状、化学性质及药用价值。

[能力目标]熟悉阿司匹林制备的实验方法,掌握重结晶等操作技术,掌握阿司匹林鉴别、检查与含量测定的方法及要点。

二、实验背景

阿司匹林，为医药史上三大经典药物之一，是一种有机化合物，化学名 2-乙酰氧基苯甲酸，又名乙酰水杨酸、醋柳酸。1897 年，德国拜耳公司有机化学家费利克斯·霍夫曼(Felix Hoffman)合成了水杨酸的衍生物，纯化后首次得到乙酰水杨酸，1899 年，德国拜耳公司将乙酰水杨酸注册专利，并命名为阿司匹林（Aspirin)，化学式为 $C_9H_8O_4$，主要用于治疗疼痛和解热。经近百年的临床应用证明，其对缓解轻度或中度疼痛，如牙痛、头痛、神经痛、肌肉酸痛及痛经效果较好，也用于感冒、流感等发热疾病的退热，治疗风湿痛等。近年来发现阿司匹林对血小板聚集有抑制作用，能阻止血栓形成，临床上用于预防短暂脑缺血发作、心肌梗死、人工心脏瓣膜和静脉瘘或其他手术后血栓的形成。

三、实验技术路线

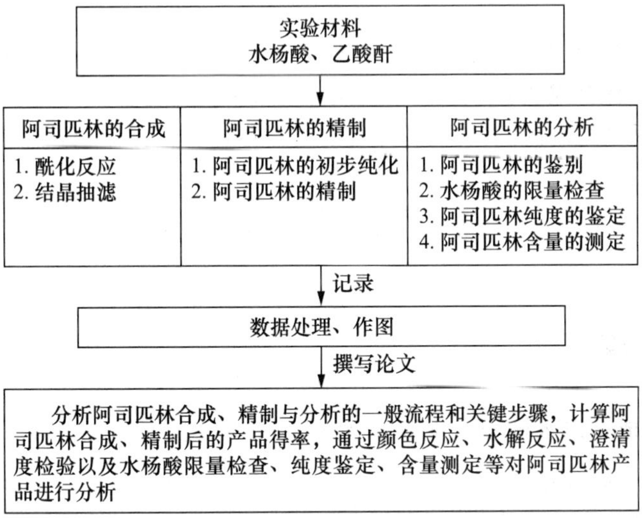

四、实验材料、器材与试剂

1. 材料

水杨酸，无水乙酸酐。

2 器材

电子天平，恒温加热磁力搅拌器，恒温水浴锅，循环水真空泵，真空干燥箱，紫外灯，抽滤瓶，量筒，锥形瓶，烧杯，移液管及移液管架，玻璃棒，洗耳球，展层缸，试管及试管架，碱式滴定管，毛细管，铅笔，直尺，硅胶板。

3. 试剂

硫酸，碳酸氢钠，盐酸，无水乙醇，三氯化铁，碳酸钠，硫酸铁铵，冰乙酸，乙酸乙酯，乙酰水杨酸,石油醚(60～90 ℃),酚酞,氢氧化钠。

五、实验内容

(1)阿司匹林的合成。
(2)阿司匹林的精制。
(3)阿司匹林的分析。

六、实验结果处理与讨论

1. 实验结果处理

(1)记录阿司匹林最终产量,计算得率。

(2)记录阿司匹林产品颜色反应、水解反应、澄清度检验以及水杨酸限量检查、纯度鉴定、含量测定等结果,分析和评估阿司匹林产品质量。

2. 讨论

(1)分析阿司匹林合成反应容器要干燥无水的原因,以及实验加入浓硫酸的目的。

(2)分析阿司匹林合成实验中可产生的副产物及其去除方法。

(3)讨论药品质量控制的意义,分析阿司匹林产品的质量控制包含的项目。

Ⅰ　阿司匹林的合成

一、实验原理

阿司匹林的合成是以水杨酸为原料,在硫酸催化下,用乙酸酐乙酰化得到。反应式如下:

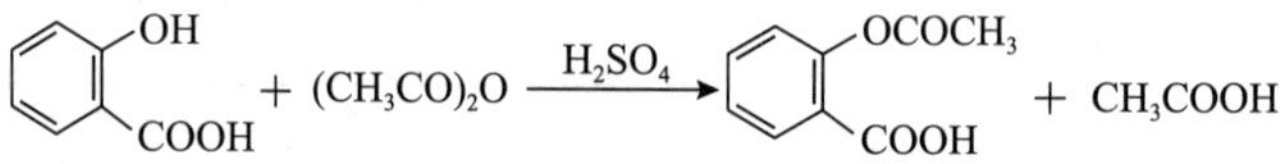

二、实验步骤

1. 酰化反应

分别称取和量取 2 g 水杨酸、5 mL 乙酸酐置于干燥的 100 mL 锥形瓶中,在振摇下缓慢滴入 0.3 mL 浓硫酸,以保鲜膜封口后,轻轻振荡锥形瓶,待水杨酸完全溶解后,于 80 ℃水浴中加热约 20 min,其间用玻璃棒不断搅拌反应物。

2. 结晶抽滤

停止加热,取出锥形瓶,待其内容物温热,即手摸锥形瓶壁没有烫感(30～40 ℃)时,向锥形瓶中慢慢加入 5 mL 冷蒸馏水(注意:此时反应放热,甚至沸腾)。当锥形瓶内温度平稳后,再继续加入 40 mL 冷蒸馏水,置于冰水浴中冷却 0.5 h,使结晶析出。抽滤,用少量冷蒸馏水洗涤2次，得阿司匹林粗品。

三、注意事项

(1)为避免乙酸酐水解，所用原料、仪器要充分干燥。

(2)酰化反应时不可先加水杨酸和浓硫酸，否则水杨酸会被氧化。

(3)酰化反应时温度控制在80 ℃左右，温度太高易使乙酰水杨酸发生分解，增加副产物的生成。

(4)乙酸酐遇水易水解，并放热，甚至可使反应物沸腾。

(5)冷却结晶时若未能出现结晶，可用玻璃棒充分摩擦器皿壁，促使晶体析出。

Ⅱ　阿司匹林的精制

一、实验原理

由于水杨酸既有羧基又有羟基，在阿司匹林合成的反应中会形成少量高聚副产物，从而使得反应变得复杂化。

乙酰水杨酸能和碳酸氢钠反应生成水溶性的钠盐，而副产物不能溶于碳酸氢钠，利用这种性质上的差别可以分离聚合物，实现对阿司匹林进行纯化。

阿司匹林合成反应的最终产物中最可能存在的杂质是水杨酸，这是由于乙酰化反应不完全，或者产物在分离步骤中发生水解。通过各个纯化阶段和产物的最后重结晶过程(乙醇-水体系)可以将水杨酸除去。

二、实验步骤

1. 阿司匹林的初步纯化

将实验Ⅰ中所得阿司匹林粗品移至一洁净100 mL烧杯中，缓慢加入25 mL饱和碳酸氢钠溶液，持续搅拌，直至无CO_2气泡产生。抽滤，除去不溶性杂质，用少量水洗涤，将洗涤液与滤液合并，弃去滤渣。

将上述滤液缓慢地、分多次转入洁净的100 mL烧杯中，缓慢滴加1∶2盐酸溶液调pH为2左右，阿司匹林复沉淀析出。将烧杯置于冰水浴中冷却，使结晶完全析出，抽滤，用少量冷水洗涤后彻底抽干，得初步纯化的阿司匹林样品。

2. 阿司匹林的精制

取100 mL烧杯，将所得阿司匹林样品加入35%乙醇后于50 ℃水浴溶解。35%乙醇宜分多次、搅拌加入，35%乙醇的加入量以使阿司匹林样品刚好溶解为止。静置至室温，冰水冷却，待结晶完全析出后进行抽滤，用少量冷35%乙醇洗涤后彻底抽干。将结晶转移至干燥的表面皿上，晾干，称重，计算产率。

三、注意事项

(1)加入饱和碳酸氢钠溶液时要边加边搅拌,并少量多次加完。

(2)加入盐酸酸化时,应控制少量多次加完,若实验中无固体析出,应检测并控制 pH 在 2～2.4 为宜。

Ⅲ 阿司匹林的分析

一、实验原理

阿司匹林为白色结晶或结晶性粉末;无臭或微带乙酸臭;遇湿气即缓慢水解;在乙醇中易溶,在三氯甲烷或乙醚中溶解,在水或无水乙醚中微溶;在氢氧化钠溶液或碳酸钠溶液中溶解,但同时分解。

水杨酸像大多数酚类化合物一样,可与三氯化铁形成紫堇色络合物,而乙酰水杨酸因其酚羟基已被酰化,不与三氯化铁反应显色,因此,阿司匹林产品中的水杨酸杂质很容易被检验出来。阿司匹林与碳酸钠试液加热水解,产生水杨酸钠及乙酸钠,加入过量的稀硫酸酸化后则生成白色水杨酸沉淀,并发生乙酸的臭气。

水杨酸对人体有毒性,其分子中所含的酚羟基易被氧化,在空气中生成有色的醌型化合物而使成品变色,因而需加以控制。

实验采用薄层层析法鉴定阿司匹林样品纯度,并利用阿司匹林分子结构中的游离羧基具有一定的酸性,可与碱成盐的性质,以酸碱滴定法测定阿司匹林的含量。

二、实验步骤

1. 阿司匹林的鉴别

(1)取 0.1 g 阿司匹林样品溶于装有 5 mL 水的试管中,加入 2～3 滴 1%三氯化铁溶液,观察有无紫堇色反应。如果没有颜色反应现象,表明产物中无水杨酸。

(2)取 0.5 g 阿司匹林样品,加 10 mL 碳酸钠试液,煮沸 2 min 后,冷却,加过量的稀硫酸,观察有无白色沉淀析出及乙酸的臭气产生。

(3)取 0.5 g 阿司匹林样品,加温热至约 45 ℃的 10 mL 碳酸钠试液溶解后,观察溶液澄清状况。

2. 水杨酸的限量检查

(1)稀硫酸铁铵溶液的配制　取 1 mL 1 mol/L 盐酸溶液,加 2 mL 硫酸铁铵指示液后,再加水适量使成 100 mL。

(2)对照液的制备　精密称取 0.1 g 水杨酸,加少量水溶解后,加入 1 mL 冰乙酸,摇匀,加冷水定适量,制成 1 000 mL 溶液,摇匀。精密吸取 1 mL 前述溶液,加入 1 mL 乙醇、48 mL 蒸馏水、1 mL 新配制的稀硫酸铁铵溶液,摇匀。

(3)游离水杨酸的检查　取 0.10 g 阿司匹林样品，加 1 mL 乙醇溶解后，加冷水适量使成 50 mL，立即加 1 mL 新制的稀硫酸铁铵溶液，摇匀；30 s 内如显色，与对照液比较，颜色不得更深(0.1%)。

3. 阿司匹林纯度的鉴定

取少许样品配成乙酸乙酯的溶液待用。将水杨酸、乙酰水杨酸标准品溶液和样品溶液点在硅胶板的同一条线上，在展开剂(石油醚：乙酸乙酯：冰乙酸＝30：10：1)中展开，然后取出挥发干溶剂，在紫外灯下观察各样品点位置，标记并计算各点的 R_f 值。

4. 阿司匹林含量的测定

精密称定 0.4 g 阿司匹林样品，加 20 mL 中性乙醇(对酚酞指示液显中性)溶解后，加酚酞指示液 3 滴，用 0.1 mol/L 氢氧化钠滴定液滴定，摇匀，若溶液由无色变为微红色，且 30 s 内不褪色即为反应终点。

由于 1 mol 的氢氧化钠相当于 1 mol 的阿司匹林，阿司匹林的相对分子质量为 180.16，所以滴定度(T)＝0.1×180.16＝18.02(mg)。

$$\text{阿司匹林含量}=\frac{V\times T\times F\times 10^{-3}}{m}\times 100\%$$

式中：V 为滴定液的消耗体积，mL；T 为滴定度；m 为供试样品的质量，g；10^{-3} 为质量换算因数，1 mg 等于 10^{-3} g；F 为滴定液的浓度校正因数，$F=\dfrac{\text{滴定液的实际浓度}}{\text{滴定液的规定浓度}}$。

三、注意事项

(1)阿司匹林为有机酸，呈弱酸性，用氢氧化钠滴定时，化学计量点偏碱性，故指示剂选用在碱性区变色的酚酞。

(2)采用乙醇溶解样品可防止阿司匹林在含量测定过程中由于酯键的水解而使结果偏高。

(3)乙醇在使用之前需先用氢氧化钠中和至对酚酞指示剂显中性，防止因乙醇对酚酞指示剂显酸性，而消耗氢氧化钠使含量测定结果偏高。

(4)为减少阿司匹林在滴定过程中遇氢氧化钠滴定液发生水解，滴定过程中刚开始速度稍快，注意旋摇，防止局部碱度过浓，近终点时滴定速度渐慢。

附 录

附录1　常用缓冲溶液的配制

缓冲溶液指的是由弱酸及其盐、弱碱及其盐组成的混合溶液，能在一定程度上抵消、减轻外加强酸或强碱对溶液酸碱度的影响，从而保持溶液的 pH 相对稳定。在生物学研究工作中，常常需要使用缓冲溶液来维持实验体系的酸碱度。

常用作缓冲溶液的酸类由弱酸及其共轭酸盐组合而成，其溶液具有缓冲作用。常用的某些缓冲液列于附表 1-1 中。绝大多数缓冲液的有效范围在其 pK_a 左右 1 pH 单位。

附表 1-1　常用缓冲液 pK_a

酸或碱	pK_{a1}	pK_{a2}	pK_{a3}
磷酸	2.1	7.2	12.3
柠檬酸	3.1	4.8	5.4
碳酸	6.4	10.3	—
乙酸	4.8	—	—
巴比妥酸	3.4	—	—
Tris(三羟甲基氨基甲烷)	8.3	—	—

选择实验的缓冲系统时，要特别慎重。因为影响实验结果的因素有时并不是缓冲液的 pH，而是缓冲液中的某种离子。选用下列缓冲系统时应加以注意。

(1)硼酸盐　硼酸盐能与许多化合物(如糖)生成复合物。

(2)柠檬酸盐　柠檬酸盐离子能与 Ca^{2+} 结合，因此不能在 Ca^{2+} 存在时使用。

(3)磷酸盐　它可能在某些实验中作为酶的抑制剂甚至代谢物发挥作用。重金属易以磷酸盐的形式从溶液中沉淀出来，而且它在 pH 7.5 以上的缓冲能力很小。

(4)Tris　该缓冲液能在重金属离子存在时使用，但也可能在一些系统中起抑制剂的作用，其主要的缺点是存在温度效应。室温时 pH 7.8 的 Tris 缓冲液，在 4 ℃时的 pH 为 8.4，在 37 ℃时的 pH 为 7.4，因此，4 ℃配制的缓冲液到 37 ℃测量时其氢离子浓度增加了 10 倍。Tris 在 pH 7.5 以下时缓冲能力很弱。

1. 磷酸氢二钠-柠檬酸缓冲液

pH	0.2 mol/L 磷酸氢二钠/mL	0.1 mol/L 柠檬酸/mL	pH	0.2 mol/L 磷酸氢二钠/mL	0.1 mol/L 柠檬酸/mL
2.2	0.40	19.60	5.2	10.72	9.28
2.4	1.24	18.76	5.4	11.15	8.85
2.6	2.18	17.82	5.6	11.60	8.40
2.8	3.17	16.83	5.8	12.09	7.91
3.0	4.11	15.89	6.0	12.63	7.37
3.2	4.94	15.06	6.2	13.22	6.78
3.4	5.70	14.30	6.4	13.85	6.15
3.6	6.44	13.56	6.6	14.55	5.45
3.8	7.10	12.90	6.8	15.45	4.55
4.0	7.71	12.29	7.0	16.47	3.53
4.2	8.28	11.72	7.2	17.39	2.61
4.4	8.82	11.18	7.4	18.17	1.83
4.6	9.35	10.65	7.6	18.73	1.27
4.8	9.86	10.14	7.8	19.15	0.85
5.0	10.30	9.70	8.0	19.45	0.55

Na_2HPO_4相对分子质量＝141.98；0.2 mol/L 溶液为 28.40 g/L。

$Na_2HPO_4 \cdot 2H_2O$ 相对分子质量＝178.05；0.2 mol/L 溶液为 35.61 g/L。

$C_6H_8O_7 \cdot H_2O$ 相对分子质量＝210.14；0.1 mol/L 溶液为 21.01 g/L。

2. 柠檬酸-柠檬酸三钠缓冲液（0.1 mol/L）

pH	0.1 mol/L 柠檬酸/mL	0.1 mol/L 柠檬酸三钠/mL	pH	0.1 mol/L 柠檬酸/mL	0.1 mol/L 柠檬酸三钠/mL
3.0	18.6	1.4	5.0	8.2	11.8
3.2	17.2	2.8	5.2	7.3	12.7
3.4	16.0	4.0	5.4	6.4	13.6
3.6	14.9	5.1	5.6	5.5	14.5
3.8	14.0	6.0	5.8	4.7	15.3
4.0	13.1	6.9	6.0	3.8	16.2
4.2	12.3	7.7	6.2	2.8	17.2
4.4	11.4	8.6	6.4	2.0	18.0
4.6	10.3	9.7	6.6	1.4	18.6
4.8	9.2	10.8			

柠檬酸 $C_6H_8O_7 \cdot H_2O$，相对分子质量＝210.14；0.1 mol/L 溶液为 21.01 g/L。

柠檬酸三钠 $Na_3C_6H_5O_7 \cdot 2H_2O$，相对分子质量＝294.12；0.1 mol/L 溶液为 29.41 g/L。

3. 乙酸-乙酸钠缓冲液(0.2 mol/L)

pH(18 ℃)	0.2mol/L 乙酸钠/mL	0.2 mol/L 乙酸/mL	pH(18 ℃)	0.2mol/L 乙酸钠/mL	0.2 mol/L 乙酸/mL
3.6	0.75	9.25	4.8	5.90	4.10
3.8	1.20	8.80	5.0	7.00	3.00
4.0	1.80	8.20	5.2	7.90	2.10
4.2	2.65	7.35	5.4	8.60	1.40
4.4	3.70	6.30	5.6	9.10	0.90
4.6	4.90	5.10	5.8	9.40	0.60

$NaAc \cdot 3H_2O$ 相对分子质量=136.09;0.2 mol/L 溶液为 27.22 g/L。

4. 磷酸盐缓冲液

(1)磷酸氢二钠-磷酸二氢钠缓冲液(0.2 mol/L)

pH	0.2 mol/L 磷酸氢二钠/mL	0.2 mol/L 磷酸二氢钠/mL	pH	0.2 mol/L 磷酸氢二钠/mL	0.2 mol/L 磷酸二氢钠/mL
5.8	8.0	92.0	7.0	61.0	39.0
5.9	10.0	90.0	7.1	67.0	33.0
6.0	12.3	87.7	7.2	72.0	28.0
6.1	15.0	85.0	7.3	77.0	23.0
6.2	18.5	81.5	7.4	81.0	19.0
6.3	22.5	77.5	7.5	84.0	16.0
6.4	26.5	3.5	7.6	87.0	13.0
6.5	31.5	68.5	7.7	89.5	10.5
6.6	37.5	62.5	7.8	91.5	8.5
6.7	43.5	56.5	7.9	93.0	7.0
6.8	49.0	51.0	8.0	94.7	5.3
6.9	55.0	45.0			

$Na_2HPO_4 \cdot 2H_2O$ 相对分子质量=178.05;0.2 mol/L 溶液为 35.61 g/L。

$Na_2HPO_4 \cdot 12H_2O$ 相对分子质量=358.22;0.2 mol/L 溶液为 71.64 g/L。

$NaH_2PO_4 \cdot H_2O$ 相对分子质量=138.01;0.2 mol/L 溶液为 27.6 g/L。

$NaH_2PO_4 \cdot 2H_2O$ 相对分子质量=156.03;0.2 mol/L 溶液为 31.21 g/L。

(2)磷酸氢二钠-磷酸二氢钾缓冲液(1/15 mol/L)

pH	1/15 mol/L 磷酸氢二钠/mL	1/15 mol/L 磷酸二氢钾/mL	pH	1/15 mol/L 磷酸氢二钠/mL	1/15 mol/L 磷酸二氢钾/mL
4.92	0.10	9.90	7.17	7.00	3.00
5.29	0.50	9.50	7.38	8.00	2.00
5.91	1.00	9.00	7.73	9.00	1.00
6.24	2.00	8.00	8.04	9.50	0.50
6.47	3.00	7.00	8.34	9.75	0.25

续表

pH	1/15 mol/L 磷酸氢二钠/mL	1/15 mol/L 磷酸二氢钾/mL	pH	1/15 mol/L 磷酸氢二钠/mL	1/15 mol/L 磷酸二氢钾/mL
6.64	4.00	6.00	8.67	9.90	0.10
6.81	5.00	5.00	8.18	10.00	0
6.98	6.00	4.00			

$Na_2HPO_4 \cdot 2H_2O$ 相对分子质量＝178.05；1/15 mol/L 溶液为 11.87 g/L。

KH_2PO_4 相对分子质量＝136.09；1/15 mol/L 溶液为 9.07 g/L。

5. 巴比妥钠-盐酸缓冲液(18 ℃)

pH	0.04 mol/L 巴比妥钠溶液/mL	0.2 mol/L 盐酸/mL	pH	0.04 mol/L 巴比妥钠溶液/mL	0.2 mol/L 盐酸/mL
6.8	100	18.4	8.4	100	5.21
7.0	100	17.8	8.6	100	3.82
7.2	100	16.7	8.8	100	2.52
7.4	100	15.3	9.0	100	1.65
7.6	100	13.4	9.2	100	1.13
7.8	100	11.47	9.4	100	0.70
8.0	100	9.39	9.6	100	0.35
8.2	100	7.21			

巴比妥钠盐相对分子质量＝206.18；0.04 mol/L 溶液为 8.25 g/L。

6. Tris-盐酸缓冲液(25 ℃)

50 mL 0.1 mol/L Tris(三羟甲基氨基甲烷)溶液与 X mL 0.1 mol/L 盐酸混匀后，加水稀释至 100 mL。

pH	X/mL	pH	X/mL
7.10	45.7	8.10	26.2
7.20	44.7	8.20	22.9
7.30	43.4	8.30	19.9
7.40	42.0	8.40	17.2
7.50	40.3	8.50	14.7
7.60	38.5	8.60	12.4
7.70	36.6	8.70	10.3
7.80	34.5	8.80	8.5
7.90	32.0	8.90	7.0
8.00	29.2		

Tris 相对分子质量＝121.14；0.1 mol/L 溶液为 12.11 g/L。

Tris 溶液可从空气中吸收二氧化碳，使用时注意将瓶盖严。

7. 碳酸钠-碳酸氢钠缓冲液(0.1 mol/L)

pH		0.1 mol/L	0.1 mol/L
20 ℃	37 ℃	碳酸钠/mL	碳酸氢钠/mL
9.16	8.77	1	9
9.40	9.12	2	8
9.51	9.40	3	7
9.78	9.50	4	6
9.90	9.72	5	5
10.14	9.90	6	4
10.28	10.08	7	3
10.53	10.28	8	2
10.83	10.57	9	1

$Na_2CO_3 \cdot 10H_2O$ 相对分子质量=286.2;0.1 mol/L 溶液为 28.62 g/L。

$NaHCO_3$ 相对分子质量=84.0;0.1 mol/L 溶液为 8.40 g/L。

Ca^{2+}、Mg^{2+} 存在时不得使用。

8. 硼酸-四硼酸钠缓冲液(0.2 mol/L 硼酸根)

pH	0.05 mol/L 四硼酸钠/mL	0.2 mol/L 硼酸/mL	pH	0.05 mol/L 四硼酸钠/mL	0.2 mol/L 硼酸/mL
7.4	1.0	9.0	8.2	3.5	6.5
7.6	1.5	8.5	8.4	4.5	5.5
7.8	2.0	8.0	8.7	6.0	4.0
8.0	3.0	7.0	9.0	8.0	2.0

四硼酸钠($Na_2B_4O_7 \cdot 10H_2O$)相对分子质量=381.43;0.05 mol/L 溶液(=0.2 mol/L 硼酸根)为 19.07 g/L。硼酸(H_2BO_3)相对分子质量=61.84;0.2 mol/L 溶液为 12.37 g/L。四硼酸钠易失去结晶水,必须在带塞的瓶中保存。

9. pH 计标准缓冲液的配制

pH 计用的标准缓冲液要求:有较大的稳定性,较小的温度依赖性,试剂易于提纯。

(1)pH 4.01 缓冲溶液(0.05 mol/L 邻苯二甲酸氢钾溶液)　称取在(115±5)℃下干燥 2～3 h 的邻苯二甲酸氢钾 10.12 g,加重蒸馏水溶解至 1 000 mL。

(2)pH 6.86 缓冲溶液(0.025 mol/L 磷酸二氢钾和 0.025 mol/L 磷酸氢二钠混合溶液)　称取在(115±5)℃干燥 2～3 h 的磷酸二氢钾(K_2HPO_4)3.387 g,磷酸氢二钠(Na_2HPO_4)3.533 g,加重蒸馏水溶解至 1 000 mL。所用重蒸馏水应预先煮沸 15～30 min。

(3)pH 9.18 缓冲溶液(0.01 mol/L 四硼酸钠即硼砂溶液)　称取四硼酸钠($Na_2B_4O_7 \cdot 10H_2O$)3.80 g 或无水四硼酸钠($Na_2B_4O_7$)2.02 g,加重蒸馏水溶解至 1 000 mL。所用四硼酸钠不能烘干,所用重蒸馏水应预先煮沸 15～30 min。

缓冲溶液的 pH 与温度的关系对应如下。

温度/℃	pH		
	0.05 mol/L 邻苯二甲酸氢钾	0.025 mol/L 混合磷酸盐	0.01 mol/L 四硼酸钠
0	4.00	6.98	9.46
5	4.00	6.95	9.40
10	4.00	6.92	9.33
15	4.00	6.90	9.27
20	4.00	6.88	9.22
25	4.01	6.86	9.18
30	4.01	6.85	9.14
35	4.02	6.84	9.10
40	4.04	6.84	9.06

附录 2　常用酸碱指示剂

名称	变色(pH)范围	颜色变化	配制方法
0.1%百里酚蓝	1.2～2.8	红～黄	0.1 g 百里酚蓝溶于 20 mL 乙醇中，加水至 100 mL
0.1%甲基橙	3.1～4.4	红～黄	0.1 g 甲基橙溶于 100 mL 热水中
0.1%溴酚蓝	3.0～1.6	黄～紫蓝	0.1 g 溴酚蓝溶于 20 mL 乙醇中，加水至 100 mL
0.1%溴甲酚绿	4.0～5.4	黄～蓝	0.1 g 溴甲酚绿溶于 20 mL 乙醇中，加水至 100 mL
0.1%甲基红	4.8～6.2	红～黄	0.1 g 甲基红溶于 60 mL 乙醇中，加水至 100 mL
0.1%溴百里酚蓝	6.0～7.6	黄～蓝	0.1 g 溴百里酚蓝溶于 20 mL 乙醇中，加水至 100 mL
0.1%中性红	6.8～8.0	红～黄橙	0.1 g 中性红溶于 60 mL 乙醇中，加水至 100 mL
0.2%酚酞	8.0～9.6	无～红	0.2 g 酚酞溶于 90 mL 乙醇中，加水至 100 mL
0.1%百里酚蓝	8.0～9.6	黄～蓝	0.1 g 百里酚蓝溶于 20 mL 乙醇中，加水至 100 mL
0.1%百里酚酞	9.4～10.6	无～蓝	0.1 g 百里酚酞溶于 90 mL 乙醇中，加水至 100 mL
0.1%茜素黄	10.1～12.1	黄～紫	0.1 g 茜素黄溶于 100 mL 水中

附录 3　常用酸碱试液

名称	分子式	相对分子质量	相对密度	质量分数/%	物质的量浓度(粗略)/(mol/L)	配 1 000 mL 1 mol/L 溶液所需体积/mL
盐酸	HCl	36.47	1.19	37.2	12.0	84
			1.18	35.4	11.8	
			1.10	20.0	6.0	

续表

名称	分子式	相对分子质量	相对密度	质量分数/%	物质的量浓度(粗略)/(mol/L)	配 1 000 mL 1 mol/L 溶液所需体积/mL
硫酸	H_2SO_4	98.09	1.84	95.6	18.0	28
			1.18	24.8	3.0	
硝酸	HNO_3	63.02	1.42	70.98	16.0	63
			1.40	65.3	14.5	
			1.20	32.36	6.1	
冰乙酸	CH_3COOH	60.5	1.05	99.5	17.4	59
乙酸	CH_3COOH	60.5	1.075	80.0	14.3	
磷酸	H_3PO_4	98.06	1.71	85.0	15.0	67
氨水	NH_4OH	35.05	0.90		15.0	67
			0.904	27.0	14.3	70
			0.91	25.0	13.4	
			0.96	10.0	5.6	
氢氧化钠(溶液)	NaOH	40.0	1.5	50.0	19	53

附录4　常用有机溶剂及其主要性质

名称	化学式	相对分子质量	熔点/℃	沸点/℃	溶解性	性质
甲醇	CH_3OH	32.04	−97.8	64.7	溶于水、乙醇、乙醚、苯等	有毒，误饮后，能使眼睛失明。易燃
乙醇	C_2H_5OH	46.07	−114.10	78.50	与许多有机溶剂相混溶	有刺激性气味，易挥发。易燃
丙醇	C_3H_7OH	60.09	−127.0	97.20	与水、乙醇、乙醚等混溶	对眼睛有刺激作用。有毒，易燃
丙三醇(甘油)	$C_3H_8O_3$			180	易溶于水，在乙醇等中溶解度较小，不溶解于醚、苯和氯仿	具有吸湿性，但含水到 20%就不再吸水
丙酮	C_3H_6O	58.08	−94.0	56.5	与水、乙醇、氯仿、乙醚及多种油类混溶	有令人愉快的气味。易燃
乙醚	$C_4H_{10}O$	74.12	−116.3	34.6	微溶于水，易溶于浓盐酸，与醇、苯、氯仿、石油醚及脂肪溶剂混溶	易挥发。有麻醉性。易燃

续表

名称	化学式	相对分子质量	熔点/℃	沸点/℃	溶解性	性质
乙酸乙酯	$C_4H_9O_2$	88.1	−83.0	77.0	能与水、乙醇、乙醚、丙酮及氯仿等混溶	易燃。有果香味
苯	C_6H_6	78.11	5.5(固)	80.1	微溶于水和醇,能与乙醚、氯仿及油等混溶	溶液呈酸性。有毒性,对造血系统有损害。易燃
甲苯	C_7H_8	92.12	−95	110.6	不溶于水,能与多种有机溶剂混溶	易燃,有毒
二甲苯	C_8H_{10}	106.16		137～140	不溶于水,与无水乙醇、乙醚、三氯甲烷等混溶	易燃,有毒。高浓度有麻醉作用
苯酚	C_6H_5OH	94.11	42	182.0	溶于热水,易溶于乙醇等有机溶剂。不溶于冷水和石油醚	见光或露置空气中变为淡红色。有刺激性和腐蚀性。有毒
氯仿	$CHCl_3$	119.39	−63.5	61.2	微溶于水,能与醇、醚、苯等有机溶剂及油类混溶	易挥发。在光和空气中的氧气作用下产生光气。有麻醉作用
四氯化碳	CCl_4	153.84	−23(固)	76.7	不溶于水,能与乙醇、苯、氯仿等混溶	可用于灭火。有毒
二硫化碳	CS_2	76.14	−111.6	46.5	难溶于水,能与乙醇等有机溶剂混溶	有毒,有恶臭,极易燃
石油醚				30～70	不溶于水,能与多种有机溶剂混溶	有挥发性,极易燃,和空气的混合物有爆炸性
甲醛	CH_2O	30.03	120～170(多聚乙醛)		能与水和乙醇等混合。30%～40%的甲醛水溶液称为福尔马林,并含有5%～15%的甲醇	遇冷聚合变混浊,形成多聚甲醛的白色沉淀。有凝固蛋白质的作用。有毒
乙醛	CH_3CHO	44.05		20.8	能与水和乙醇任意混合	久置聚合并发生浑浊或沉淀。易挥发
二甲亚砜	CH_3SOCH_3		18.5	189	能与水、醇、醚、丙酮、乙醛、吡啶、乙酸乙酯等混溶	有刺激性气味,有吸湿性。常用作冷冻材料时的保护剂
乙二胺四乙酸	$C_{10}H_{16}N_2O_8$	292.25	240		溶于氢氧化钠、碳酸钠和氨溶液	能与碱金属、稀土元素、过渡金属等形成极稳定的水溶性络合物,常用作络合试剂
吐温-80					能与水及多种有机溶剂相混溶	有脂肪味

附录 5　常用核酸和蛋白质换算数据

质量换算	1 μg＝10^{-6} g 1 ng＝10^{-9} g 1 pg＝10^{-12} g 1 fg＝10^{-15} g
分光光度换算	1 $A_{260\ nm}$双链 DNA＝50 μg/mL 1 $A_{260\ nm}$单链 DNA＝33 μg/mL 1 $A_{260\ nm}$单链 RNA＝40 μg/mL
蛋白质物质的量换算	100 pmol M_r 100 000 蛋白质＝10 μg 100 pmol M_r 50 000 蛋白质＝5 μg 100 pmol M_r 10 000 蛋白质＝1 μg 氨基酸的平均 M_r＝126.7
DNA 物质的量换算	1 μg 1 000 bp DNA＝1.52 pmol＝3.03 pmol 末端 1 μg pBR322 DNA＝0.36 pmol 1 pmol 1 000 bp DNA＝0.66 μg 1 pmol pBR322＝2.8 μg 1 kb 双链 DNA(钠盐)＝6.6×10^5(M_r) 1 kb 单链 DNA(钠盐)＝3.3×10^5(M_r) 1 kb 单链 RNA(钠盐)＝3.4×10^5(M_r) 脱氧核糖核苷的平均 M_r＝324.5
蛋白质/DNA 换算	1 kb DNA＝333 个氨基酸编码容量＝3.7×10^4 M_r 蛋白质 10 000 M_r 蛋白质＝270 bp DNA 30 000 M_r 蛋白质＝810 bp DNA 50 000 M_r 蛋白质＝1.35 kb DNA 100 000 M_r 蛋白质＝2.7 kb DNA

附录 6　硫酸铵饱和度常用表

1. 调整硫酸铵溶液饱和度计算表(0 ℃)

		硫酸铵初质量浓度,饱和度/%																			
		0	5	10	15	20	25	30	35	40	45	50	55	60	65	70	75	80	85	90	95
		每 100 mL 溶液加固体硫酸铵的质量/g *																			
硫酸铵终质量浓度,饱和度/%	10	10.6	7.9	5.3	2.6																
	20	13.4	10.8	8.1	5.4	2.7															
	25	16.4	13.7	10.9	8.2	5.5	2.7														
	30	19.4	16.6	13.9	11.1	8.3	5.6	2.8													
	35	22.6	19.7	16.9	14.1	11.3	8.4	5.6	2.8												
	40	25.8	22.9	20.0	17.2	14.3	11.5	8.6	5.7	2.9											
	45	29.1	26.2	23.3	20.4	17.5	14.6	11.7	8.7	5.8	2.9										
	50	32.6	29.6	26.6	23.7	20.7	17.9	14.3	11.8	8.9	5.9	3.0									
	55	36.1	33.1	30.1	27.1	24.1	21.1	18.1	15.1	12.0	9.0	6.0	3.0								
	60	39.8	36.8	33.7	30.6	27.6	24.5	21.4	18.4	15.3	12.3	9.2	6.1	3.1							
	65	43.6	40.5	37.4	34.3	31.2	28.0	24.9	21.8	18.7	15.6	12.5	9.3	6.2	3.1						
	70	47.6	44.4	41.2	38.1	34.9	31.7	28.5	25.4	22.2	19.0	15.9	12.7	9.5	6.3	3.2					
	75	51.6	48.4	45.2	42.0	38.7	35.5	32.3	29.1	25.8	22.6	19.4	16.1	12.9	9.7	6.5	3.2				
	80	55.9	52.6	49.3	46.0	42.7	39.5	36.2	32.9	29.6	26.3	23.0	19.7	16.4	13.2	9.9	6.6	3.3			
	85	60.3	57.0	53.6	50.3	46.9	43.6	40.2	36.9	33.5	30.2	26.8	23.5	20.1	16.8	13.4	10.1	6.7	3.4		
	90	65.0	61.5	58.1	54.7	51.2	47.8	44.5	41.0	37.6	34.2	30.8	27.3	23.1	20.5	17.1	13.7	10.3	6.8	3.4	
	100	69.7	66.2	62.7	59.2	55.7	52.2	48.8	45.3	41.8	38.3	34.8	31.3	27.9	24.4	20.9	17.4	13.9	10.5	7.0	3.5

* 在 0 ℃下,硫酸铵溶液由初浓度调到终浓度时,每 100 mL 溶液所加固体硫酸铵的质量(g)。

2. 调整硫酸铵溶液饱和度计算表(25 ℃)

		硫酸铵初质量浓度,饱和度/%																
		每 100 mL 溶液加固体硫酸铵的质量/g *																
		0	10	20	25	30	33	35	40	45	50	55	60	65	70	75	80	90
硫酸铵终质量浓度,饱和度/%	10	5.6																
	20	11.4	5.7															
	25	11.4	8.6	2.9														
	30	17.6	11.8	5.9	3.0													
	33	19.6	13.7	7.8	4.9	1.9												
	35	20.9	15.0	8.1	6.1	3.0	1.2											
	40	24.3	18.3	12.3	9.3	6.2	4.3	3.1										
	45	27.7	21.6	15.5	12.5	9.4	7.4	6.3	3.1									
	50	31.3	25.1	18.9	15.8	12.7	10.7	9.4	6.3	3.2								
	55	35.1	28.8	22.5	19.3	16.2	14.2	12.9	9.7	6.5	3.3							
	60	39.0	32.6	26.2	23.0	19.8	17.7	16.4	13.2	9.9	6.6	3.3						
	65	43.0	36.5	30.0	26.7	23.5	21.4	20.0	16.8	13.4	10.1	6.7	3.4					
	70	47.2	40.6	34.0	30.7	27.3	25.2	23.8	20.5	17.1	13.7	10.3	6.9	3.4				
	75	51.6	44.9	38.2	34.8	31.4	29.2	27.8	24.5	21.0	17.6	14.1	10.5	7.0	3.5			
	80	56.1	49.4	42.4	39.0	35.6	33.3	31.9	28.5	25.0	21.4	17.9	14.3	10.7	7.2	3.6		
	90	66.2	59.2	52.0	48.5	44.9	42.6	41.1	37.5	33.9	30.2	26.4	22.7	19.0	15.3	11.5	7.7	
	100	76.7	69.4	61.9	58.3	54.6	52.2	50.6	46.9	43.1	39.2	35.3	31.4	27.5	23.7	19.8	15.7	7.9

* 在 25 ℃下,硫酸铵溶液由初浓度调到终浓度时,每 100 mL 溶液所加固体硫酸铵的质量(g)。

参 考 文 献

[1]比斯瓦根 H. 酶学实验手册[M]. 2版. 刘晓晴,译. 北京:化学工业出版社,2018.

[2]蔡信之,黄君红. 微生物学实验[M]. 北京:科学出版社,2002.

[3]蔡永萍,江海洋,张宽朝. 生物学综合实验教程[M]. 北京:中国农业大学出版社,2020.

[4]常帅,冯伟,邢宏娜,等. 阿司匹林的合成及表征[J]. 山东化工,2022,51(6):50-53,57.

[5]陈传红,黄德娟. 现代生物化学实验教程[M]. 北京:化学工业出版社,2022.

[6]陈贵,康宗利. 低温胁迫对小麦生理生化特性的影响[J]. 麦类作物,1998,18(3):42-43,64.

[7]陈建勋,王晓峰. 植物生理学实验指导[M]. 2版. 广州:华南理工大学出版社,2006.

[8]陈利梅,李德茂,孙秀平. 聚乙二醇/硫酸铵双水相体系萃取葡萄糖氧化酶的研究[J]. 食品工业科技,2010,31(5):209-211.

[9]陈毓荃. 生物化学实验方法和技术[M]. 北京:科学出版社,2008.

[10]杜文婷. 药物化学实验教程[M]. 杭州:浙江大学出版社,2017.

[11]付银锋. PAS染色方法及应用[J]. 河南科技大学学报(医学版),2008,26(2):100.

[12]高俊凤. 植物生理学实验指导[M]. 北京:高等教育出版社,2006.

[13]高俊山,蔡永萍. 植物生理学实验指导[M]. 2版. 北京:中国农业大学出版社,2018.

[14]郭宁. 遗传学实验指导[M]. 北京:中国农业大学出版社,2015.

[15]郭勇. 酶工程[M]. 3版. 北京:科学出版社,2009.

[16]郝再彬,苍晶,徐仲. 植物生理学实验[M]. 哈尔滨:哈尔滨工业大学出版社,2004.

[17]胡含,王恒立. 植物工程与作物育种[M]. 北京:北京工业大学出版社,1990.

[18]胡琼英,秦春,陈敏. 生物化学与分子生物学实验技术[M]. 3版. 北京:化学工业出版社,2014.

[19]胡晓婧,许玉娇,高丽萍,等. 茶树黄烷酮3-羟化酶基因(*F3H*)的克隆及功能分析[J]. 农业生物技术学报,2014,22(3):309-316.

[20]黄静,盛下放,何琳燕. 具溶磷能力的植物内生促生细菌的分离筛选及其生物多样性[J]. 微生物学报,2010,50(6):710-716.

[21]江昌俊,王朝霞,李叶云,等. 茶树中提纯总RNA的研究[J]. 茶叶科学,2000,20(1):27-29.

[22]蒋立科,杨婉身. 现代生物化学实验技术[M]. 北京:中国农业出版社,2003.

[23]李红心. 肝素钠的精制及效价分析[J]. 山西大学学报(自然科学版),2005,28(4):429-431.

[24]李建武,肖能庚,余瑞芝．生物化学实验原理和方法[M]. 北京:北京大学出版社,1994.

[25]李俊,张冬梅,陈钧辉．生物化学实验[M]. 6版．北京:科学出版社,2020.

[26]李玲,蔡永萍,刘小阳．梨果实的石细胞[J]. 植物生理学通讯,2004,40(5):629-632.

[27]李榆梅．微生物学[M]. 北京:中国医药科技出版社,2004.

[28]林金清,董军芳,李夏兰．乙醇/硫酸铵双水相体系萃取甘草酸钾的研究[J]. 精细化工,2004,21(3):165-167,173.

[29]刘湘,汪秋安．天然产物化学[M]. 北京:化学工业出版社,2010.

[30]刘玉焕,钟英长．甲胺磷降解真菌的研究[J]. 中国环境科学,1999,19(2):172-175.

[31]刘振祥．植物组织培养技术[M]. 北京:化学工业出版社,2011.

[32]刘忠,方勤,吕蓉,等．人类ABO血型基因型检测的研究[J]. 临床输血与检验,1999,1(1):33-35.

[33]刘子凡．种子学实验指南[M]. 北京:化学工业出版社,2010.

[34]骆洋,王弘雪,王云生,等．茶树花青素还原酶基因在大肠杆菌中的表达及优化[J]. 茶叶科学,2011,31(4):326-332.

[35]聂敬全,蔡永萍,张士鸿,等．砀山酥梨果实石细胞与薄壁细胞发育关系的解剖学研究[J]. 园艺学报,2009,36(8):1209-1214.

[36]任红媛,何泼,李红心．猪小肠粘膜中肝素钠提取与精制工艺研究[J]. 食品研究与开发,2007,28(1):78-81.

[37]沈萍,范秀容,李广武．微生物学实验[M]. 北京:高等教育出版社,2002.

[38]宋松泉,程红焱,龙春林,等．种子生物学研究指南[M]. 北京:科学出版社,2005.

[39]宋晓凯．天然药物化学[M]. 北京:化学工业出版社,2004.

[40]孙铁民．药物化学实验[M]. 北京:中国医药科技出版社,2014.

[41]王蒂．细胞工程学[M]. 北京:中国农业出版社,2003.

[42]王学奎,黄见良．植物生理生化实验原理与技术[M]. 3版．北京:高等教育出版社,2015.

[43]王永杰,李顺鹏,沈标,等．有机磷农药广谱活性降解菌的分离及其生理特性研究[J]. 南京农业大学学报,1999,22(2):42-45.

[44]王云生,许玉娇,胡晓婧,等．茶树二氢黄酮醇4-还原酶基因的克隆、表达及功能分析[J]. 茶叶科学,2013,33(3):193-201.

[45]魏群．基础生物化学实验[M]. 3版．北京:高等教育出版社,2009.

[46]吴乃虎．基因工程原理[M]. 北京:科学出版社,2003.

[47]夏涛,高丽萍．类黄酮及茶儿茶素生物合成途径及其调控研究进展[J]. 中国农业科学,2009,42(8):2899-2908.

[48]徐任生．天然药物化学[M]. 北京:科学出版社,2004.

[49]杨慧,范丙全,龚明波,等．一株新的溶磷草生欧文氏菌的分离、鉴定及其溶磷效果的初步研究[J]. 微生物学报,2008,48(1):51-56.

[50]杨建雄．生物化学与分子生物学实验技术教程[M]. 3版．北京:科学出版社,2014.

[51]杨淑慎．细胞工程[M]. 北京:科学出版社,2009.

[52]尹燕枰,董学会．种子学实验技术[M]. 北京:中国农业出版社,2008.

[53]于晶,张林,崔红,等．高寒地区冬小麦东农冬麦1号越冬前的生理生化特性[J]. 作物学报,2008,34(11):2019-2025.

[54]虞云龙．一株广谱性农药降解菌(*Alcaligenes* sp.)的分离与鉴定[J]. 浙江大学学报,1997,23(2):111-115.

[55]郁庆福．现代卫生微生物学[M]. 北京:人民卫生出版社,1995.

[56]苑可武,白芳,杨波,等．甘草酸的提取和精制法概述[J]. 中国医药工业杂志,2002,33(7):362-364.

[57]张峰,刘倩,于克学．食品生物化学实验[M]. 北京:中国轻工业出版社,2022.

[58]张宽朝,金青．生物化学实验指导[M].2版．北京:中国农业大学出版社,2019.

[59]张丽萍,魏民,王桂云．生物化学实验指导[M]. 北京:高等教育出版社,2011.

[60]张儒,张变玲,谢涛,等．聚乙二醇/硫酸铵双水相萃取猪胃蛋白酶工艺研究[J]. 食品工业科技,2012,33(15):245-247.

[61]张宪政,陈凤玉,王荣富．植物生理学实验技术[M]. 沈阳:辽宁科学技术出版社,1994.

[62]张志良,瞿伟菁．植物生理学实验指导[M].3版．北京:高等教育出版社,2003.

[63]赵宏,陈毅平．药物化学实验[M]. 北京:化学工业出版社,2020.

[64]周德庆．微生物学实验教程[M].2版．北京:高等教育出版社,2006.

[65]周俊,陈桥,沈丽娟．蚕豆根尖微核致突变性试验标准修订背景研究[J]. 环境监测管理与技术,2018,30(3):8-11.

[66]周维燕．植物细胞工程原理与技术[M]. 北京:中国农业大学出版社,2001.

[67]Humphreys J M,Chapple C. Rewriting the lignin roadmap[J]. Current Opinion in Plant Biology,2002,5(3):224-229.

[68]Mann J, Davidson R S. Natural Products[M]. 北京:世界图书出版公司,1999.